中公新書 2736

長谷川政美著

ウイルスとは何か

生物か無生物か、進化から捉える本当の姿

中央公論新社刊

まえがき

２０２０年から始まった「新型コロナウイルス感染症」と呼ばれるＣＯＶＩＤ－19の感染拡大で、われわれの生活は大きく変わった。ウイルスや細菌による感染症が人々の暮らしに与える影響は絶大である。14世紀ヨーロッパで黒死病と呼ばれたペスト菌によるパンデミックがあり、人口の60％が死亡し、それが中世社会崩壊のきっかけになったとも言われる。歴史はさまざまな要因が絡まり合って進むので単純には捉えられないが、ペストに起因する人口減少によって荘園が成り立たなくなり、賃金労働による近代社会に移行するきっかけになったことは確かであろう。今回のパンデミックも同じように、われわれの社会のあり方を根底から揺さぶるものとなっている。

そのような社会情勢の下、本書で問いたいのは、そもそもウイルスとは何かということである。ウイルスはどこから来たのか。細菌とどう違うのか。なぜ生物ではないとされるのか。生物でないとすれば一体何なのか――。そのような疑問に答えてみたい。

あらかじめ筆者の見解を述べておこう。あらゆる生物は細胞からできているが、ウイルスは細胞をもたないので、普通は生物とはみなされない。しかし、ウイルスはDNAあるいはRNAのゲノムをもち、生物の細胞に入り込み、その細胞を使って増殖する。生物のゲノムと同じく、ウイルスのゲノムも増殖する際に複製のエラーとして突然変異を起こすので、そのような変異に対して自然選択が働くことによって進化する。生物進化を長く研究してきた筆者にとって、このように進化するという意味では、ウイルスは生物と何ら変わらないものであるようにも思える。

ウイルスが進化するものであるということは、COVID-19のパンデミックを通じて、一般の人々も強く実感するところとなった。次々と新たな変異株が出現し、古い株と置き換わる進化が起きているという報道が連日なされていたことも記憶に新しい。ある意味、19世紀のチャールズ・ダーウィンが提唱した「自然選択」による進化の現場を、われわれは目撃してきたとも言えよう。ウイルスが増殖する上で有利な突然変異が起きれば、そのような変異体が従来のものに置き換わって、進化が起こる。ダーウィンの時代には彼の説はなかなか受け入れられなかったが、その理由のひとつは、進化はヒトの一生にくらべてはるかに長い年月をかけて起こるものだから、進化が起きていることを実感できないということがあった。ところが、COVID-19の進化速度は速く、われわれはリアルタイムでウイルスが進化していく様子を観測できるのである。

ウイルスには、COVID-19を引き起こしたウイルスのような病原性ウイルスだけでなく、長い動物の進化史を通じて、われわれと共生してきたものが多い。したがって、「進化」の視点は病原体としてのウイルスを理解し、それに対処するためにも重要であると同時に、われわれ人類の成り立ちを考える上でも欠かせないものである。本書を読んでもらえば、ウイルスという存在がなかったら、現在のようなかたちでヒトが存在することはなかったということを十分理解していただけるだろう。ヒトの祖先は、元をたどれば単細胞の真核生物であったと考えられるが、そのころから一貫して、共生細菌や共生ウイルスと一緒に進化してきたのだ。

筆者は、２０２０年に『共生微生物からみた新しい進化学』（海鳴社）を上梓し、共生微生物がわれわれ動物の進化にとって欠かせない役割を果たしてきたことを論じた。その中ではウイルスについても一部取り上げたものの、テーマの多くは細菌に関するものであった。そこで本書では、ウイルスに照準を絞り、目に見えない微少なそれが、いかにわれわれ生物にとって大きな存在かを示したい。その共生や進化の驚くべき実態をご紹介しよう。

目次

まえがき　i

第1章　ウイルスという存在……………………3

1　生物のような無生物　3

ヒトは微生物によって生かされている／ウイルスを知らなかったダーウィン

2　生き物は感染症で進化した　6

感染症の功罪／ヒトもウイルスと共進化した／ウイルスの立場で見ると……／微小な生命体に満ちあふれているヒトのからだ

3　ウイルスの姿を追う　14

画期的な発見／すべての生物がウイルスと共生／1億光年の長さ／共生する生物との大きな違い

コラム1 「DNA」「RNA」とは何か 16

第2章 ウイルスの起源を探る……27

1 生物とウイルスの関係 27
起源に迫る糸口をつかむ／細胞性生物の起源／起源に関する3つの考え／RNAウイルスの進化

2 祖先型ウイルスを探す 38
祖先の姿／ミトコンドリアに感染するミトウイルス

3 生命の樹と巨大ウイルス 40
手がかりは共通遺伝子／巨大ウイルスの発見／海の中にもいる／起源をさかのぼる

4 古い起源をもつウイルス 50
真核生物誕生との関わり／遺伝子が独立した可能性／最古のウイルスを探して

第3章　インフルエンザウイルスの進化……59

1　100年前の流行り病　59
スペイン風邪ウイルス／亜型を生む遺伝子再集合／新型インフルエンザウイルスの誕生／起源は水鳥か

2　マイナス鎖RNAウイルスの進化　68
脊椎動物との長い付き合い／無脊椎動物までさかのぼる／複雑な進化的関係

第4章　動物からもたらされる感染症……81

1　動物から始まったウイルス感染症　81
身近な存在／命がけの研究／野生動物からの流出

2　ヒトと感染症の歴史　90
集団感染症はいつから？／コウモリ駆除は得策か／なぜヒトに感染するようになったか／自業自得の面も

3 ミイラの天然痘ウイルス 100
天然痘ウイルスの謎／古代DNA解析が照らす起源

4 コウモリ由来のウイルス感染症 108
ウシの感染症／麻疹ウイルスの起源／18世紀ヨーロッパの感染症対策／コウモリ経由で感染／風疹ウイルスの起源／コウモリの独自性

5 コウモリはウイルスの貯蔵庫 127
特別な動物なのか／宿主の大量絶滅とウイルスの絶滅

第5章 動物の行動を操るウイルス……135

1 ウイルスの家畜化 135
わが内なる小宇宙／ファージの発見／昆虫への「内在化」／〝残酷〟な共進化／驚くべき働き

2 宿主の行動を操るウイルス 146
共生のかたち／死への誘い／ウイルスを使った害虫駆除／目には目を

3 アルボウイルスの正体 154
媒介する節足動物／ウエストナイル熱・脳炎／起源とヒトへの病原性／野鳥の関与／フラビウイルス属の進化／共生細菌ボルバキア

第6章 進化の目で見るコロナウイルス

……167

1 新型コロナウイルス感染症のゲノム解析 167
ゲノム配列公開／突然変異しやすい理由／ゲノムデータで追った感染経路／祖先ウイルスのゲノム配列

2 新型コロナウイルスの起源 174
仲間を探す／センザンコウ由来のウイルス／説得力のあるシナリオ／闇に包まれた数十年間／起源に迫る分子時計

3　ヒト・コロナウイルスの進化　186
SARSコロナウイルスの起源／MERSコロナウイルスの起源／コロナウイルスの多様な起源

4　コロナウイルス科の進化　194
コロナウイルスの命名者／進化の時間スケール／系統樹をさかのぼると見えること／共通祖先は数億年前に存在したか

コラム2　COVID-19とネアンデルタール人の遺伝子　204

第7章　ヒトとともに進化するウイルス

第7章　ヒトとともに進化するウイルス……213

1　私たちのゲノムに潜むウイルス　213
内在化するレトロウイルス／ジャンクDNAはウイルス起源か／レトロトランスポゾンの働き／進化における予想外の使われ方

2 動物進化に関わるウイルス 221
胎盤の進化／父親由来の遺伝子の働き／レトロウイルス由来の遺伝子／胎児を守るシンシチン／レトロウイルスの役割

3 内在化する意外なウイルス 229
ボルナウイルスの活用例／内在化するボルナウイルス／感染を防ぐ効果／もうひとつの役割

4 外来性ウイルスと哺乳類の共進化 238
泡沫状ウイルスは語る

あとがき 245

参考文献 266

ウイルスとは何か

……ただ大事なのは、ウィルスも細菌同様に「病原体」や「敵」ではないということだ。ウィルスはこれまでずっとそうだったように、いまも細菌や人間やそのほかの細胞に遺伝子を広げている。ウィルスも、進化のバリエーションの源なのである。ウィルスに感染した生物個体群は自然選択によって磨きをかけられる。

リン・マーギュリス（『共生生命体の30億年』、草思社より）

第1章　ウイルスという存在

1　生物のような無生物

ヒトは微生物によって生かされている

私たちと共生する微生物は動物の進化にとって欠かせない役割を果たしてきた。共生微生物としては私たちの体内にいる腸内細菌などの細菌が取り上げられることが多いが、ウイルスも共生する「微生物」として扱う本がいくつも世に出ている。

ヒトのゲノムにコード（特定の遺伝子の塩基配列によって特定のたんぱく質がつくられること）されている遺伝子は2万個余りだが、ヒトの体内や体表にはたくさんの細菌が共生していて、

図1-1　マルティヌス・ベイエリンク

それらの細菌の遺伝子数を合わせるとヒトゲノムの数百倍にもなる。これらの細菌の遺伝子は、ヒト自身のゲノムの遺伝子だけでは実現できないさまざまな代謝を助けている。

ヒトは社会的動物なので、他人の助けを借りずに自分の力だけでは生きられないが、生物としてのヒトもまた、細菌など微生物の力を借りなければ生きていけない。われわれは自分のことを自立した生物と考えがちであるが、「ヒトは微生物によって生かされている」と捉えることもできる。

一方、ウイルスは、生物の細胞内でしか増殖できないので、普通は生物とはみなされない。しかし、どんな生物もほかの生物の助けを借りないと生きられないのであり、生物と無生物の境界は曖昧である。

生物の特徴として、ゲノムを複製し、その際に生じる突然変異に対して自然選択が働くことによって子孫を増やすような形質が進化することが挙げられる。そのように複製しながら進化するものを「複製子（replicon）」というが、ウイルスもまさに自分の子孫を増やすように進化する複製子である。

「ウイルス」という名前はオランダの微生物学者マルティヌス・ベイエリンク（1851～1

931）によってつくられた。ベイエリンクは窒素固定を行う根粒菌という細菌の発見者であるとともに、ウイルスの発見者でもあった。彼は植物のタバコモザイク病の病原体としてウイルスというものを想定したのである。ベイエリンクは、この病原体が活発に細胞分裂する組織でしか増えないことを見出していた。

ウイルスを知らなかったダーウィン

ラテン語の「virus」は、「毒」という意味である。ヘビ毒なども virus だったのである。ウイルスは中国語でも「病毒」というが、このようにウイルスは最初、病原体として捉えられていた。しかし、病原体としての関わり以外にも、さまざまな面でわれわれ動物の進化と深く関わってきたことが近年になって明らかになってきた。このことは、19世紀から20世紀を通じてもっぱら病原体とみなされてきた細菌について、21世紀に入ってから腸内細菌をはじめとした細菌叢に宿主（しゅくしゅ）が生きていく上での重要な役割が認められてきたことと似ている。

19世紀のチャールズ・ダーウィン（1809〜1882）の進化論が当初なかなか認められなかった理由のひとつが、進化がヒトの一生のあいだでは確認できないほどゆっくりとしか進まないということであった。彼にとっての進化は、地質学的な年代をかけて進行するものだった。ダーウィンの時代にはウイルスの存在は知られていなかったが、これから見ていくように、ウイルスの中には1年のうちに大きく変化（進化）していくものもある。2020年以降に世界で感染が拡がったCOVID－19のウイルスは、ゲノムの解析により、リアルタイムでウイルスの進化を追跡することさえもできるのである。

ダーウィンは種内の変異が進化を生み出す源と考えた。種内変異の中で、子孫を残す上で有利なもの（これを「適応的」という）が選ばれることによって、種が変わっていくという「自然選択説」である。生物の進化は、種内変異の中でいちばん適応的なものが選択されるかたちで進行するが、適応の基準は環境やほかの生物との関係で決まる。

種間関係の中で重要なもののひとつが、捕食者・被捕食者の関係である。捕食者から逃れるために被捕食者は速く走れるようになり、そのような被捕食者の進化が捕食者の走る能力をさらに高めた。このような両者の進化は軍拡競争にたとえられる。

2　生き物は感染症で進化した

感染症の功罪

もうひとつ、生物の進化を形づくる重要な要因が、感染症をはじめとした病気である。生物は感染症に対抗するための免疫の仕組みを進化させてきた。しかしウイルス、細菌、菌類、原生生物などの感染する微生物（ウイルスは文字通りの生物ではないが）は、たいてい宿主よりも速く進化するため、宿主にとっては軍拡競争において手強い相手である。その中でもウイルスには特に速く進化するものが多い。

20世紀の初期にR・A・フィッシャー、S・ライトらとともに集団遺伝学を確立し、進化の総合学説の確立に貢献したJ・B・S・ホールデン（1892〜1964）は、1949年に「病気と進化」と題した論文を書いている。

16世紀のはじめに、スペイン人がメキシコのアステカ帝国やペルーのインカ帝国をわずかな兵力で簡単に征服できたのは、彼らが持ち込んだ天然痘ウイルスや麻疹（ましん）ウイルスなどがアステカやインカの人々に戦争で戦う前から大打撃を与えたためだったと言われている。スペイン人にはこれらのウイルスに対するある程度の免疫があったが、新世界の人々にとってはまったく新しい感染症だったために彼らの社会全体が深刻な打撃を受けたのである。征服者が意図したわけではなかったが、ウイルスが強力な武器になったのだ。

図1-2　J・B・S・ホールデン ©National Portrait Gallery, London

およそ300万年前に、それまでパナマ海峡で隔てられていた北アメリカ大陸と南アメリカ大陸が陸続きになった。これにより、それぞれの大陸で独自の進化を遂げてきた動物相が自由に交流するようになった。これを「アメリカ大陸間大交差（Great

American Interchange)」という。

その後、南アメリカでは南蹄類や滑距類（マクラウケニア）などの植物食動物の多くが絶滅した。一般にはこの絶滅は北からやってきたラクダ科など植物食動物との競争に敗れたためと考えられているが、ホールデンによると、外来動物が持ち込んだ感染症のせいだった可能性もあるという。これが本当だとすると、北から来たラクダ科の動物がその後南アメリカの新天地で繁栄できたのは、南蹄類や滑距類よりも優れていたからというよりも、彼らが持ち込んだ感染症のおかげだったことになる。

これらラクダ科の動物にとっても感染症は歓迎すべきものではなかったが、結果的には競争相手と闘う上で強力な武器になったのだ。このようなことが実際にあったという確証を得る術はまだないが、感染症にこのような側面があり得るということを認識しておくのは重要であろう。

この「病気と進化」と題した論文の中でホールデンは、当時問題になっていたバナナのパナマ病にも触れている。そのころ栽培されていたバナナは株分けで増やされたグロス・ミシェルという品種であった。遺伝的に均質だったために、カビの一種であるフザリウムによるパナマ病で壊滅的な打撃を受けたのであった。

遺伝的に多様であることは、感染症との闘いにおいて重要であるが、栽培種には均質なものが多い。近年ではパナマ病に強いキャベンディッシュという品種のバナナが主流だが、再びパナマ病に似たカビの変異体による新パナマ病が問題になっている。

いずれにしても、生物進化の様相を形づくる上で、ウイルスや微生物による感染症が大きな役割を果たしてきたことは確かである。しかし、ウイルスは感染症のように動物や植物に対してネガティブな役割を果たしてきただけではない。

ヒトもウイルスと共進化した

詳細は後の章でお話しするが、哺乳動物の胎盤が進化するにあたって重要な遺伝子の中に、レトロウイルスの遺伝子に由来しているものがあるということが、最近の研究で分かってきた。レトロウイルスとは、RNA（リボ核酸）上の遺伝情報をDNA（デオキシリボ核酸）に作り替え、感染細胞の染色体に組み込むことで生きた細胞に入り込むウイルスのことである。このように、ウイルスという存在がなかったら、現在のヒトは存在しないのである。

ウイルスには生物と同じようにゲノムがDNAでできているものから、RNAのものまでさまざまである。同じRNAゲノムでも、二本鎖RNAのものから一本鎖RNAのもの、その中でもゲノムがそのままメッセンジャーRNA（mRNA）として働くプラス鎖一本鎖RNAウイルスや、それとは逆のマイナス鎖一本鎖RNAウイルスなど、大きく7つの型に分けられる（図1－3）。これらがはたしてただひとつの共通祖先から進化したものかどうかについては論争があるが、多様なウイルスが限られた数の祖先種から進化の結果として生まれたことは確か

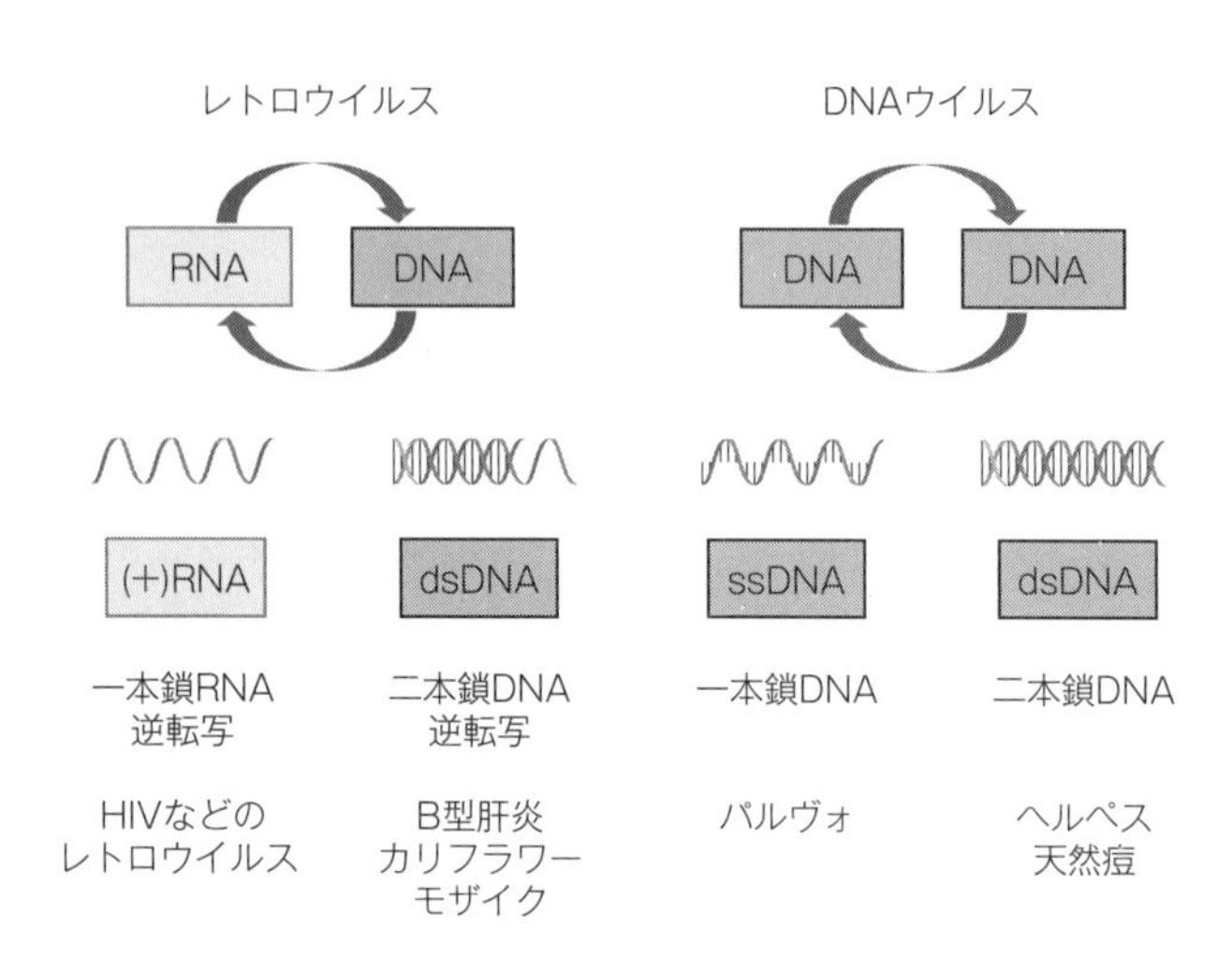

である。

進化の視点は、病原体としてのウイルスを理解し、それに対応するためにも必須である。COVID-19の病原ウイルスはもともとコウモリと共生していたコロナウイルスが種の壁を超えてヒトに感染するようになり、重篤な病気を引き起こすようになったものである。同じようにコウモリを自然宿主とするウイルスがヒトに感染するようになった例には、エボラ出血熱、SARS、MERSなどがあり、このような新興感染症の出現が近年相次いでいる。これらのウイルスがどのように進化してヒトに感染するようになったかを明らかにすることは、今後も新たに出現することが予想される野生動物由来のウイルス感染症に備える上で重要である。

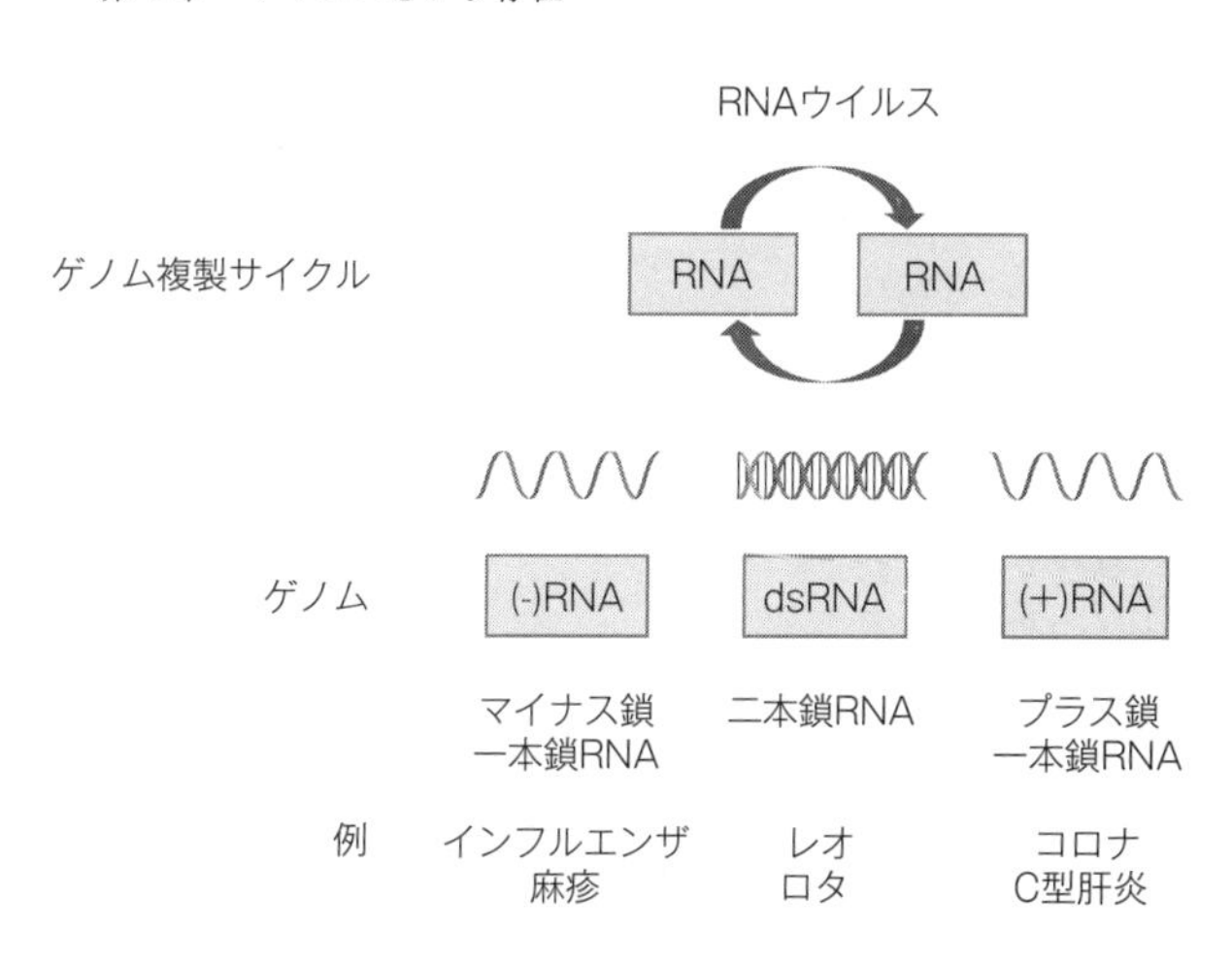

図1-3　ウイルスの種類

ウイルスの立場で見ると……

野生動物のウイルスがヒトに感染するようになるだけであれば、それほど大きな問題にはならない。野生動物と直接接触する機会のあるヒトはそれほど多くないので、限られた地域における風土病にとどまるからである。深刻な問題が発生するのは、ウイルスがヒトからヒトへの感染能力を獲得した場合だ。現代のグローバル化した社会では、このような感染症は一気に世界中に拡まることになる。

野生動物にはさまざまなウイルスが共生しているが、それらはたいていの場合、そのままではヒトには感染できないし、さらにヒト・ヒト感染を起こして人間社会で拡がることはできない。そのような能力をもった変異体が生まれることが必要なのである。

ウイルスの立場で見ると、新たな宿主に感

染する能力を進化させれば、自分の子孫を増やすことになる。近年の人口爆発の結果、ヒトは巨大な都市をつくって生活するようになった。また野生動物の生活圏で多くのヒトと家畜が密集して生活するようになった。ウイルスにとっては、このようなヒトや家畜への感染力を進化させれば将来の繁栄につながることになる。

したがってCOVID－19が終息したり、弱毒化したりしてヒトと平和的に共生するようになったとしても、その後も別の新たな動物由来ウイルス感染症の出現が繰り返されていくことであろう。

微小な生命体に満ちあふれているヒトのからだ

宿主と共生体のあいだには厳しいせめぎ合いがあり、常に緊張関係がある。宿主と共生体のそれぞれが自身の子孫をなるべく多く残すように振る舞うが、双方の利害が一致する場合もあれば、対立することもある。

その結果として、多様な関係が進化する。宿主と共生体の双方が利益を得るような相利共生がある一方で、共生体が宿主に対して害を与える寄生や病原体になるなどの関係も生じる。どんな関係であっても、双方にとってすべての面でよいことだけということはないので、宿主と共生体のあいだの関係は流動的であり、絶えず変化する。これには国際政治の世界と似たところがある。

われわれのからだの内側やまわりは多種多様な細菌で満ちあふれている。中には病気を引き起こすものもいるが、その多くはわれわれが生きていく上で重要な役割を果たしている。

地球上に生息する細菌の総数は、真核生物の細胞の総数を超えると推定されている。これらの細菌や真核生物すべてにさまざまなウイルスが共生していると考えられるので、ウイルスこそが地球上で圧倒的多数を誇る進化する複製子だといっても過言ではない。しかも宿主にくらべてウイルスゲノムの進化速度は速いので、短期間でさまざまな進化の可能性を試すことができる。

ウイルスが宿主の生きる上で果たしている役割については、研究が始まったばかりでまだあまり分かっていないことが多いが、ウイルスの中で病気を引き起こすようなものはわずかに過ぎない。本書では、多様なウイルスがどのように進化したのかという問題とともに、病原体としてだけでなく、ウイルスがわれわれヒトを含む生物の進化に果たしてきた役割をさまざまな側面から見ていくことにしよう。

3　ウイルスの姿を追う

画期的な発見

1935年にアメリカ・ロックフェラー研究所のウェンデル・スタンリー（1904〜1971）は、タバコモザイクウイルスを結晶化させることに成功した。この結晶（図1-4b）を10億倍に薄めてもウイルスは感染性を示した。

スタンリーはペプシンと同じように結晶化するタバコモザイクウイルスをたんぱく質だと考えたのである。サイエンス誌に載った彼の論文の表題は「タバコモザイクウイルスの性質をもった結晶性たんぱく質の単離」となっている。

確かに、スタンリーが考えたようにこのウイルスの大部分はたんぱく質によって構成されているが、イギリス・ロザムステッド試験場のフリードリック・ボーデンらは1936年に、たんぱく質以外に5％のRNAをもつことを示した。

ただし、この時代はまだ遺伝物質としての核酸の重要性は認識されていなかった。ウイルスがRNAをもつことの重要性が明らかになるには、1944年にオズワルド・アベリーによって遺伝物質の本体がDNAであることが示され、さらに1953年にジェームズ・ワトソンと

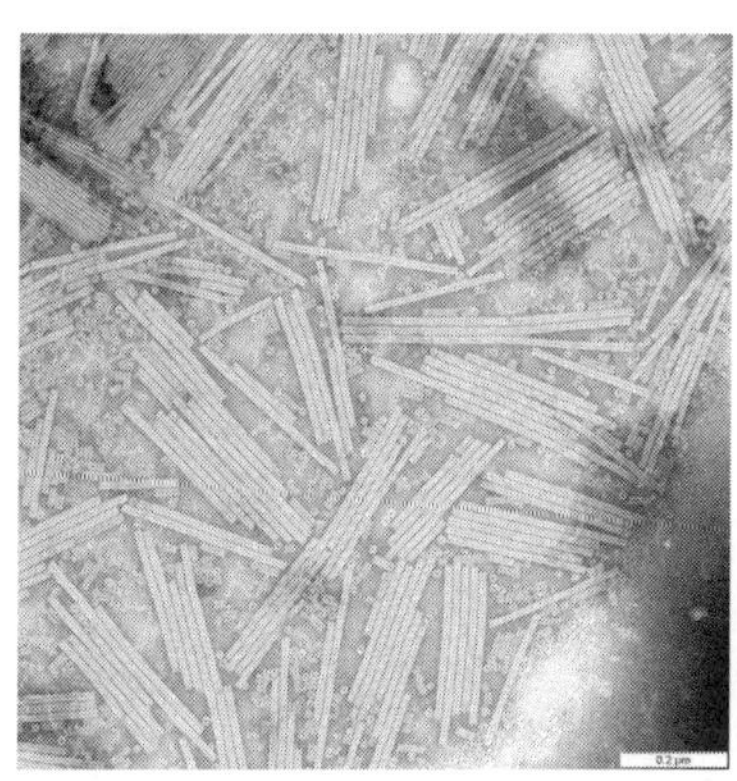

図1-4b　タバコモザイクウイルスの結晶

図1-4a　ウェンデル・スタンリー

フランシス・クリックによって「DNAの二重らせんモデル」が提唱されるまで待たなければならなかった。

このような時代背景による制約はあったが、結晶化するウイルスが感染力をもつというスタンリーの発見の意義は大きかった。

1838年にマティアス・シュライデンが、また翌年にはテオドール・シュワンが、それぞれ植物と動物が細胞から構成されていることを明らかにして以来、細菌も含めてすべての生物は細胞からできていると考えられるようになっていた。そのような生物の定義には当てはまらないが、生物の細胞中では活発に増殖する一方、結晶にもなるというウイルスは、生物と無生物の境界を曖昧にするものであった。

コラム1 「DNA」「RNA」とは何か

「DNA」「RNA」という単語が登場したところで、本書を読んでいただくための基礎と呼べるこれらの言葉の意味をおさらいしておこう。すでに知っている方は、読み飛ばしてもらって構わない。

あらゆる生物の遺伝情報は、DNAの塩基配列の中に蓄えられている。DNAという名前はデオキシリボ核酸「Deoxyribo Nucleic Acid」の頭文字からきており、デオキシリボースという五炭糖とリン酸と塩基から構成される。塩基には4種類のものが使われている。グアニン(G)、シトシン(C)、アデニン(A)、チミン(T)である。この塩基をアルファベットとしてさまざまな配列で綴られた文章が遺伝情報になる。

通常、DNAは2本の鎖が対になってできている(図1－5)。DNAのそれぞれの鎖には方向性があり、塩基配列は5'→3'末端の方向で読まれる。2本の鎖は互いに逆方向で対になるが、必ずGに対してはC、Aに対してはTが向かい合っている。この塩基対は「ワトソン・クリック塩基対」と呼ばれるが、そのような規則がある背景には、GとC、それとAとTが図1－6の示すように水素結合でうまく引き合うような構造になっていることがある。このような構造になっていることで、図1－5のように、DNAの二本鎖が複製する際にも、「親鎖」のTに対して

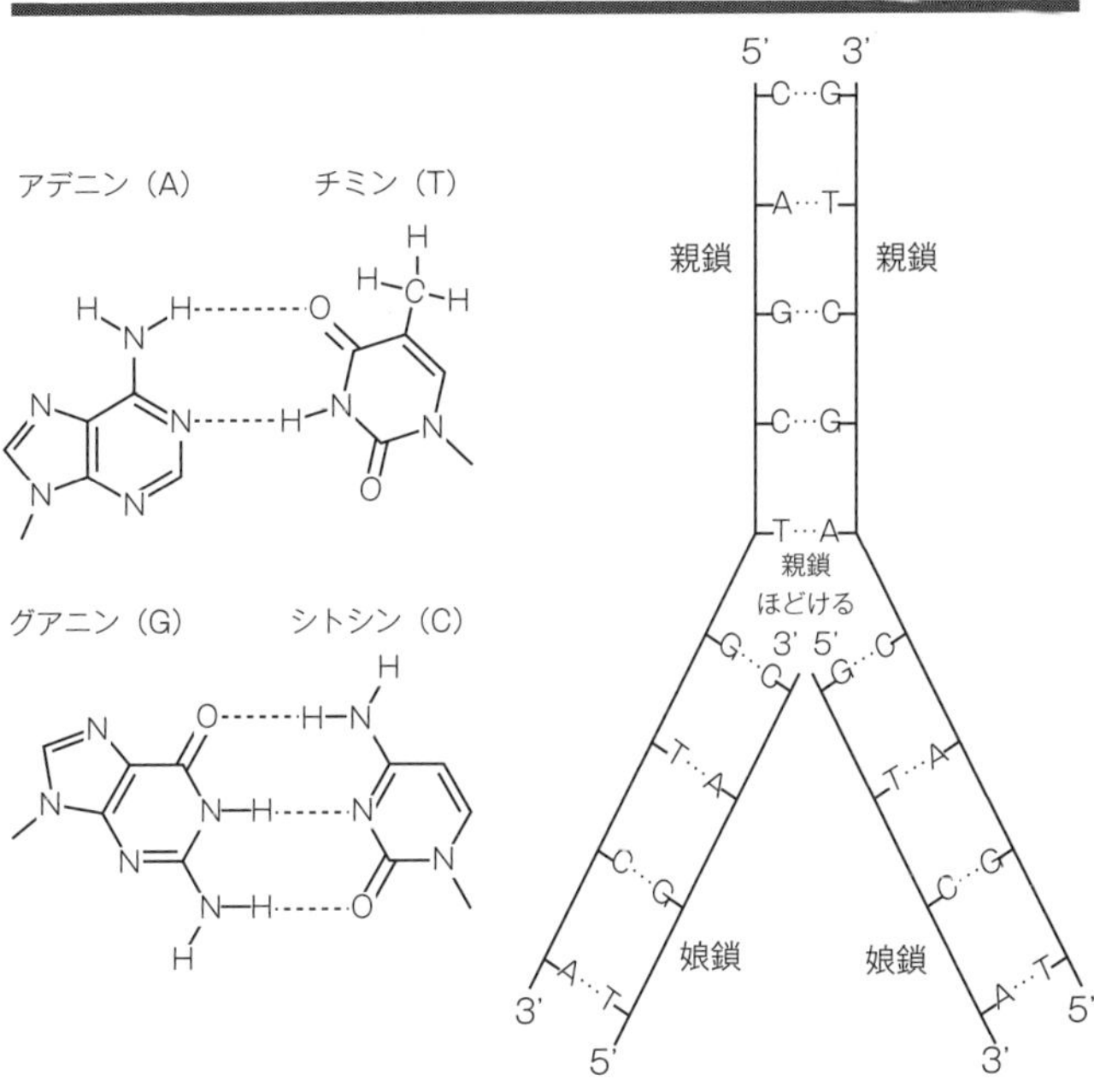

図1-6　ワトソン・クリックの塩基対。点線は水素結合を示す

図1-5　DNAの二本鎖とその複製の様子

は「娘鎖」がA、Gに対してはCになり、最初の二本鎖と同じ二本鎖が2セット生まれることになる。GとC、AとTは互いに「相補的な塩基」という。

　このようなDNAの塩基配列のもつ情報にしたがって、たんぱく質がつくられる。その際には、まずDNA二本鎖の一方の塩基配列と相補的な配列のRNAが合成される（図1－7）。このRNAを「メッセンジャーRNA（mRNA）」と呼び、DNAの塩基配列がmRNAに写し取られること

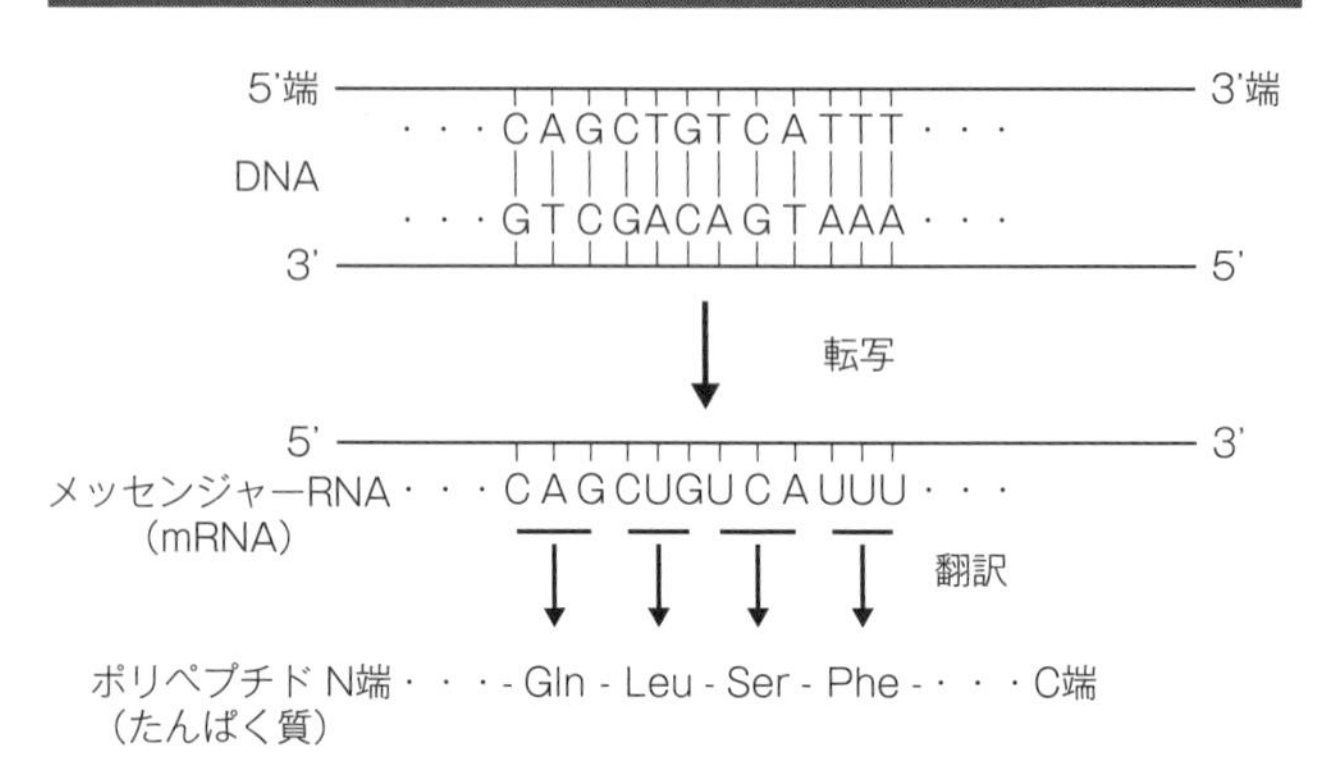

図1-7　DNAの塩基配列に基づいてたんぱく質が合成される仕組み

を「転写」という。RNAはリボ核酸「RiboNucleic Acid」の頭文字からきている。DNAはG、C、A、Tの4種類の塩基の配列だったが、RNAではT（チミン）の代わりに、チミンのメチル基（－CH_3）が水素（－H）に置き換わったU（ウラシル）が使われている（図1－8）。こうしてつくられたmRNAの塩基配列にしたがって、細胞内のリボソーム上でたんぱく質である「ポリペプチド」が合成される（図1－7）。リボソームは、細胞の中にある「たんぱく質合成工場」だと思ってもらうといいだろう。

たんぱく質は20種類のアミノ酸がさまざまな順番で並んだものであり、そのアミノ酸配列がmRNAの塩基配列にしたがって合成されるのである。この作用を「翻訳」と呼ぶ。ポリペプチドにもN端というアミノ基の末端からC端というカルボキシル基の末端への方向性がある（図1－7）。

翻訳の際の規則が表1－1の「遺伝コード表」で

あり、3つの塩基がひとつのアミノ酸に対応する。コードとは、遺伝情報が特定のアミノ酸（たんぱく質）を指定することである。たとえばUUUという「三連塩基」（コドンという）はPhe（フェニールアラニン）というアミノ酸を指定する。アミノ酸は20種類（終止に対応するコドンも含めると21種類）なのに対して、コドンは4×4×4＝64種類あるので、一般にひとつのアミノ酸に複数のコドンが対応する。こうしてたんぱく質が合成されることが、「遺伝子発現」であり、つくられたたんぱく質は生命活動のさまざまな場面で活躍する。その構造や機能はアミノ酸配列によって決まっている。そのため、アミノ酸配列が変わると、たんぱく質の構造や機能も変わることがある。

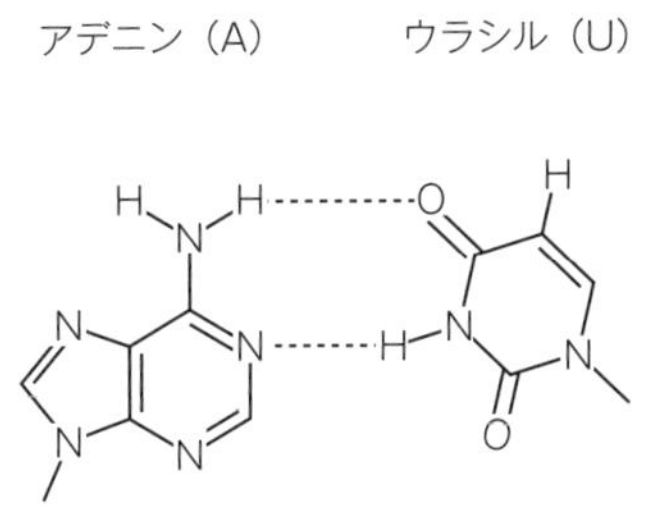

アデニン（A）　ウラシル（U）

図1-8　RNAの塩基対

これまで述べてきたことは、細胞をもった生物で成り立っていることであり、ウイルスはもっと多様である。DNAからmRNAが転写される話をしたが、ウイルスの中にはRNAからDNAを「逆転写」するレトロウイルスのようなものもいる。ただし、ウイルスが自分でそのようなことを行うわけではない。レトロウイルスのゲノムは細胞性生物のような二本鎖DNAではなく、一本鎖のRNAである。レトロウイルスは自分のもつ逆転写酵素を使って、宿主細胞に働きかけ、自分のRNAゲノムをDNAに

1st＼2nd	U	C	A	G	3rd
U	Phe フェニールアラニン	Ser セリン	Tyr チロシン	Cys システイン	U
					C
	Leu ロイシン		終止	終止	A
				Trp	G
C	Leu ロイシン	Pro プロリン	His ヒスチジン	Arg アルギニン	U
					C
			Gln グルタミン		A
					G
A	Ile イソロイシン	Thr トレオニン	Asn アスパラギン	Ser セリン	U
					C
			Lys リシン	Arg アルギニン	A
	Met メチオニン				G
G	Val (V) バリン	Ala アミルブリン酸	Asp アスパラギン酸	Gly グリシン	U
					C
			Glu グルタミン酸		A
					G

表1-1　遺伝コード表

逆転写してもらい、宿主のゲノムにまで入り込むのである。

ウイルスのゲノムはさまざまであり、細胞性生物と同じように二本鎖DNAのものだけでなく、一本鎖DNAのものもある（図1－3）。またゲノムが二本鎖RNAのものや一本鎖RNAのものがある。一本鎖RNAウイルスの中にはコロナウイルスのように「プラス鎖」のものとインフルエンザウイルスのように「マイナス鎖」のものとがある。プラス鎖RNAとはゲノムがそのままmRNAとして働くことができるものである。それに対して、マイナス鎖RNAはいったん相補的なRNAに転写されないとmRNAとして働かないので、そのようなウイルスは、あらかじめ転写のための酵素である「RNA合成酵素」を備えていなければならない。

言葉の解説はこのくらいにして、またその都度、補足しながら話を進めていこう。

すべての生物がウイルスと共生

ウイルスは生物の細胞中でしか増殖できないが、ウイルスはあらゆる種類の生物と共生している（病原性、寄生も含めて）。細胞内に寄生して退化が進んでいる、ある種の細菌の中にはウイルスをもたないものもいるらしいが、それ以外の地球上のほとんどすべての生物はウイルスと共生していると考えてよいだろう。

後で詳しくお話しするように、現存生物はすべて真正細菌、古細菌、真核生物のいずれかのグループに分類される。真正細菌や真核生物については、RNAウイルスとの共生の痕跡が見つかっているが、古細菌についてはまだ確たる証拠はない。しかし、注目すべき研究結果がある。2012年に米イエローストーン国立公園の熱水のサンプル中に含まれるRNAの配列を「メタゲノム解析」という新しい手法で片っ端から調べていった。メタゲノムとは、ウイルスを培養せずに環境中のゲノムを解析する方法である。その研究の結果、熱水サンプルの中にプラス鎖一本鎖RNAウイルスがいることが明らかになった。ここの熱水は生物としてはほとんど古細菌しか棲まない環境なので、このRNAウイルスは古細菌と共生しているはずだと解析を行った研究者たちは推測している。

いずれにしても、地球上の生物が生息するところならば、どこにでもウイルスはいる。これまでに記載されている生物種はおよそ２２０万種であるが、まだ記載されていないものを含めると真核生物だけでも８７０万種になるという推定がある。

今のところ、９つの門に属する２２０種の無脊椎動物から、１４４５種のウイルスが検出されている。それぞれの動物に共生するすべてのウイルスが検出されるわけではないので、少なくともこれ以上のウイルスがいるということになり、８７０万種の真核生物と共生するウイルスだけでも数千万種に達することになる。ところが、２０２０年8月現在で正式に登録されたウイルスは、６５９０種に過ぎない。われわれはまだ多様なウイルスの世界のごく一部しか知らないのだ。

1億光年の長さ

海洋中のウイルスの数を合わせると、およそ３×10^{30}個になるという推定がある。バイオマスでは細菌（原核生物）や単細胞真核生物などの微生物が全体の90％を占め、ウイルスはバイオマスではそれに及ばないが、数の上ではそれらを圧倒している。ウイルスは地球上で生物のいるところならば、どこにでもいて、生物細胞の数の１桁から2桁多い数になる。

地球上のウイルス個体の総数（真核生物８７０万種と共生するウイルスの数）が10^{31}個だとすると、それを並べたら1億光年の長さになるという。ウイルスの平均の直径を０・１マイクロメートルとすると、1マイクロメートルは10^{-6}メートルだから、それを並べた全長は〈$0.1\times10^{-6}\times10^{31}=10^{24}$メートル〉になる。1光年は〈$9.46\times10^{15}$メートル〉だから、ウイルスを並べた長さをこれで割ると、〈$10^{24}/(9.46\times10^{15})\fallingdotseq10^{8}$光年〉、つまり1億光年になる。1億光年がどのくらいの長さかを実感するには、YouTube「1億光年までの旅　宇宙は想像を絶する大きさです」を見るとよい。

実は、地球上の細菌の総数はウイルスにくらべると1桁ほど少ないが、大きさは平均的には1桁ほど大きい（大腸菌で直径1マイクロメートル、長さ2マイクロメートル）ので、地球上の細菌を並べるとやはり1億光年くらいになる。

共生する生物との大きな違い

ウイルスは、あらゆる生物に対して大きな影響を与えている。ここまでウイルスに対して「共生」という言葉を使ってきたが、これは文字通り「共に生きる」ということである。共生というと、協力や協調など平和的なイメージを思い浮かべるひとが多いかもしれない。もちろん、宿主と共生体の双方が利益を得るような「相利共生」も共生であるが、片一方しか利益を得ない「片利共生」や宿主に害を与える「寄生」や「病原性」も共生とみなすことができる。双方が利益を得る相利共生であっても、宿主と共生体のあいだには絶えざるせめぎ合いがあり、条件が変わると寄生や病原性に変わることもある。

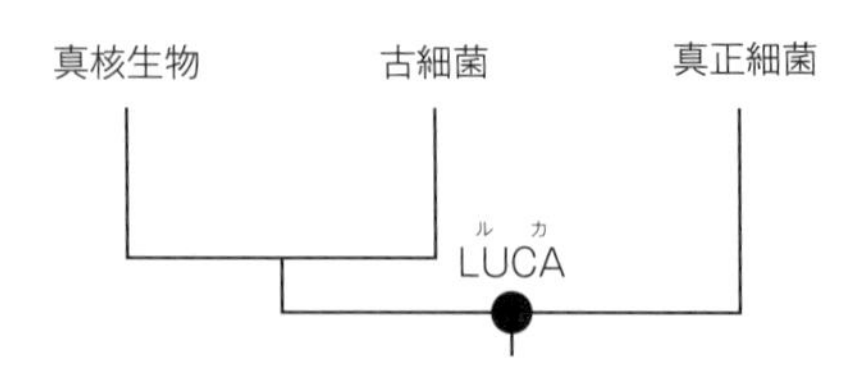

図1-9　あらゆる生物の「最後の共通祖先」LUCA

あらゆる生物は細胞から構成されている。細菌、動物、植物、菌類、原生生物などすべての生物を構成する基本単位が「細胞」だと考えてもらえばよい。そして先に紹介した、3つの塩基が1つのアミノ酸に対応する遺伝コード表（表1－1）は、基本的にすべての生物で共通である。これを「普遍コード表」という。

普遍コード表の存在は、地球上の多様な生物がひとつの共通祖先から進化したことを意味しているとも考えられる。もっとも、いわゆる普遍コード表と違った遺伝コード表を使っている生物もいるにはいるが、それらはすべて普遍コード表のちょっとした変異に過ぎない。したがって、共通祖先の議論においては、むしろその存在を示唆する証拠とも言えるのである、細菌から動物、植物、菌類に至るあらゆる生物の共通祖先は「LUCA（ルカ）（the Last Universal Common Ancestor）」と仮称され、研究が進められている（図1－9）。

ところが、ウイルスのあり方は、生物とは大きく違っている。最大の違いは細胞をもたないことである。加えて先に触れた通り、ウイルスのゲノムは二本鎖DNAに限らず、そのあり方は多様だ。また、ウイルスには、ゲノムのもつ情報にしたがってたんぱく質を合成する働きをするリボソームがないので、自分の力で遺伝情報の発現ができない。彼らは自分の力だけでは増殖できず、細胞内で宿主の力を借りてはじめて増殖できるのだ。そのため、通常ウイルスは生物とはみなされない。

とはいえ、生物との共通点も無視できないほど多い。遺伝コード表は生物と同じものであり、ゲノムが多様だといっても、いずれも生物が使っているものである。それは一体何を意味するのだろうか。

次章では、このような生物との相違点と共通点から、ウイルスの起源についての手がかりを探ってみよう。

第2章　ウイルスの起源を探る

1　生物とウイルスの関係

起源に迫る糸口をつかむ

前章の末尾に、生物における「最後の共通祖先」として仮定されているLUCAについてお話しした。LUCAが実在したとすれば、リボソームでmRNAの情報にしたがってたんぱく質を合成しており、その際には普遍コード表（表1－1）を使っていたのであろう。

細菌から動物までのあらゆる生物を含む系統樹（けいとうじゅ）は、リボソームRNA（rRNA）というリボソームを構成する分子の配列データを用いて描くことができる。この分子は細菌とヒトのあいだでも相同性（祖先を共有することによる配列の類似）が認められる（このほかにも、細菌とヒトのあいだで相同な遺伝子はたくさんある）。

一方、ウイルスのもつ遺伝子セットは多様であり、あらゆるウイルスに共通の遺伝子はない。またゲノムの形態も多様であり、RNAウイルスとDNAウイルスはそれぞれ別の起源をもつと考えられていた。ところが、1983年に当時九州大学にいた宮田隆らのグループが、マウス白血病ウイルスやラウス肉腫ウイルスなどの一本鎖RNAをもつレトロウイルスの逆転写酵素と、B型肝炎ウイルスやカリフラワーモザイクウイルスなどの二重鎖DNAをもつウイルスの複製酵素の配列をくらべたところ、これらが互いに「相同」であることが明らかになった。

つまり、これらのまったく違ったウイルスだと思われたものが、共通の由来の遺伝子をもっていることが明らかになったのである。もちろん共通の遺伝子をもつからといって、必ずしも共通の祖先から進化したことにはならないが、多様なウイルスを進化的に結びつける手がかりが得られたと言えよう。

細胞性生物の起源

生物はゲノムを複製し、その際に生じる突然変異に対して自然選択が働くことによって子孫を増やすような形質が進化する。そのように複製を繰り返しながら進化するものを「複製子」と呼ぶことは前章でもお話しした。

ウイルスは生物の細胞の中でしか増殖できないが、同様に自分の子孫を増やすように進化する複製子であり、ひとつの祖先からさまざまな子孫が生まれる様子は、細胞をもった生物と変わらない。

先述したように、現存生物は真正細菌、古細菌、真核生物のいずれかのグループに分類される。しかし、どれも細胞でできている点で共通しており、「細胞性生物」とも呼ばれる。細胞性生物のゲノムはすべてDNAであり、その情報をRNAとして転写し、それが細胞小器官であるリボソーム上でたんぱく質に翻訳される仕組みも同じである。

生物を構成する材料としては、「DNA」「RNA」そして「たんぱく質」が重要であるが、もうひとつ生物を構成する材料として重要なものに、細胞膜をつくる「脂質」がある。細胞膜のような袋がなければ、せっかくいろいろな分子を揃えてもまわりに拡散してしまって、生物としてのまとまりを保てないのである。

現在の生物はおしなべてこれら4種類の分子をもっているが、それらは進化の過程で一度に揃ったのではなく、順次加わっていったと考えられている。その中でも、最初の分子はRNAだったという説があり、「RNA世界（RNAワールド）仮説」と呼ばれている。

現存生物では、たいていたんぱく質が酵素の働きをしている。しかし、1982年にアメリカ・コロラド大学のトーマス・チェックによって、酵素活性をもつRNAが発見された。この発見によって、それまではたんぱく質だけがもつと思われていた酵素活性が、RNAにもある

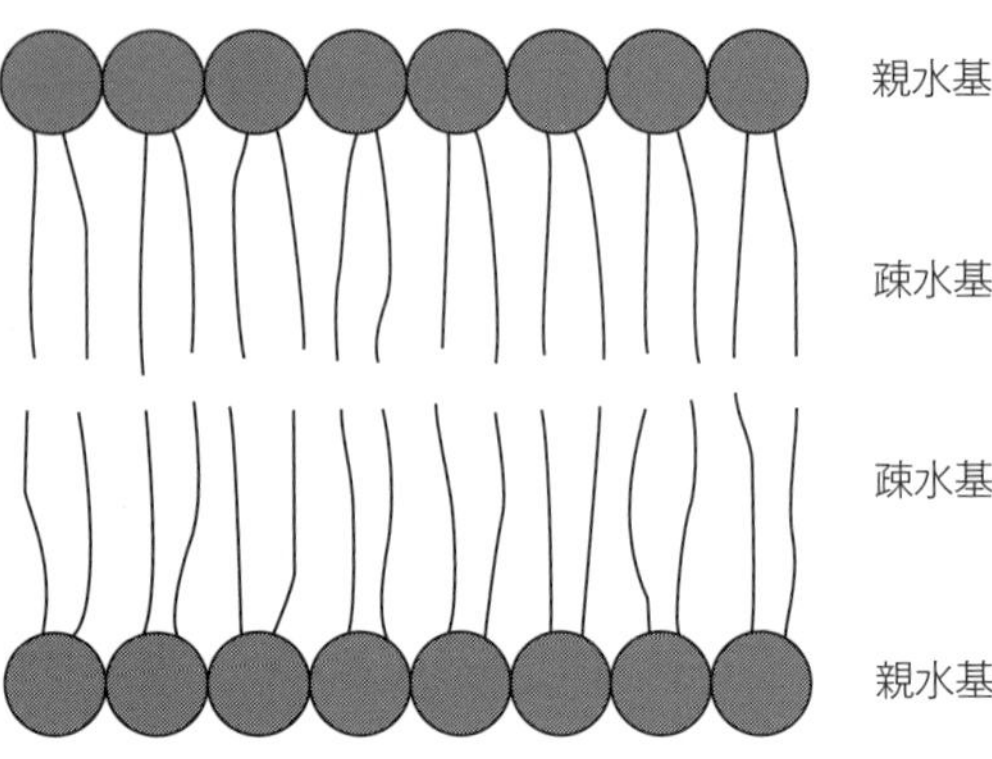

図２-１　リン脂質分子がつくる脂質二重層

ことが分かったのである。「ＲＮＡ世界仮説」は、こうした発見から浮上してきた考えである。

たんぱく質は酵素活性をもつが、自己複製できない。このことは、生命の起源を考える際の大きな障壁になっていた。ところが、自己複製し得るＲＮＡが酵素活性ももつということが明らかになり、生物進化への最初の段階としてのＲＮＡ世界に、一気に注目が集まることになったのである。

自己複製するＲＮＡは複製の際にエラーを起こすから、そうして生じた変異体に対して、最初にダーウィンとウォーレスが提唱した「自然選択」が働く。ＲＮＡが自己複製するためには、材料となる塩基などの分子が必要になる。だが、そのような材料は量的に限られているので、競争が起こり、効率よく材料を取り込んで複製できるような変異体が有利になる。そこで、生物のように進化する最初のシステムが生まれたとの仮説を立てることができる。そのシステム上に、たん

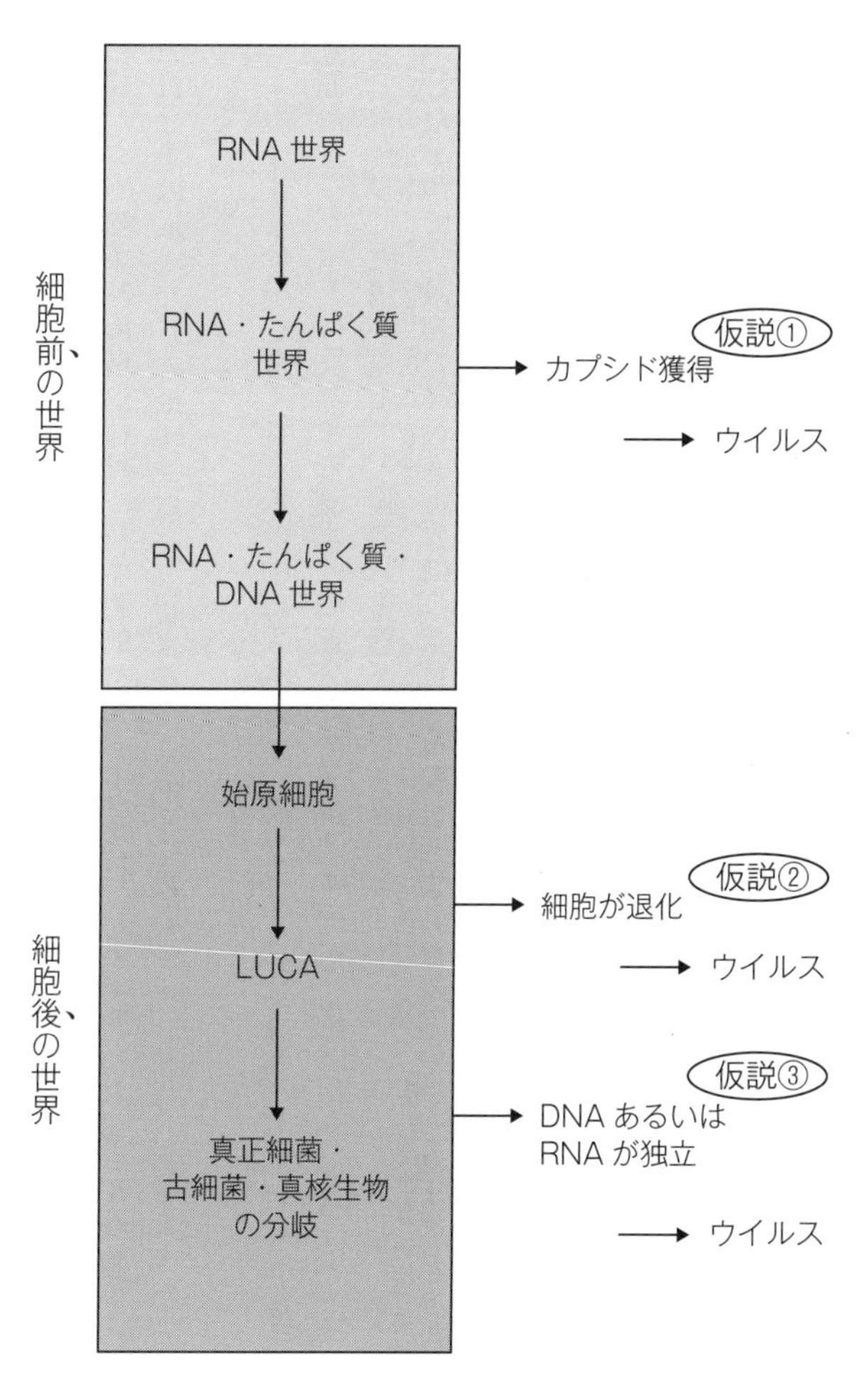

図２-２　ウイルスの起源をめぐる仮説

ぱく質、DNA、脂質などが加わって、今に至る生物進化につながったのかもしれない。

ここで膜に囲まれた袋のような構造がないと、RNAの材料が拡散してしまう。脂質二重層の膜がつくる袋状の構造体は、無生物的にできやすかったと考えられる。生体膜をつくるリン脂質分子は水になじみやすい部分（親水基）と油になじみやすい部分（疎水基）から構成されている。

このような分子をたくさん水の中に入れると、図2-1のように、親水性の部分が水のある外側に並び、水とは反発する疎水性の部分が分子間力の一種であるファン・デル・ワールス力で引き合って内側に並んで、膜の二重層ができる。

したがって、最初のRNA世界は、脂質二重膜で囲まれた細胞のようなものだったかもしれない。図2-2に、ウイルス起源に関する考えをまとめた。RNA世界は細胞前の世界としたが、それは現在のような細胞が成立する前ということである。脂質二重膜は、現在の細胞膜の基本的構造でもある。

起源に関する3つの考え

ウイルスの起源については、3つの考えがある。ひとつの説は、ウイルスは「細胞前の世界」の名残だというものである。そのころのRNAやDNAなどの核酸が「カプシド」というたんぱく質を獲得してウイルスになったというものだ（図2-2の①）。

細胞に感染する前のウイルスを「ウイルス粒子（virion）」という。ウイルス粒子は、通常DNAあるいはRNAのゲノムがカプシドで囲まれた状態にある（図2－3）。ウイルスが感染して細胞内に入ると、このような構造は消えてしまう。その外側が、さらに脂質二重膜の「エンベロープ」と呼ばれる外被に覆われるウイルス粒子もある。エンベロープを持たないウイルス粒子は、裸のウイルスあるいは「ヌクレオカプシド」と呼ばれる。コロナウイルスやインフルエンザウイルスにはエンベロープがあるが、ポリオウイルスやノロウイルスはこれをもたない。

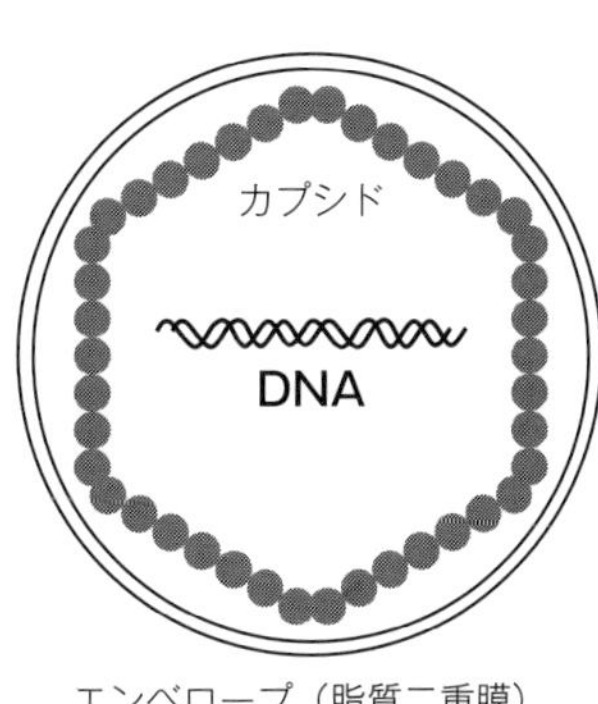

図2-3　ウイルス粒子の構造

2つ目は、ウイルスが細胞性生物の退化したものであるという説である（図2－2の②）。3つ目の説は、細胞生物のゲノムの一部あるいはRNAが独立してウイルスになったというものである（図2－2の③）。これらの説は、ウイルスが現在のような細胞が確立した後に生まれたというものであるから、「細胞後の世界」の出来事になる。こうした仮説は、そのうちのどれかだけが正しいというわけではなく、さまざまな起源をもったウイルスがいると考えると納得がいく。

本章の後半に、「NCLDV」と呼ばれる二本鎖DNA

ウイルスの巨大ウイルスが初期の真核生物から進化した可能性について詳しく触れるが、これは巨大ウイルスが「細胞性生物の細胞が退化したものである」（図2－2の②）か、あるいは「細胞性生物のDNAが独立した」もの（図2－2の③）であることを示している。

RNAウイルスの進化

前にお話ししたように、すべての細胞性生物がリボソームRNA（rRNA）遺伝子をもっているのに対して、ウイルスにはリボソームがない。したがって、細胞性生物のような共通の遺伝子がないために、全ウイルス界の系統樹を描くことはできない。それでも、RNAウイルスに普遍的に見出される遺伝子を使うことで、RNAウイルス全体の進化を調べることができる（ただし、ここでいう「RNAウイルス」とは、ゲノム複製や遺伝子発現に際してDNAが関与しないウイルスを意味するもので、レトロウイルスは含まない）。この遺伝子を「RNA依存性RNAポリメラーゼ遺伝子（RdRp）」という。RdRpは、コロナウイルスのようなRNAウイルスが、RNAゲノムを転写してRNAを合成する際に用いる。

図2－4は、この遺伝子を用いて、RNAウイルス全体の系統樹を描いたものである。二本鎖RNAウイルス、プラス鎖一本鎖RNAウイルス、マイナス鎖一本鎖RNAウイルスなどの多様なRNAウイルスが1本の系統樹上で進化してきた様子が分かる。図2－4を見ると、プラス鎖RNAウイルスが系統樹上でもっとも広く分布しており、その中から二本鎖RNAウイ

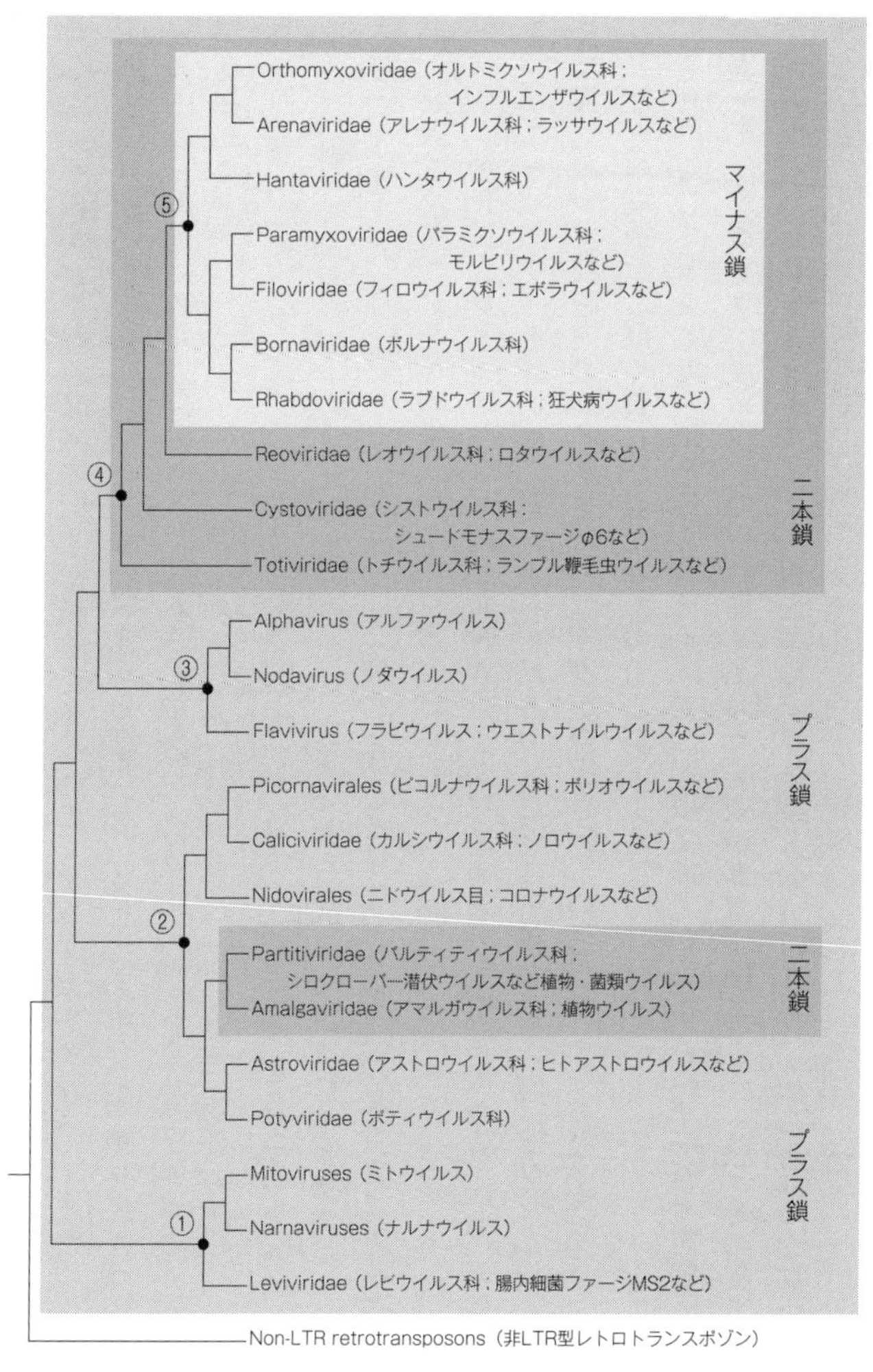

図2-4　RdRp による RNA ウイルス全体の系統樹

ルスが少なくとも2回進化したことになる。プラス鎖RNAウイルスのグループ②の中から進化した「パルティティウイルス」や、植物ウイルスの「アマルガウイルス」、また、プラス鎖RNAウイルスのグループ③と共通の祖先から進化したグループ④の二本鎖RNAウイルスである。さらに後者の二本鎖RNAウイルスの中から、マイナス鎖RNAウイルスのグループ⑤が進化した。

こうして、「インフルエンザウイルス（オルトミクソウイルス科）」、「ラッサウイルス（アレナウイルス科）」、「モルビリウイルス（パラミクソウイルス科）」、「エボラウイルス（フィロウイルス科）」、「狂犬病ウイルス（ラブドウイルス科）」など多様なマイナス鎖RNAウイルスの進化が、RNAウイルス全体の進化の中で位置づけられることになった。

プラス鎖RNAウイルスでは、同じRNA分子がゲノムとしてもmRNAとしても機能するということであり、それが祖先型ウイルスだということは納得しやすい。ゲノムがそのままmRNAになって細胞内でウイルスたんぱく質が合成されるので、ウイルス粒子はゲノムとカプシドなどの構造たんぱく質しかもたなくてもよい。

それに対して、マイナス鎖RNAウイルスや二本鎖RNAウイルスは、転写や複製のための酵素たんぱく質をウイルス粒子の中に備えておく必要がある。図2－4では、そのような新たな特徴をもったRNAウイルスが、祖先型のプラス鎖RNAウイルスから進化したことが示されている。

また、真核生物は多様なRNAウイルスを抱えているが、原核生物ではウイルスの多くはDNAウイルスであり、RNAウイルスの多様性は限られている。原核生物のRNAウイルスとしては、プラス鎖RNAウイルスのレビウイルス科と二本鎖RNAウイルスのシストウイルス科が知られているだけで、マイナス鎖RNAウイルスは見つかっていない。

図2-4は、RdRpによって描かれた系統樹であるが、別の遺伝子を使えば違った系統樹になるであろう。しかし、あらゆるRNAウイルスに共通した遺伝子は、このRdRpしかない。たとえば、RNAウイルス系統樹の根元近くに位置するグループ①の中で、菌類に感染するウイルスであるミトウイルスやナルナウイルスはRdRp遺伝子しかもたないし、レビウイルス科のMS2ファージも、RdRp遺伝子以外にはカプシドたんぱく質遺伝子などの3個の遺伝子しかもたない。そのような遺伝子の中から、RNAウイルスの祖先型が特定される可能性もあるだろう。祖先型RNAウイルスは、やがてさまざまな遺伝子をほかから取り込んで、多様なウイルスに進化したのかもしれない。

2020年に、環境中の核酸分子を網羅的に調べる大規模なメタゲノム解析によって、中国揚子江の河口近くの洋山深水港での汽水中の「ウイルス叢（virome：特定の領域に存在するウイルスの総体）」の研究成果が発表された。これにより、それまでに知られていなかった450種以上のRNAウイルスが新たに見つかった。この数はそれまでに知られていたウイルスの全種数に匹敵するものである。2018年の時点で知られていたウイルスは4853種だけだった。

ひとつの環境に存在するウイルスの種数がこれほど多いということは、思いがけない発見であった。このことはウイルスに関するわれわれの知識がいかに限られたものであるかを如実に示している。しかしそれでも、それら新たに見つかったウイルスは、すべて図2－4で示した5つの主要な系統群のいずれかに属するものである。

2　祖先型ウイルスを探す

祖先の姿

RNAウイルスの中で最初にほかから分岐したグループのウイルスについて、もう少し詳しくお話ししよう。このグループのウイルスはゲノムサイズが小さくて構造が単純であり、しかもRNAウイルスの中で最初にほかから分岐したということで、RNAウイルスの中の祖先型ウイルスとみなされることが多い。しかし、これらのウイルスが本当に祖先型かどうか、確かなところは分からない。

近年、さまざまな生物分類群で、それぞれの共通祖先が当初考えられたよりも複雑なものであり、そこから単純化するような進化——通常「退化」と呼ばれるが——を繰り返し経ていたことが明らかになってきた。したがって、RNAウイルスの共通祖先も単純なものだったとは必ずしもいえない。

ミトコンドリアに感染するミトウイルス

ウイルスの仲間はさまざまだが、その中でもゲノムが2・1～4・4kb（kbは1000塩基）しかなく、たったひとつの遺伝子しかもたないウイルスがいる。図2－4のグループ①で出てきた「ミトウイルス（mitovirus）」と呼ばれるものである。この名前はミトコンドリアに感染することからきている。

図2-5　エントモフトラ ©Tsuyoshi Hosoya

ミトウイルスは主に菌類のミトコンドリアに感染するが、中には植物のミトコンドリアに感染するものもいる。このウイルスはプラス鎖一本鎖RNAウイルスであり、コードしているたんぱく質はRdRpだけである。

先ほどRNAウイルス全体の進化を論じたが、ミトウイルスはナルナウイルス、レビウイルスとともに図2－4の系統樹の根元近くから派生するグループ①に属する。ウイルス粒子の一般的な構造は核酸ゲノムとカプシドをもつことだが、ミトウイルスはカプシドをもたない。したがってミトウイルスは、ウイルス粒子になってほかの細胞に感染するわけではなく、RNA分子として宿主のミトコンドリア内にいて、宿主細胞の分裂にあわせて拡がる。

ミトウイルスは1980年代に最初「ニレ立枯病」を引き起こす「子囊菌オフィオストマ(*Ophiostoma ulmi*)」で見つかり、その後、菌類のたくさんの系統で見つかるようになった。セミの表面に白塊状に寄生する「エントモフトラ(*Entomophthora*)」という接合菌でも見つかっている(図2-5)。ミトウイルスは宿主の菌類に対して有害な作用を及ぼすことはないが、病原菌類の毒性を弱めることはあるようだ。

3 生命の樹と巨大ウイルス

手がかりは共通遺伝子

ここまで述べてきたように、ウイルスには細胞もなく、リボソームをもたない。彼らはゲノムをもつが、生物の細胞に入らないと活動できない。宿主細胞のリボソームを使って自身のゲノムにコードされたたんぱく質を合成してもらい、それを使って活動する。

細胞性生物のもつ遺伝子と共通の(相同性のある)遺伝子がウイルスのゲノムで見出される

こともあるが、その由来がまったく不明の遺伝子も多い。しかも、あらゆるウイルスに共通した遺伝子がないので、生命の樹の中でウイルスがどのように位置づけられるか、不明なことが多い。また、はたしてあらゆるウイルスがひとつの共通祖先から進化したものかどうかは、未だに答えが見つからない問題である。

「ＲＮＡ依存性ＲＮＡポリメラーゼ遺伝子（RdRp）」を使うことで、ＲＮＡウイルスの生命の樹が描けることをお話ししてきた。すべてのウイルスに共通した遺伝子はないが、細胞性生物と共通の遺伝子をもつウイルスは多い。そのような遺伝子がウイルスの起源についての手がかりを与えてくれるかもしれない。

巨大ウイルスの発見

イギリスのブラッドフォードという町で、１９９２年に流行性肺炎が蔓延した。その原因を突き止めるため、ある病院の冷却塔の水が検査されたが、その水の中からアカントアメーバ（*Acanthamoeba*）というアメーバが捕まえられた。

実はこのときに光学顕微鏡でアメーバの細胞内に細菌のようなものが見つかり、「ブラッドフォード球菌」と命名されたのである。アカントアメーバも変形菌と同様に細菌を捕食するので、細菌が細胞内にいること自体は珍しいことではなかったが、後にこれが間違いであることが判明した。

実はこのブラッドフォード球菌は、あらゆる細胞性生物がもっているリボソームRNAをもっていなかったのだ。ということは、これは〝細菌ではない〟ことになる。ただ、電子顕微鏡で覗いた姿は六角形（立体的には20面体）で、その直径が0・75マイクロメートル（1000マイクロメートルが1ミリメートル）もあった。これは細菌の大きさに匹敵する。

結局、2003年になってブラッドフォード球菌は細菌ではなくウイルスだということになった。それまでウイルスは光学顕微鏡では見えないと考えられていたので、最初はウイルスだとは思われなかったのである。

ウイルスの発見者としてマルティヌス・ベイエリンクと並んで取り上げられることの多いロシアのディミトリー・イワノフスキー（1864〜1920）は、細菌を通さないような細孔の濾過器を通過できる「濾過性病原体」としてウイルスを発見した。細孔のサイズは0・2マイクロメートルほどなので、ウイルスはこれよりも小さいと考えられてきたのだ。

新たに発見されたブラッドフォードの巨大ウイルスは「ミミウイルス（*Mimivirus*）」と命名された。この名前は「mimic（模倣する）」からきているが、細菌に似ているということである。

ミミウイルスのゲノムは二本鎖DNAである。このウイルスは巨大だというだけでなく、ゲノムも大きく、120万塩基対もある。大腸菌のゲノムサイズは460万塩基対でこれよりも大きいが、同じ真正細菌でもマイコプラズマは58万塩基対と小さいし、もっとゲノムの小さな細菌もいる。ミミウイルスのゲノムがコードする遺伝子の数は、980個にもなる。

さらにミミウイルスがウイルスらしくないのは、この遺伝子の中に転移RNA（tRNA）遺伝子とともに、「アミノアシルtRNA合成酵素」の遺伝子が4個含まれていることである。アミノアシルtRNA合成酵素とは、tRNAにアミノ酸を結合させる酵素であり、アミノ酸をつけたtRNAがリボソームにやってくることによって、たんぱく質の合成が進む。

一般的なウイルスは、このような遺伝子はもたずに、宿主のものを使う。ただし、アミノ酸は20種類あるので、自分の遺伝子だけでまかなおうとすると20種類のアミノアシルtRNA合成酵素の遺伝子が必要になる。しかし、ミミウイルスはアルギニン、システイン、メチオニン、チロシン用の4種類しかもたない。

ミミウイルスはリボソームRNA遺伝子などをもたないので、自前の遺伝子でリボソームをつくることはできない。それにもかかわらず、なぜアミノアシルtRNA合成酵素遺伝子の一部だけ、中途半端なかたちでもっているのであろうか。

大きさとゲノムサイズがミミウイルスよりもさらに大きな「メガウイルス（*Megavirus*）」は、ミミウイルスがもつ4種類に加えて、さらに3種類のアミノアシルtRNA合成酵素の遺伝子をもつ。このことは、以下のような仮説を提起する。すなわち、もともとこれらのウイルスは20種類のアミノアシルtRNA合成酵素の遺伝子をもっていたが、進化（退化）の途上でそれを失いつつあるのではないか、とも思われるのだ。

その後に見つかった「パンドラウイルス（*Pandoravirus salinus*）」のゲノムは、さらに大きく

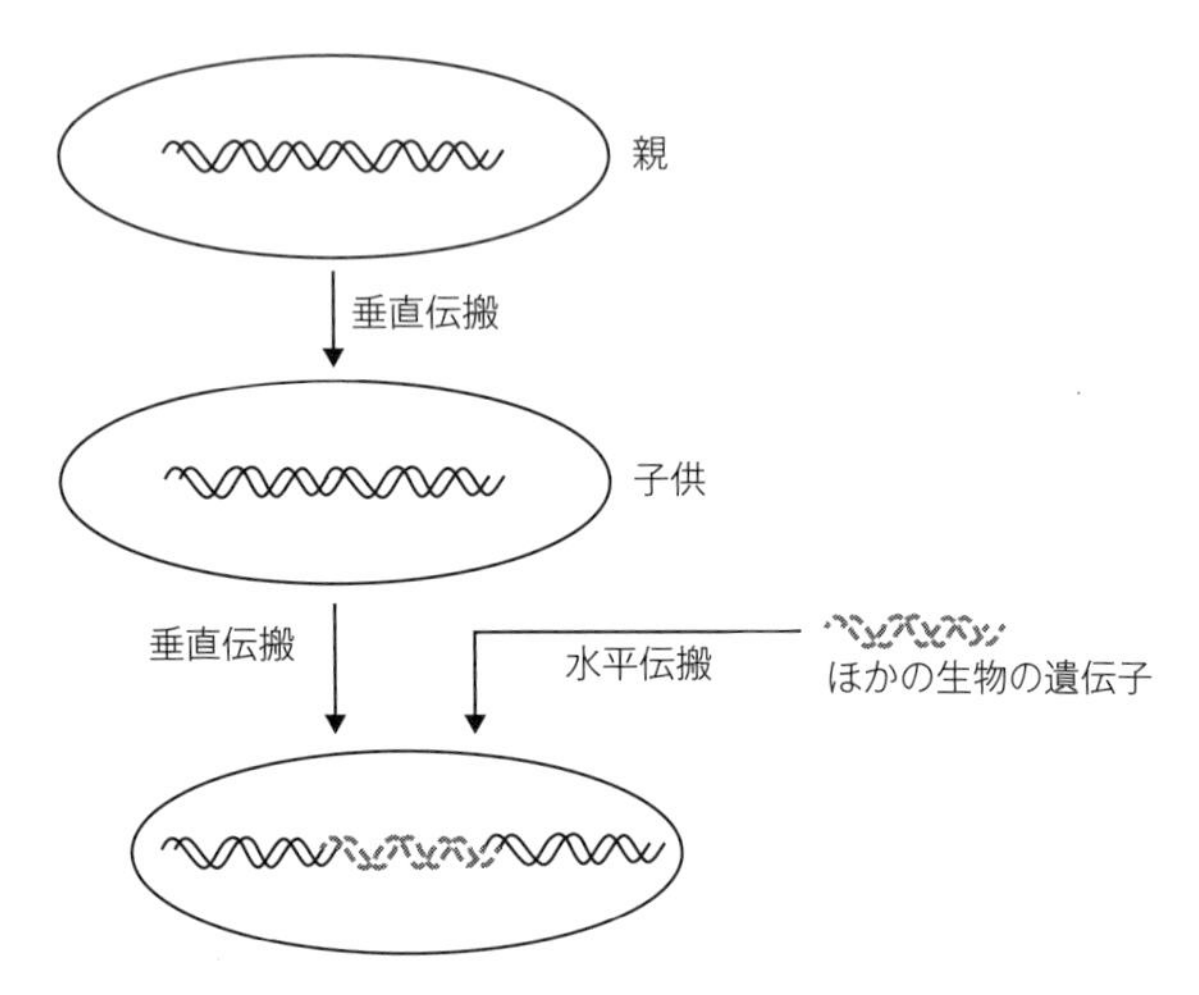

図2-6　水平伝搬

247万塩基対もあり、2556個ものたんぱく質をコードする遺伝子をもつ。しかし、これらの遺伝子のうちの2155個は、データベース中に塩基が一致する配列が見つからないという。つまり遺伝子の由来が分からないのだ。由来の分かった遺伝子のうちの2個がアミノアシルtRNA合成酵素のものであり、それはミミウイルスやメガウイルスなどほかの巨大ウイルスの遺伝子よりも宿主であるアカントアメーバの遺伝子に近いという。

先に、ミミウイルスやメガウイルスなどでアミノアシルtRNA合成酵素の遺伝子が少数とはいえ見つかる理由として、これらのウイルスの共通祖先がもっていた20種類の遺伝子セットが進化の過程で失われた可能性を挙げた。パンドラウイルスはこれとは逆に、新たな遺伝子を宿主から取り込んでいるようなのである。このように、ほかの細胞性生物のゲノムから遺伝子を取り込むことを「水平伝搬」（図２－６）という。

海の中にもいる

近年では、海洋のメタゲノム解析により、巨大ウイルスが次々に見つかっている。ゲノム以外のウイルスの実体は捉えられなくても、このような解析によってさまざまなウイルスが海洋中にいることが分かってきた。その中には、ミミウイルス、メガウイルス、パンドラウイルスなどに似た、二本鎖ＤＮＡゲノムをもつ巨大ウイルスがたくさんいたのである。

水深５～50メートルの海の表層近くでは、海水１００ミリリットル当たり平均４５０万個、水深３００メートルでは、７～23万個の巨大ウイルスの存在が明らかになった。巨大ウイルスは決して珍しいものではなく、海洋環境で普通に存在していたのである。また陸上でも、節足動物、哺乳類、両生類、爬虫類の体内など、決して特殊とはいえない環境でも見られる。

これらのウイルスはいくつかの遺伝子を共有しており、系統的にひとつのグループを形成している可能性が高まってきた。このグループは「核細胞質性大型ＤＮＡウイルス（Nucleo-cytoplasmic large DNA virus; NCLDV）」と呼ばれる。とっつきにくい名前だが、その由来は、大型で真核生物にしか感染せず、細胞核内あるいは細胞質で複製を開始し、最終的に細胞質で複製を終えることによる。

NCLDVには、さまざまなものが含まれる。赤潮の原因となるラフィド藻（*Heterosigma akashiwo*）に感染する巨大ウイルスもその一種だ。このウイルスには赤潮を抑制する働きがあるという。

実は、有名な天然痘ウイルスも、NCLDVとしては比較的小さな36万塩基対のゲノムサイズにもかかわらず、仲間の一種らしい（ただし、まだ不明な点もある）。このほかに、ダニを介してブタに感染するアフリカ豚熱ウイルスも同じ仲間である。

さて、このようなNCLDVは、本当に系統的にひとつのグループをつくっているのだろうか。個々の遺伝子は、水平伝搬によって細胞性生物とウイルスのあいだで交換されたり、あるいはウイルス同士で交換されたりすることがあるので、個々の遺伝子の系統樹解析だけでは、この問題を解明することはできない。

フランス・パスツール研究所のジュリアン・ググリールミニらのグループは、96種のNCLDVが共通にもっている保存的なたんぱく質遺伝子8個を選び出し、細胞性生物の相同遺伝子とあわせて系統樹解析を行った。8個のたんぱく質の示す系統関係はほぼ同じものであり、NCLDVの進化的な関係を示すものと考えられる。それが図2－7の系統樹である。それによると、NCLDVは系統的にひとつにまとまっているとともに、真核生物が植物や動物などさま

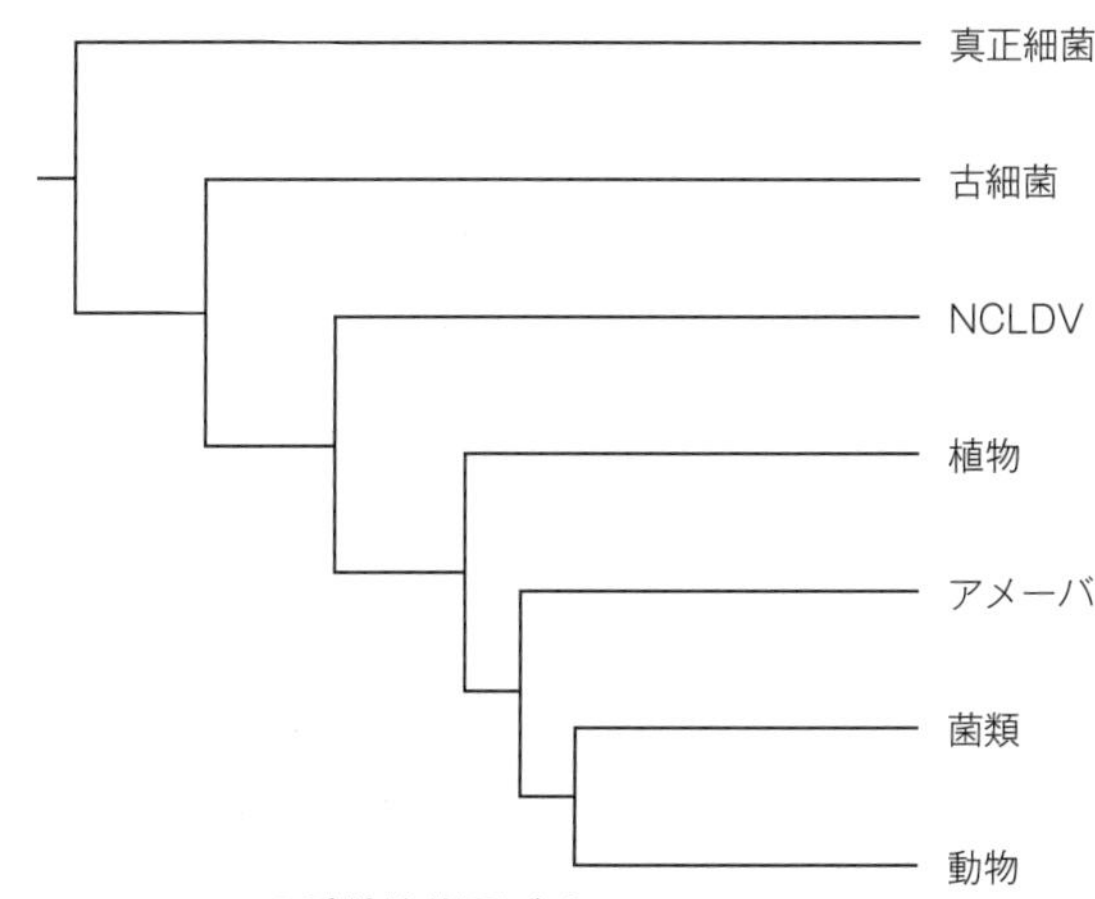

図2-7　NCLDVの系統的位置づけ

ざまな系統に分かれる前の真核生物系統樹の根元から分かれている。

図2－8は、「リボソームRNA」などの共通遺伝子を用いて描かれた、生物界全体をカバーする系統樹（生命の樹：Tree of Life）である。ここで、真核生物は古細菌の中のアスガルド古細菌から分かれている（つまり古細菌は系統的にまとまったグループではない）。しかし、ググリールミニが所属するパスツール研究所のパトリック・フォルテールらのグループはそれを認めないので、図2－7ではアスガルド古細菌を含めていない。アスガルド古細菌は、ほかの古細菌にはない真核生物と共通の特徴をもつが、系統樹解析に用いる遺伝子を取り換えると、アスガルド古細菌が真核生物に特に近縁とはならないという。しかしいずれにしても、真核生物が誕生したころには、NCLDVも誕生していた

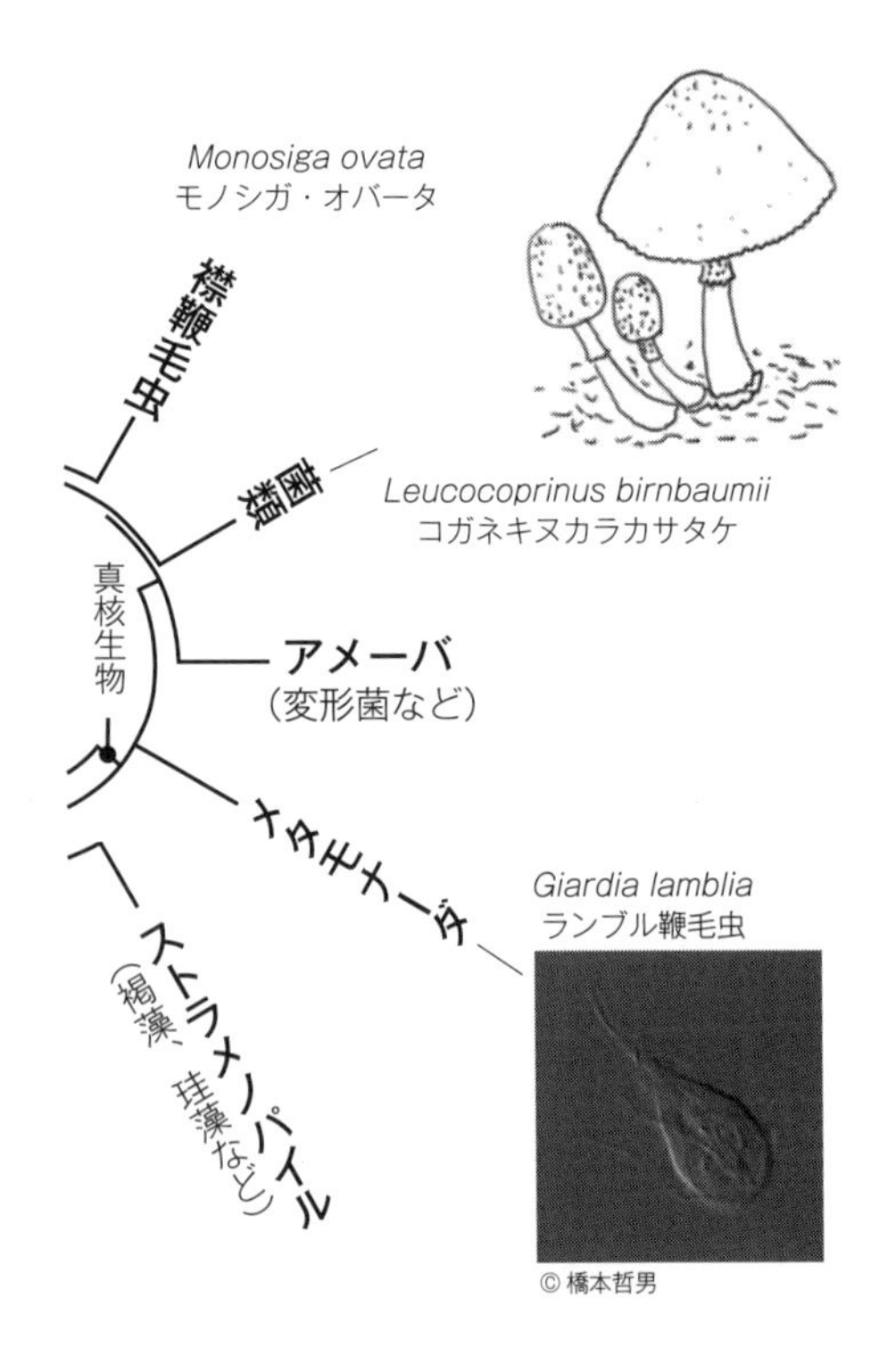
Monosiga ovata
モノシガ・オバータ
襟鞭毛虫
菌類
Leucocoprinus birnbaumii
コガネキヌカラカサタケ
真核生物
アメーバ
(変形菌など)
メタモナーダ
Giardia lamblia
ランブル鞭毛虫
ストラメノパイル
(褐藻、珪藻など)
© 橋本哲男

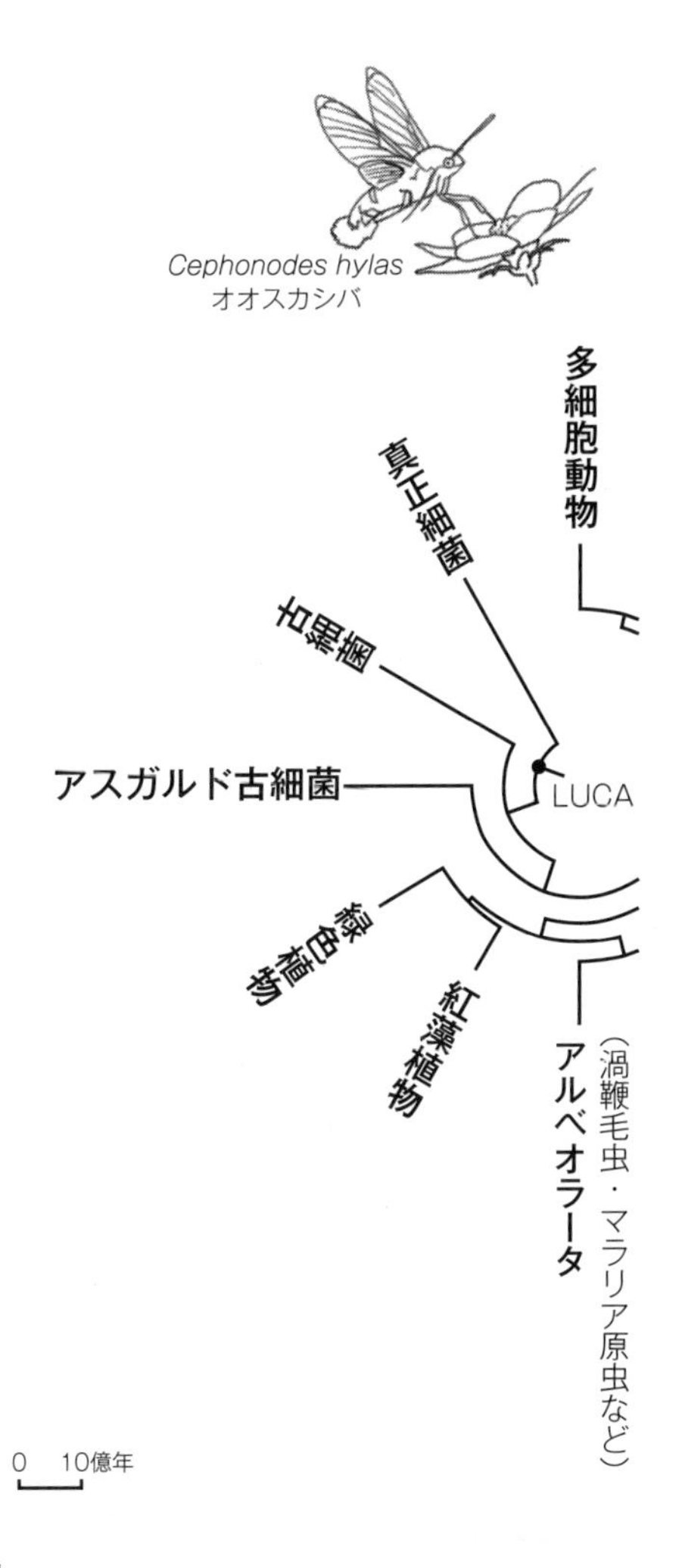
Cephonodes hylas
オオスカシバ
多細胞動物
真正細菌
古細菌
アスガルド古細菌
LUCA
緑色植物
紅藻植物
アルベオラータ
（渦鞭毛虫・マラリア原虫など）
0　10億年

図2-8　生命の樹

という点は共通している。

4　古い起源をもつウイルス

真核生物誕生との関わり

図2－7の解析には含められていない遺伝子に、「RNAポリメラーゼ遺伝子（RNAP）」がある。パスツール研究所のググリールミニらはRNAPの分子系統学的な解析から、面白い仮説を提唱している。

RNAPとは、DNA二本鎖の片方の鎖を読み取って、それと相補的なRNAを合成する酵素である。正式には「DNA依存性RNAポリメラーゼ」という。あらゆる細胞性生物がもっている遺伝子の中で、ウイルスも共通してもっており、ウイルスの起源の問題と関連して注目されているのが、このRNAPである。RdRpとして紹介した「RNA依存性RNAポリメラーゼ」は、文字面としてはよく似ているが、RNAPとは違う酵素である。

真正細菌、古細菌、NCLDVなどはそれぞれ1種類のRNAPしかもたないが、真核生物は合計3種類のRNAPをもつ。なぜ真核生物だけが複数の種類のRNAPをもつようになったのかは、これまで謎であった。

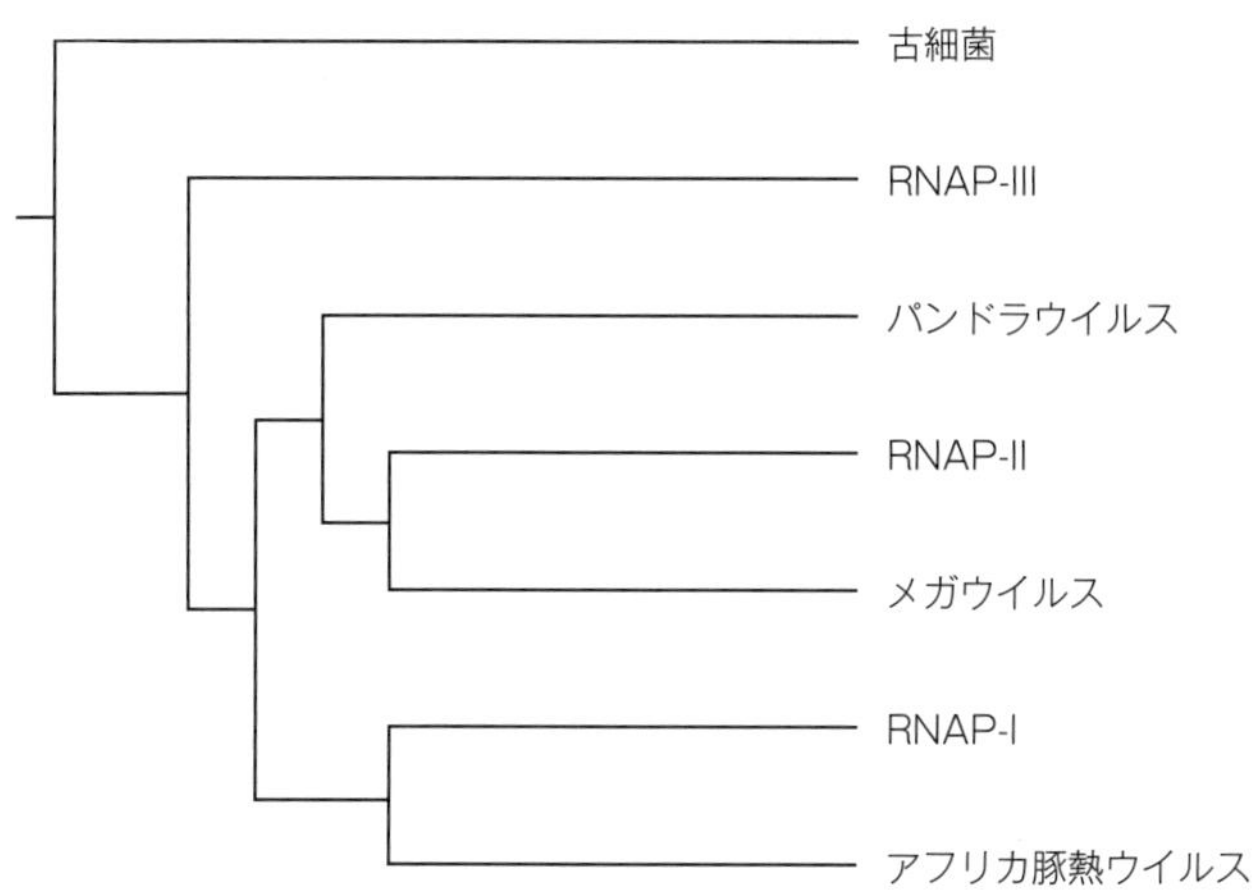

図2-9　RNAポリメラーゼ系統樹

それぞれのRNAPは、およそ12個のサブユニットで構成されている。その中で真核生物において「RPB1」「RPB2」と呼ばれているサブユニットは、真正細菌では「β」「β'」、また古細菌では「B」「A」と呼ばれている。これらはすべてウイルスであるNCLDVにもあり、配列の相同性も明らかである。つまり、これらはすべて共通祖先から進化したのである。

ググリールミニらがこの2つのサブユニットのアミノ酸配列を用いて系統樹を描いたところ、図2-9が得られた。この系統樹が正しいとすると、なぜ真核生物が3種類のRNAPをもつようになったかについて、次のようなシナリオが描かれることになる（図2-10）。

まず古細菌と真核生物の共通祖先は、1種類のRNAPをもっていた。この遺伝子がNCLDVの共通祖先に水平伝搬した。水平伝搬というよ

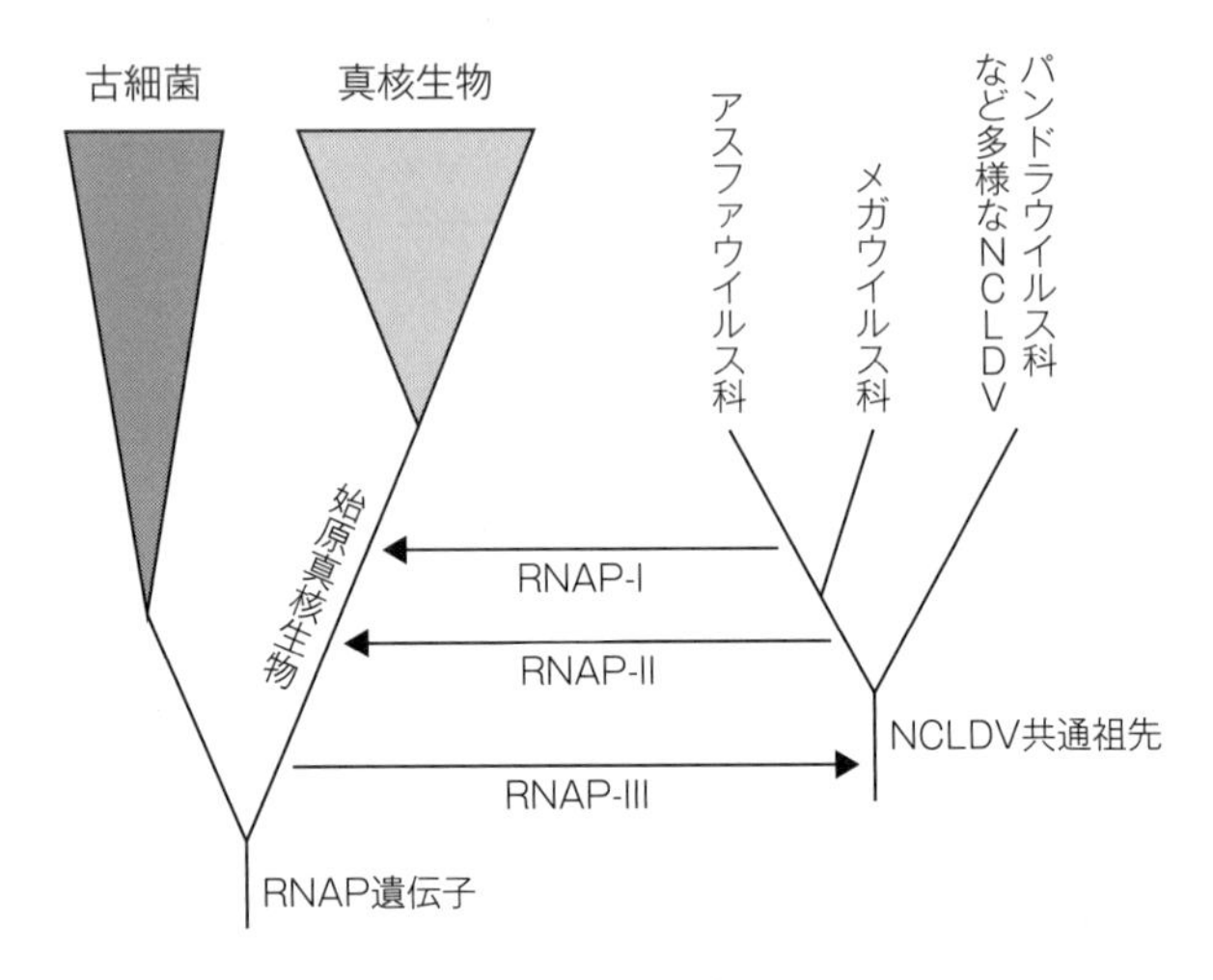

図2-10　真核生物RNAポリメラーゼの起源

りも、真核生物の祖先のゲノムから、RNAPとそのほかのいくつかの遺伝子をもとにして、新しいウイルスとしてNCLDVの祖先が誕生したと捉えるほうが正しいかもしれない。そうであれば、NCLDVはわれわれ真核生物の兄弟だということになる。

その後、NCLDVは現在に至るまでこのRNAP遺伝子を保持し続けるが、進化の過程で少しずつ変異が蓄積し、「アフリカ豚熱ウイルス」を含む「アスファウイルス科」と「メガウイルス科」の共通祖先から、始原真核生物と記された真核生物の共通祖先に水平伝搬した。さらにアスファウイルス科がメガウイルス科と枝分かれした後で、もう一度、始原真核生物への水平伝搬が起こった。真核生物が3種類のRNAPをもつのは、そのうちの2つをウイルスからもらったからだということになる。

このシナリオによると、NCLDVと始原真核生物のあいだの遺伝子のやり取りがあって、そのことが現在の真核生物、ひいてはわれわれヒトが進化するにあたって重要な役割を果たしたことになるのだ。

遺伝子が独立した可能性

先ほど、RNAPはたくさんのサブユニットからできており、中でも真核生物の「RPB1」と「RPB2」サブユニットに対応するものを、真正細菌では「β」と「β'」サブユニットと呼ぶとお話しした。

実はRPB1とβ、RPB2とβ'が相同であるだけでなく、対応しないサブユニット同士、つまりRPB1（β）とRPB2（β'）のあいだにも相同性が見られるのである。このことによって、2つのサブユニットは、あらゆる生物の最後の共通祖先LUCAよりも前の段階で遺伝子重複によって生まれたとする仮説も提唱されている。

たとえば、酸素を肺から全身に運ぶ役割を果たしているヒトのヘモグロビンというたんぱく質は、ヘモグロビンα鎖とβ鎖それぞれ2本ずつ、合計4本のポリペプチドで構成されている。このたんぱく質は、進化の過程をさかのぼると、もともとは現在のミオグロビンのような一本鎖のたんぱく質であった。それがヤツメウナギと分かれた後の顎をもった魚の段階で、遺伝子

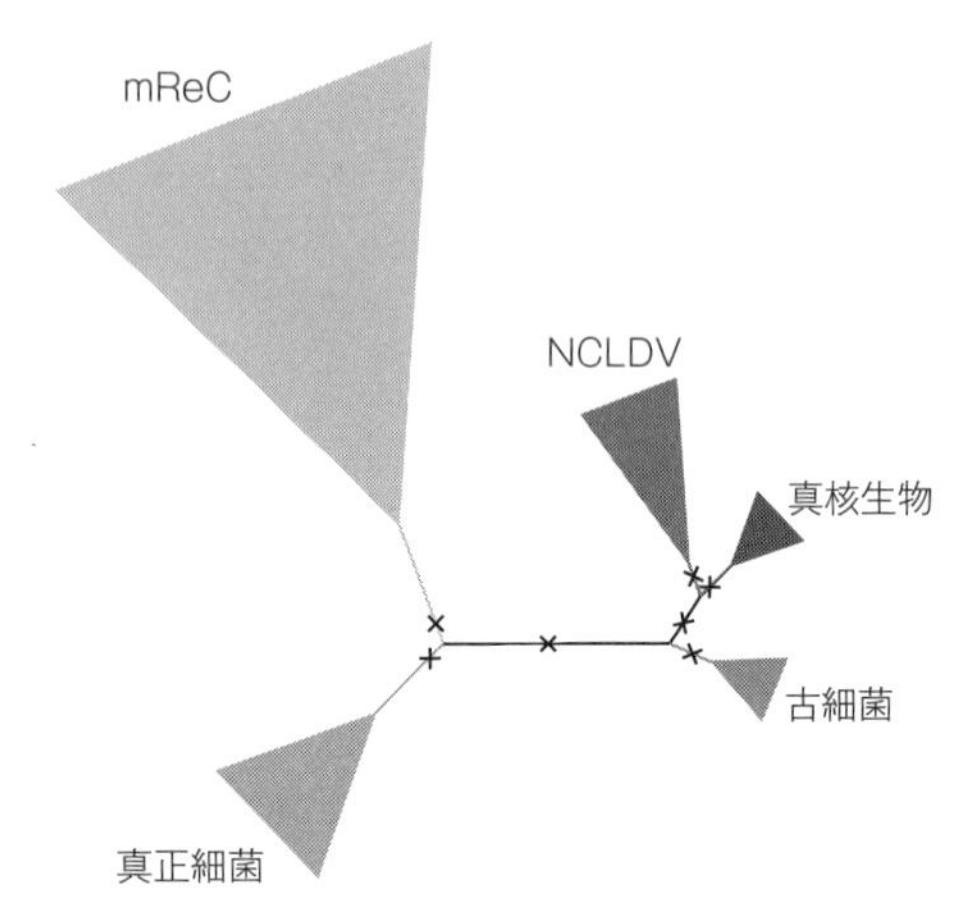

図2-11　RNAPの無根系統樹

重複でα鎖とβ鎖が生まれて現在のヘモグロビンになったのである。

このような遺伝子重複は、生物進化の至るところで起きており、新奇の機能が進化することに貢献してきたと考えられる。RNAPの進化も、同じような遺伝子重複で起こったとも考えられる。

アメリカ・バージニア工科大学のアレイナ・ワインハイマーとフランク・エイルワードは、RNAPにおけるこの2つのサブユニットの関係に着目した。2つのサブユニットのアミノ酸配列をひとつながりの配列として系統樹解析を行ったところ、図2-11のような系統樹が得られた。

図2-11のような系統樹は「無根系統樹」と呼ばれるが、進化速度一定を仮定しない限り、一般の系統樹推定法では系統樹の根元の位置を

決めることができない。生物学的には根の位置が重要な意味をもつが、それを決めるためには前提が必要である。

通常は、あるグループの生物種同士の系統関係を決めるためには、あらかじめそれらよりも遠い関係にあることが分かっているものを「外群」とし、当該グループである「内群」と外群を合わせた系統樹を推定した上で、外群と内群のあいだに根があるとする。ところがこの図のような解析では外群に当たるものがないのだ。

図２－９の場合は、真正細菌を外群として系統樹の根元の位置を決めているとみなすことができたが、この場合は外群がない上に、図２－10が示すように、極端に進化速度が異なる系統が複数含まれるため、解決が難しい問題であった。

このような問題を解決するための方法は、実は１９９８年にすでに得られている。当時、九州大学にいた岩部直之と宮田隆らが中心に行い、私も参加した研究で用いられた方法である。

われわれは、真正細菌、古細菌、真核生物のあいだの系統関係を決める問題に取り組んでいた。ところが、この問題は地球上のあらゆる生物を含む系統樹を推定しようとするものだから、外群に相当する生物がいないのである。

進化速度が一定であれば、外群なしでも系統樹の根の位置は決まるが、遺伝子の配列に相同性があってひとつの系統樹にまとまる関係にあっても、これだけかけ離れた生物のあいだでは進化速度が違うのが普通なので、外群なしで根の位置を決めることはできないのだ。

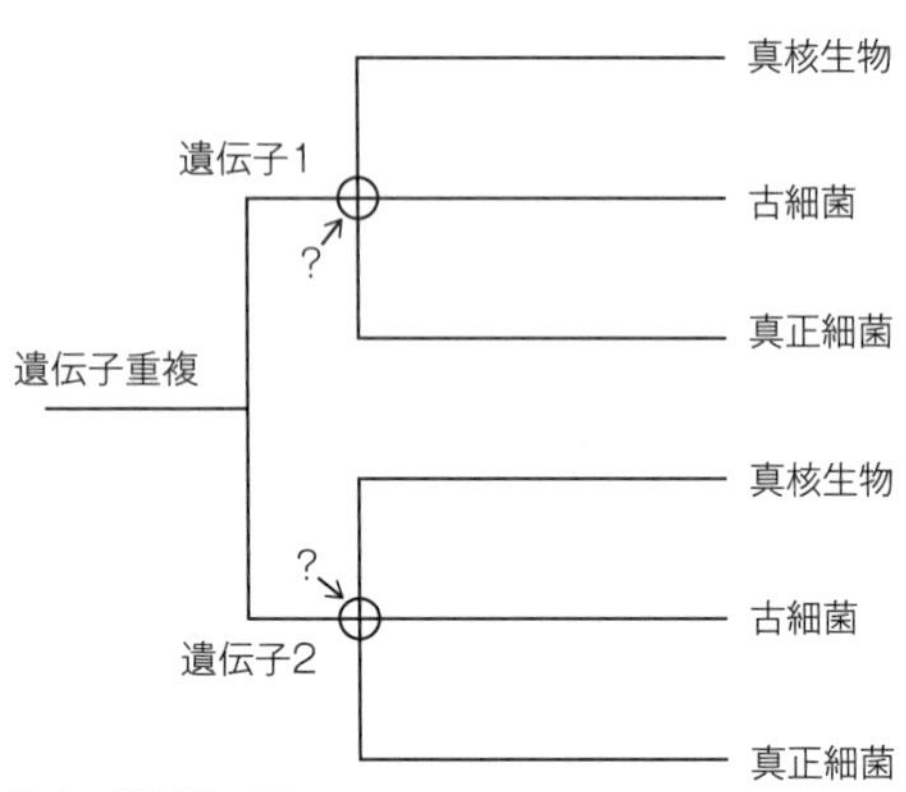

図2-12　複合系統樹の原理

そこで岩部・宮田らが考えたのは、重複した2つの遺伝子を用いた「重複遺伝子の複合系統樹法」であった。あらゆる生物が共通にもっている重複遺伝子があれば、それらを合わせた複合系統樹を推定し、2つの重複遺伝子を結ぶ枝の途中に系統樹の根があるとすればよいだろうというわけである（図2-12）。その結果、真正細菌よりも古細菌が真核生物に近縁だという結論が導かれた。長いあいだ論争が続いていた生物系統学上の大問題に対して、解決の手がかりが得られたのである。ワインハイマーらが、RNAPを構成するサブユニットの中の遺伝子重複で生まれたと思しき2つの遺伝子に対して行った複合系統樹解析も、これと同じやり方であった。

最古のウイルスを探して

ワインハイマーらの興味深い研究をもうひとつ紹介しよう。

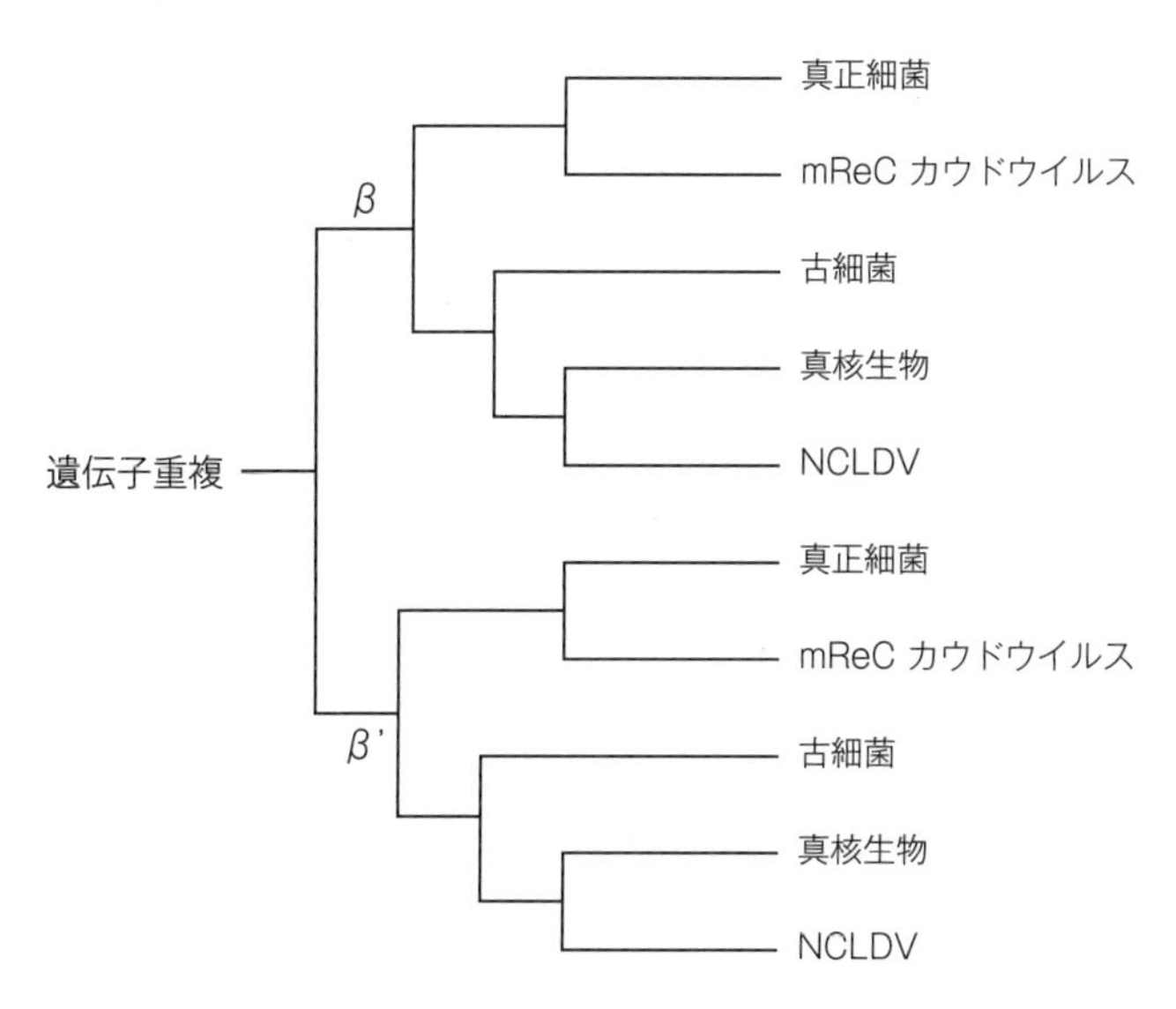

図2-13　mReC カウドウイルスと NCLDV を含めた複合系統樹解析

「カウドウイルス目（Caudovirales）」という真正細菌と共生するウイルスのグループがある。細菌に感染するウイルスは「ファージ」と呼ばれるが、名前の「カウド（Caudo）」がラテン語で「尾」を意味するように、尾部をもつファージである。二本鎖DNAの長さ18万〜50万塩基対のゲノムをもつ。カウドウイルスも、サブユニットとしてβとβ'をもつ。

ワインハイマーらは、カウドウイルス目のファージの中にも、RNAPの2つのサブユニットをコードするゲノムをもつものがたくさんあることを見つけ、それを「mReC（multi-subunit RNAP-encoding Caudovirales）」と名づけた。「複数のRNAPサブユニットをコードする「カウドウイルス」という意味である。

彼らは、ほかの遺伝子を用いて、まずmReCがカウドウイルスの中で系統的にまとまったグループをつくることを確かめた上で、複合系統樹解析にmReCカウドウイルスとNCLDVも含めた。

結果は図2-13に示したが、NCLDVに関しては、先にお話ししたように、真核生物がさまざまな系統に分かれる前の始原真核生物から分岐した系統樹になっている。

一方、mReCカウドウイルスは、さまざまな系統に分かれる前の真正細菌の共通祖先から分岐している。つまりカウドウイルスもまた、非常に起源の古いウイルスの系統であり、真正細菌が現生のたくさんの系統に分かれる以前の共通祖先から、RNAPサブユニット遺伝子を水平伝搬で取り込んだ系統がmReCだということになる。あるいは、真正細菌の遺伝子が独立してカウドウイルスが生まれたのかもしれない。今後の研究によるさらなる解明が待たれる。

このように、われわれが日本で行った研究が、巡りめぐってウイルスの起源を解明する鍵になる日が来ようとは想像もしなかった。これこそ科学の醍醐味であると言えよう。

第3章　インフルエンザウイルスの進化

1　100年前の流行り病

スペイン風邪ウイルス

第一次世界大戦末期の1918年から始まり、翌年まで世界中で猛威を振るった「スペイン風邪」と呼ばれる「インフルエンザ」は、5000万人もの命を奪ったという。これは大戦の戦死者の数を大きく上回るものであった。

「スペイン風邪ウイルス」は極めて致死性が高いものであったが、まもなく終息した。しかし、その後もインフルエンザウイルスは変異を重ね、新しいタイプのインフルエンザウイルスが次々に出現してわれわれを脅かしている。

インフルエンザには、毎年のように現れる季節性インフルエンザとスペイン風邪のようにパンデミックを引き起こすものとがある。季節性インフルエンザの致死率は低いが、それでも毎年人口の5～15％が感染するので、世界中では1年でおよそ50万人が亡くなっている。

スペイン風邪の時代には、この病気の原因となるウイルスを解析する技術がなかった。しかもこの病気は地球上から消えていたので、1997年まではその実態が不明のままであった。

この年、米軍病理学研究所のジェフリー・タウベンバーガーらは、スペイン風邪の犠牲者の肺の検体から、このウイルスのRNAゲノム配列の一部を決定することに成功した。この研究により、スペイン風邪ウイルスは現在も季節性インフルエンザの病原体として残っている「A型H1N1亜型インフルエンザウイルス」と同じゲノム構造をもつウイルスであることが明らかになった。スペイン風邪は消えたが、病原ウイルスは致死性の低い季節性インフルエンザウイルスとして残っていたのである。

その後、タウベンバーガーらは、アラスカの永久凍土に埋葬されたスペイン風邪で亡くなったヒトの遺体からウイルスを取り出し、このインフルエンザウイルスのゲノムの全塩基配列を明らかにした。こうしてスペイン風邪ウイルスの実体が明らかになったが、このウイルスがなぜ「史上最悪のインフルエンザ」と呼ばれるほど高病原性のものだったかについては、依然として謎が残った。

一方、東京大学の河岡義裕らのグループは、このウイルスのゲノム配列データをもとにして、厳重に管理された実験施設の中で、病原性の高いインフルエンザウイルスを人工的に合成し復元することに成功した。彼らはこの復元したウイルスをカニクイザルに接種したところ、伝えられていたように極めて強力な病原性を示したのだ。このような研究によって、このウイルスの遺伝子のどのような特徴が、強力な病原性に結びついているのかが次第に明らかになっている。

一般的な季節性インフルエンザウイルスは、鼻や喉など上部気道で増殖するが、スペイン風邪ウイルスは上部気道だけでなく、肺でも増殖できる。スペイン風邪ウイルスには病原性に関わる4つの特異な遺伝子部位があるが、これらの部位はウイルスが肺にとりついて増殖する際に重要な役割を果たしている。また、このウイルスの病原性は、感染した個体における異常な免疫反応によってもたらされるという。

亜型を生む遺伝子再集合

インフルエンザウイルスを包む外被膜からは、「スパイクたんぱく質」という突起が出ている。このスパイクたんぱく質は、「ヘマグルチニン（HA）と「ノイラミニダーゼ（NA）」の2種類からなる（図3－1）。これがインフルエンザウイルスの抗原性（体内に入り免疫反応を引き起こす異物の性質）を決める上で重要である。

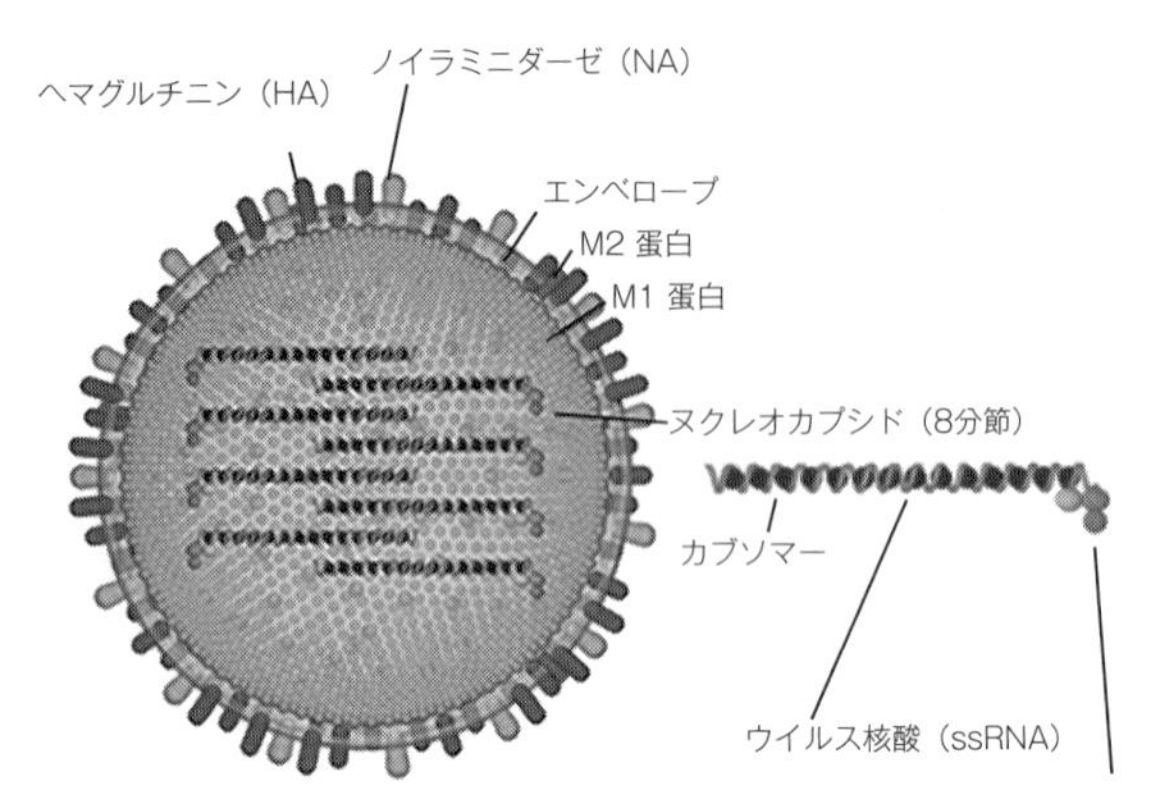

図3-1　A型インフルエンザウイルスの構造

A型インフルエンザウイルスは、HAとNAの違いによって亜型に分類される。ヒトで広く見られるのが、スペイン風邪ウイルスで代表される「H1N1亜型」、1957年にパンデミックを引き起こしたアジア風邪ウイルスの「H2N2亜型」、そして1968年にパンデミックを引き起こした香港風邪ウイルスの「H3N2亜型」の3種類である。それぞれの亜型のウイルスはパンデミックを引き起こした後も、症状の比較的軽い季節性インフルエンザウイルスとして生き残っている。

インフルエンザウイルスの遺伝情報は、たんぱく質ごとに8本の別々のRNAにコードされており、それぞれのRNA分節は独立に複製される。したがって、異なるインフルエンザウイルスが同じ細胞に感染すると、そこでRNA分節の交換が起こり、8本のRNA分節の新しい組み合わせをもったウイルスが生まれることがある。これを「遺伝子再集合」という。異種間の生物の交雑に似た現象だが、ＨＡとＮＡもそれぞれ独立のＲＮＡ分節にコードされているので、遺伝子再集合によっていろいろな組み合わせの亜型が生まれるのだ。

また、インフルエンザウイルスの突然変異率は非常に高く、ゲノムが複製を繰り返すたびに変異が蓄積するので、感染者ひとりの体内には、さまざまな変異をもったウイルスが混在している。そのために、抗体が産生されてウイルスが排除されそうになっても、それを逃れる新たな変異が生まれることがある。

インフルエンザウイルスの進化は、通常はたんぱく質遺伝子の突然変異によってアミノ酸が変化することによって起こる。これによってウイルスの抗原性が徐々に変化し、従来のワクチンが効きにくくなる。これが毎年季節性インフルエンザウイルスで起きていることである。

一方、スペイン風邪ウイルスなど世界的なパンデミックを引き起こしたウイルスは、複数のウイルスが遺伝子再集合を起こすことによって生まれたと考えられる。

新型インフルエンザウイルスの誕生

スペイン風邪ウイルスと同じＨ１Ｎ１亜型インフルエンザウイルスが、２００９年にメキシコ、アメリカ合衆国から世界中に拡がり、パンデミックを引き起こした。このウイルスは家畜のブタ由来のものであるが、河岡義裕らのグループの研究により、図３－２に示したような由

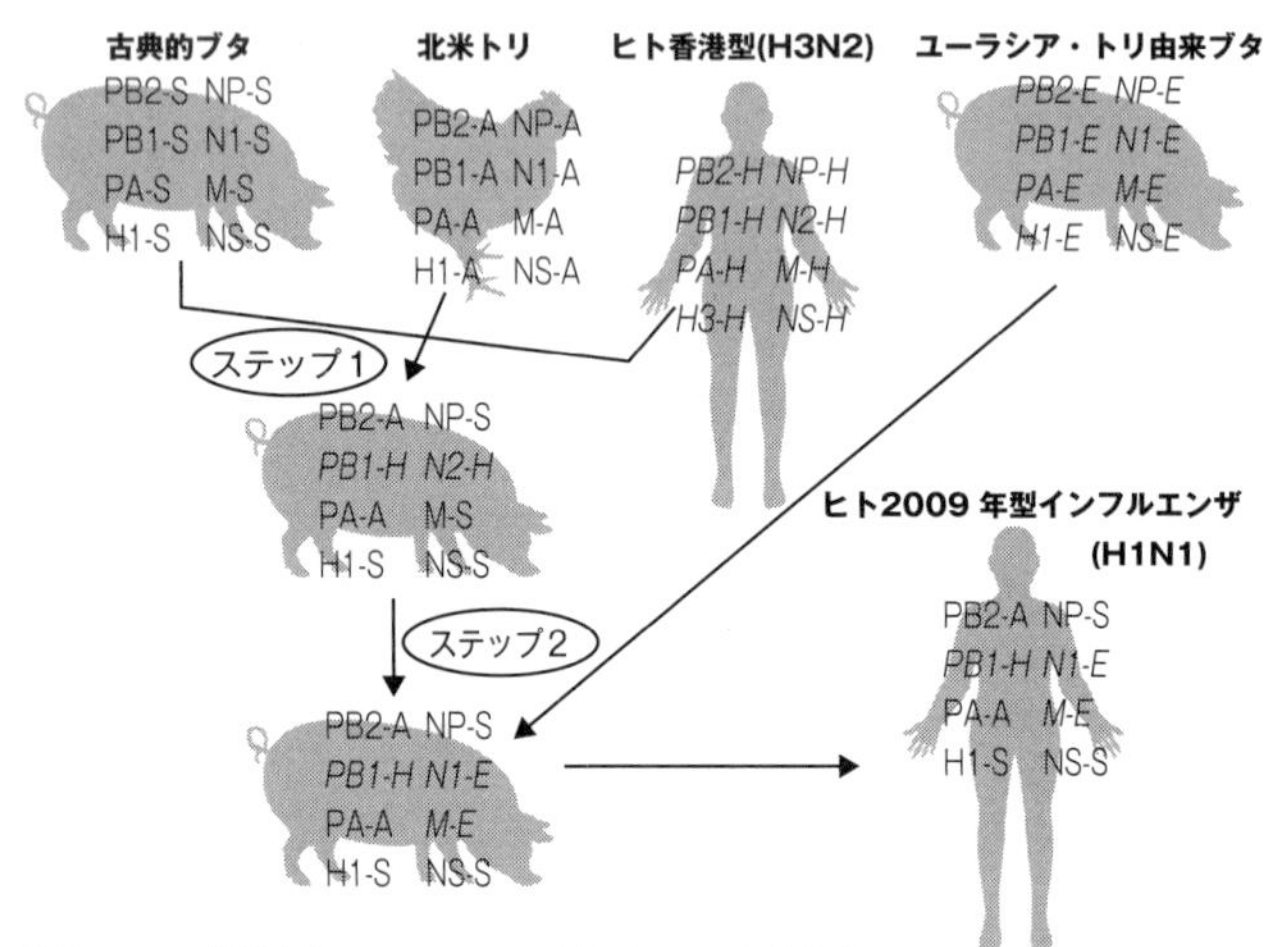

図3-2　新型インフルエンザウイルスの起源

来をもつものであることが明らかになった。

まず3種類のインフルエンザウイルスが登場する。ひとつは、スペイン風邪ウイルスがブタに感染してその後も受け継がれているもので、「古典的ブタウイルス」と呼ばれている。2つ目は北米の鳥がもっていたウイルスで、3つ目が1968年に香港風邪を引き起こしたヒトのH3N2亜型インフルエンザウイルスに由来する季節性インフルエンザウイルスである。

この3つのウイルスが、1頭のブタに3重に感染し、遺伝子再集合を起こしてRNA分節の新しい組み合わせをもった雑種ウイルスが生まれたのだ（図3-2のステップ1）。この新しいウイルスは1997年ごろから北米のブタに流行し始めた。最初はブタに重篤な症状を引き起こしたが、次第に軽い症状で済むようになった。

ヨーロッパでは、1979年に野生の水鳥からブタに拡がったH1N1亜型インフルエンザウイルスに由来するものがブタのあいだで流行していた。このウイルスが何らかの経路でアメリカ大陸に持ち込まれ、3重感染で生まれた先ほどの雑種ウイルスとのあいだで再度の遺伝子再集合を起こして、ヒトへの感染力を高めた新型インフルエンザウイルスが出現したと考えられるのである（図3-2のステップ2）。

このような遺伝子再集合によって、通常の季節性インフルエンザで用いられてきたワクチンが効かないような抗原性が獲得されて、人類にとっての脅威になったのである。このウイルスの祖先には、香港風邪を引き起こしたヒトH3N2亜型インフルエンザウイルスも含まれるが、「ウイルス由来RNAポリメラーゼ遺伝子（PB1遺伝子）」だけがその祖先のものを引き継いでいる。

2009年にパンデミックを引き起こしたヒトインフルエンザウイルスは、このように4種類のインフルエンザウイルスの雑種としてブタの体内で生み出されたものだ。なぜブタが、さまざまな種類のインフルエンザウイルスのあいだで遺伝子再集合を起こして雑種ウイルスを生み出すのに有効な装置として働いたのか。河岡らによると、ブタの呼吸器上皮細胞に、ヒトとトリのインフルエンザウイルスの両方の受容体が存在するので、ブタが両方のウイルスに同時に感染する可能性があるからだという。

起源は水鳥か

スペイン風邪ウイルスはヒトに対しては致死性の高い恐ろしいウイルスであったが、宿主を殺してしまうような高病原性をもつことは、寄生体にとっても望ましい戦略ではないはずである。自分自身も子孫を残せないからだ。高病原性は寄生体がそれまでの宿主とは違う新しい宿主に感染してしまったときに現れることが多い。

アメリカのセント・ジュード小児研究病院のロバート・ウェブスターは、長年にわたって野生の鳥類(ちょうるい)からインフルエンザウイルスを採取してきた。A型インフルエンザウイルスのスパイクたんぱく質であるヘマグルチニン(HA)とノイラミニダーゼ(NA)には、それぞれ16種類と9種類の亜型があるが、それらはすべてカモなどの水鳥で見つかっている。水鳥ではインフルエンザウイルスは主に腸管で増殖し、糞便とともに水中に排泄され、その水を飲むほかの鳥に伝搬される。

これらの水鳥は大きな集団で渡りをするものが多く、ウイルスにとっては集団内で感染を拡げるとともに、世界中に分布を拡げるにも恰好の宿主になっている。しかも渡り鳥に感染しても、たいていの場合、病気を引き起こすことはない。このように寄生体と安定した関係を築いている宿主を「自然宿主」というが、自然宿主に対しては病原性のない同じウイルスが、渡った先々でほかの動物に感染すると致死的なウイルスになり得るのだ。

インフルエンザウイルスに感染した水鳥の糞便1グラム中には、1000万個ものウイルスが含まれているという。これがたとえば長靴などに付いて農家のニワトリ小屋などに持ち込まれると、同じ鳥類であってもニワトリには病気を引き起こす。ニワトリの体内では抗体が産生され、ウイルスを排除しようとする。そのうち、抗体があっても生き残る変異ウイルスが生まれ、変異が続くうちにニワトリに対して重篤な症状を引き起こすウイルスが出現する。高病原性トリインフルエンザウイルスとして問題になっている「H5N1ウイルス」は、このようにして生まれたものと考えられる。

インフルエンザウイルスは長い年月、カモなどの水鳥と共生しながら安定した関係を築いてきた。ニワトリが家禽化された歴史は古いが、現在のように膨大な数のニワトリを狭いところに閉じ込めて一緒に飼うようになったのは、20世紀の半ば以降のことである。このような大規模養鶏は、高病原性のトリインフルエンザウイルスを生み出す恰好の条件を整えたのである。これがカモとウイルスとの関係のように安定したものになるためには、長い年月が必要であろう。しかも、こうして次々と生まれてくる高病原性のトリインフルエンザウイルスの中からヒトにも感染するものが出現する危険性があるのだ。

たくさんの動物を密集した状態で飼育することが思いがけない感染症を引き起こしてきた例は、この後の第4章で詳しくお話しする。

2　マイナス鎖RNAウイルスの進化

脊椎動物との長い付き合い

「A型インフルエンザウイルス」の自然宿主はカモなどの水鳥であり、秋の渡りの季節には20％以上の個体がウイルスに感染しているが、たいていは無症状である。それでも、A型インフルエンザウイルスの多様性のほとんどが水鳥から見出されてきたために、その中から時々種の壁を超えてヒトに感染するものが出現してパンデミックを引き起こすと考えられてきた。

ところが最近になって、コウモリもまた多様なA型インフルエンザウイルスを保持していることが明らかになってきた。まだ水鳥ほど詳しく調べられたわけではないが、コウモリは水鳥以上に多様なゲノム配列のA型インフルエンザウイルスをもっているようなのである。これらは、これまでヒトに感染して問題になったインフルエンザウイルスに近縁なものではないが、インフルエンザウイルスとコウモリのあいだの長い進化的時間にわたる関係が示唆される。

インフルエンザウイルスにはA型のほかに、B型、C型、D型があるが、これらが共通の祖先ウイルスから進化したことは明らかである。さまざまな脊椎動物からインフルエンザウイルスを採取しようというプロジェクトで、思いがけない動物からインフルエンザウイルスが見つ

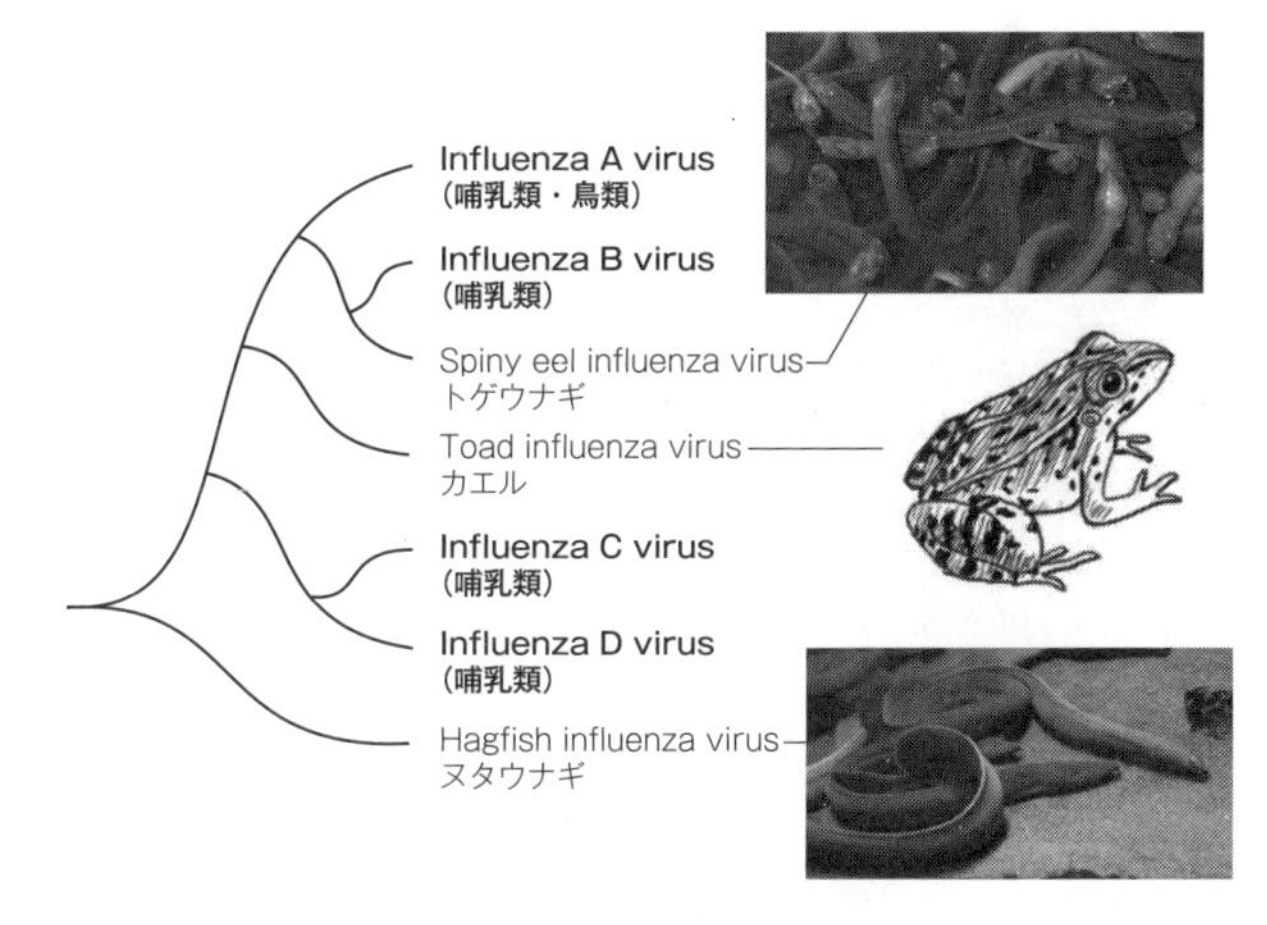

図3-3　インフルエンザウイルス系統樹

かっている。図3－3はそれらのウイルスを含めた系統樹である。

まず、B型インフルエンザウイルスに近縁なウイルスが、硬骨魚類タウナギ目のトゲウナギで見つかっている。また、A型とB型の共通祖先に近いものに由来するウイルスがカエルで見つかっている。さらに、A型、B型、C型、D型インフルエンザウイルスの共通祖先に近いものに由来するウイルスが、顎をもたない脊椎動物である円口類のヌタウナギで見つかっている。これらインフルエンザウイルスに近縁なウイルスが検出された動物には、特に病的な症状は見られず、宿主とウイルスとのあいだの安定した関係がうかがわれる。このように、インフルエンザウイルスは脊椎動物とその進化の初期段階から関わってきた可能性があるのだ。

無脊椎動物までさかのぼる

インフルエンザウイルスは「オルソミクソウイルス科（Orthomyxoviridae）」に分類されるが、無脊椎動物も含めてさまざまな動物を宿主とするこの科のウイルスの系統樹を描くと、図3－4のようになる。

哺乳類や鳥類に感染するインフルエンザウイルスに近縁なものがゴキブリから見つかっている。また、それらに近縁な「伝染性サケ貧血ウイルス」は、大西洋サケ（*Salmo salar*）の養魚場に深刻な被害を与える感染症の原因ウイルスである。

この図には含まれていないが、オルソミクソウイルス科には系統的にはもっと遠い関係にある「ティラピア湖ウイルス」もある。このウイルスは世界中で盛んに養殖されている硬骨魚のナイルティラピア（*Oreochromis niloticus*）に感染して、漁業に大打撃を与えている。

これらのウイルスは養殖のサケやティラピアといった特殊な環境に置かれた動物で問題になる感染症で、ヒトの手の加わらない自然界ではあまり問題にならないものと思われる。

図3－4を見れば分かる通り、オルソミクソウイルス科の系統樹には、節足動物など多様な無脊椎動物を宿主とするウイルスが含まれている。その中には、硬骨魚に感染する伝染性サケ貧血ウイルスよりももっとインフルエンザウイルスに近縁な、ゴキブリを宿主とするウイルスがいる。

このように、インフルエンザウイルスに近縁なウイルスがさまざまな動物から見つかってい

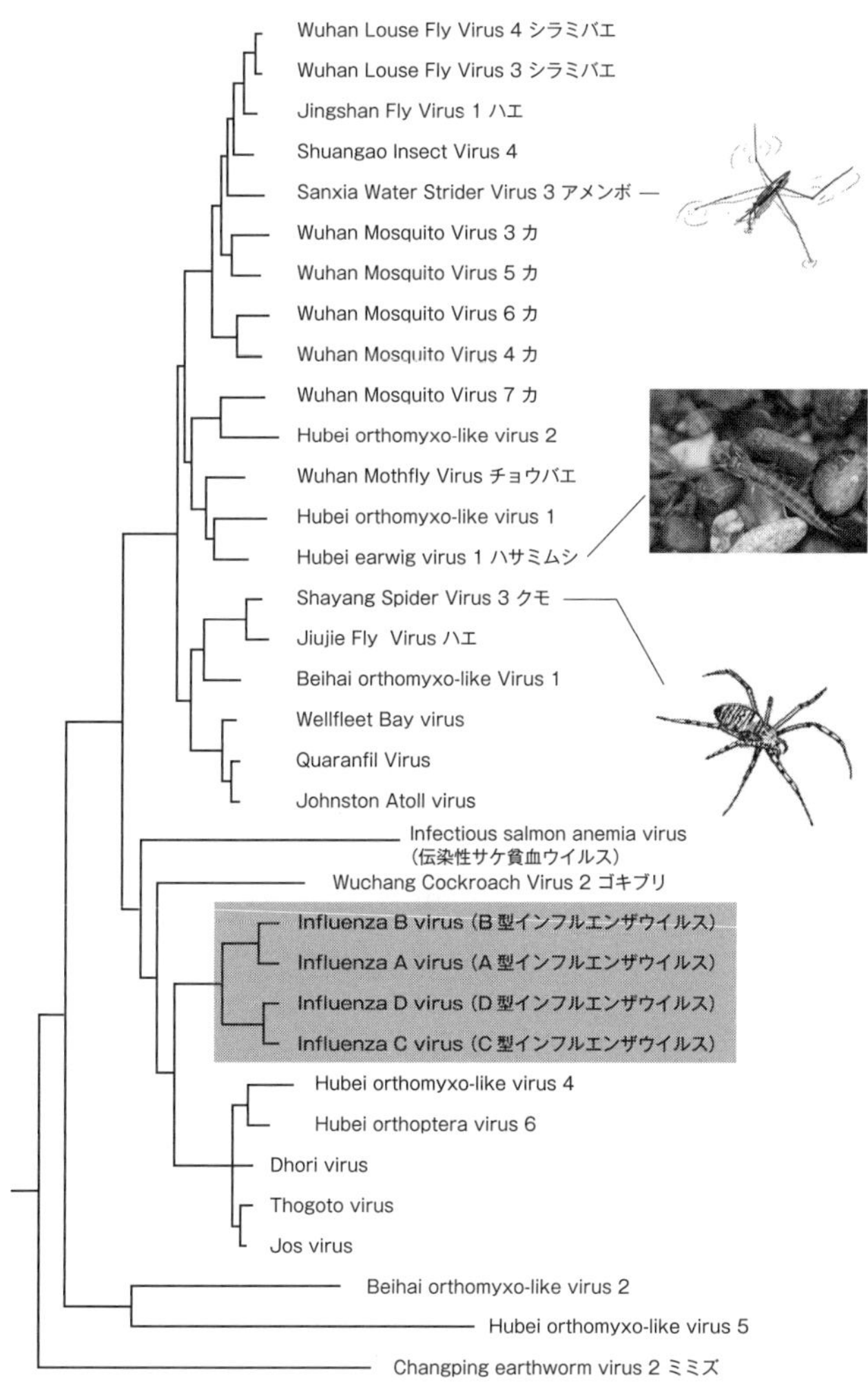

図3-4　オルソミクソウイルス系統樹

るが、人間生活に直接関わるような漁業に打撃を与えるウイルス以外の研究はまだ始まったばかりであり、われわれの知識はまだ断片的なものである。

ウイルスは種の壁を超えて感染することもあるので、宿主とウイルスの進化的な関係を追うことは容易ではない。それでも、図3－4が示すように、オルソミクソウイルス科ウイルスの多様性の大部分が無脊椎動物のウイルスで占められているということは、オルソミクソウイルス科の起源が脊椎動物が進化する以前の無脊椎動物にまでさかのぼることを示唆しているとも考えられる。

また、円口類のヌタウナギを宿主とするインフルエンザウイルスに極めて近縁なウイルスがいるということは、インフルエンザウイルスは脊椎動物が出現して以来、数億年の歴史をもっていることを示唆する。今後、もっと多くの動物種を用いた解析によって、哺乳類や鳥類に感染するインフルエンザウイルスの仲間のオルソミクソウイルスの進化の歴史が次第に解明されることであろう。

複雑な進化的関係

同じ一本鎖RNAウイルスでも、コロナウイルスや風疹ウイルス、西ナイルウイルスなどの「プラス鎖RNAウイルス」の場合は、ゲノムRNAがそのままmRNAとして働くことができるが、インフルエンザウイルスやエボラウイルスのような「マイナス鎖RNAウイルス」では、遺伝子が発現される前にいったん転写されてプラス鎖をつくる必要がある。

マイナス鎖ＲＮＡウイルスのゲノムは、インフルエンザウイルスに近縁なティラピア湖ウイルスのように、10本のＲＮＡ分節からなるものから、モルビリウイルスやニパウイルスなどのパラミクソウイルスのように分節化していないものまであり、そのあいだにインフルエンザウイルスの８本、ハンタウイルスなどのブニヤウイルスの３本、ラッサウイルスなどのアレナウイルスのように２本の分節からなるものなどさまざまな形態がある。

このように多様なマイナス鎖ＲＮＡウイルスであるが、それらがもつ「ＲＮＡ依存性ＲＮＡポリメラーゼ遺伝子（RdRp）」は相同性が高く、共通の祖先から進化したとも考えられる（この話題は前章でも触れた）。図３－５に、RdRpによって描かれたマイナス鎖ＲＮＡウイルスの系統樹を示した。70種の節足動物のメタゲノム解析によって得られた１１２種類の新しいウイルスのデータを、それまでに得られていたデータに加えて描かれたものである。この系統樹は、根元の位置が定まらない無根系統樹になっている。

従来の研究では、ヒトや家畜に感染症を引き起こすようなウイルスだけが注目されてきたが、近年のメタゲノムという手法では、病原性の有無にかかわらず、特定の生物種に感染しているウイルスを網羅的に調べることができる。その結果、興味深い事実が明らかになった。図３－５では、マイナス鎖ＲＮＡウイルスの多様性のほとんどが節足動物によって占められていることが分かる。

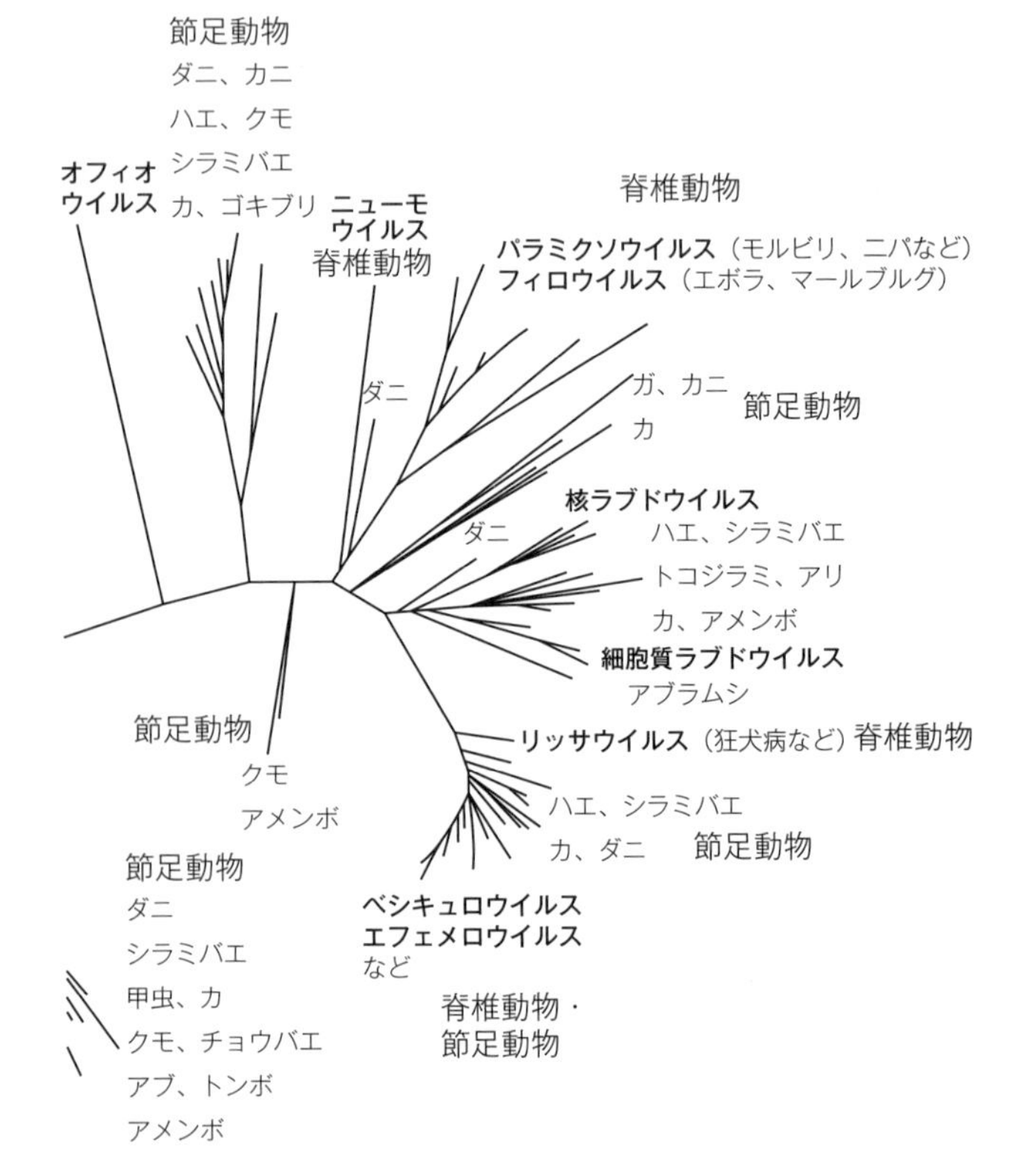
節足動物
ダニ、カニ
ハエ、クモ
シラミバエ
カ、ゴキブリ
オフィオウイルス
ニューモウイルス
脊椎動物
脊椎動物
パラミクソウイルス（モルビリ、ニパなど）
フィロウイルス（エボラ、マールブルグ）
ダニ
ガ、カニ
カ
節足動物
核ラブドウイルス
ダニ
ハエ、シラミバエ
トコジラミ、アリ
カ、アメンボ
細胞質ラブドウイルス
アブラムシ
節足動物
クモ
アメンボ
リッサウイルス（狂犬病など）脊椎動物
ハエ、シラミバエ
カ、ダニ
節足動物
節足動物
ダニ
シラミバエ
甲虫、カ
クモ、チョウバエ
アブ、トンボ
アメンボ
ベシキュロウイルス
エフェメロウイルス
など
脊椎動物・
節足動物

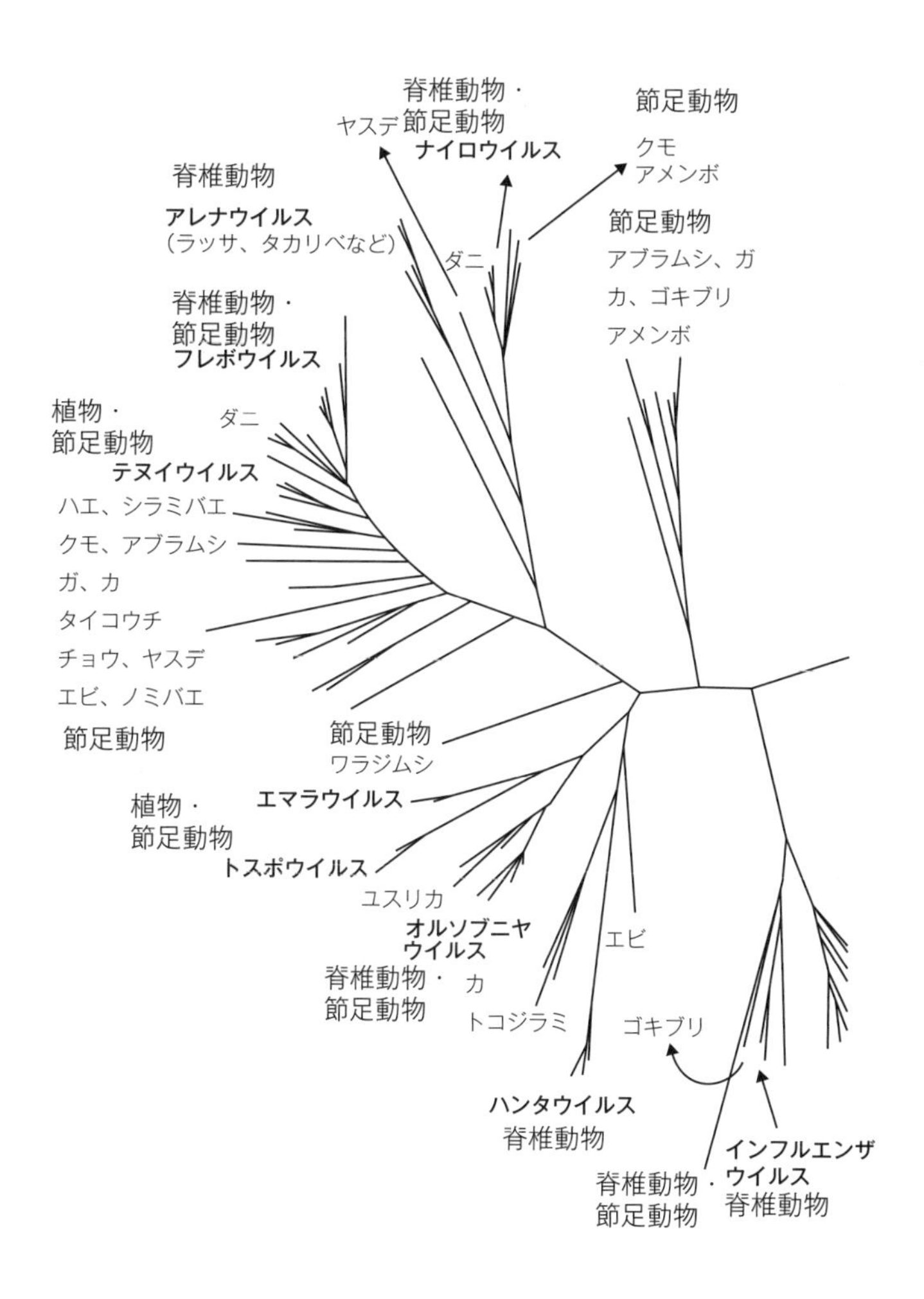

図3-5　マイナス鎖 RNA ウイルス系統樹

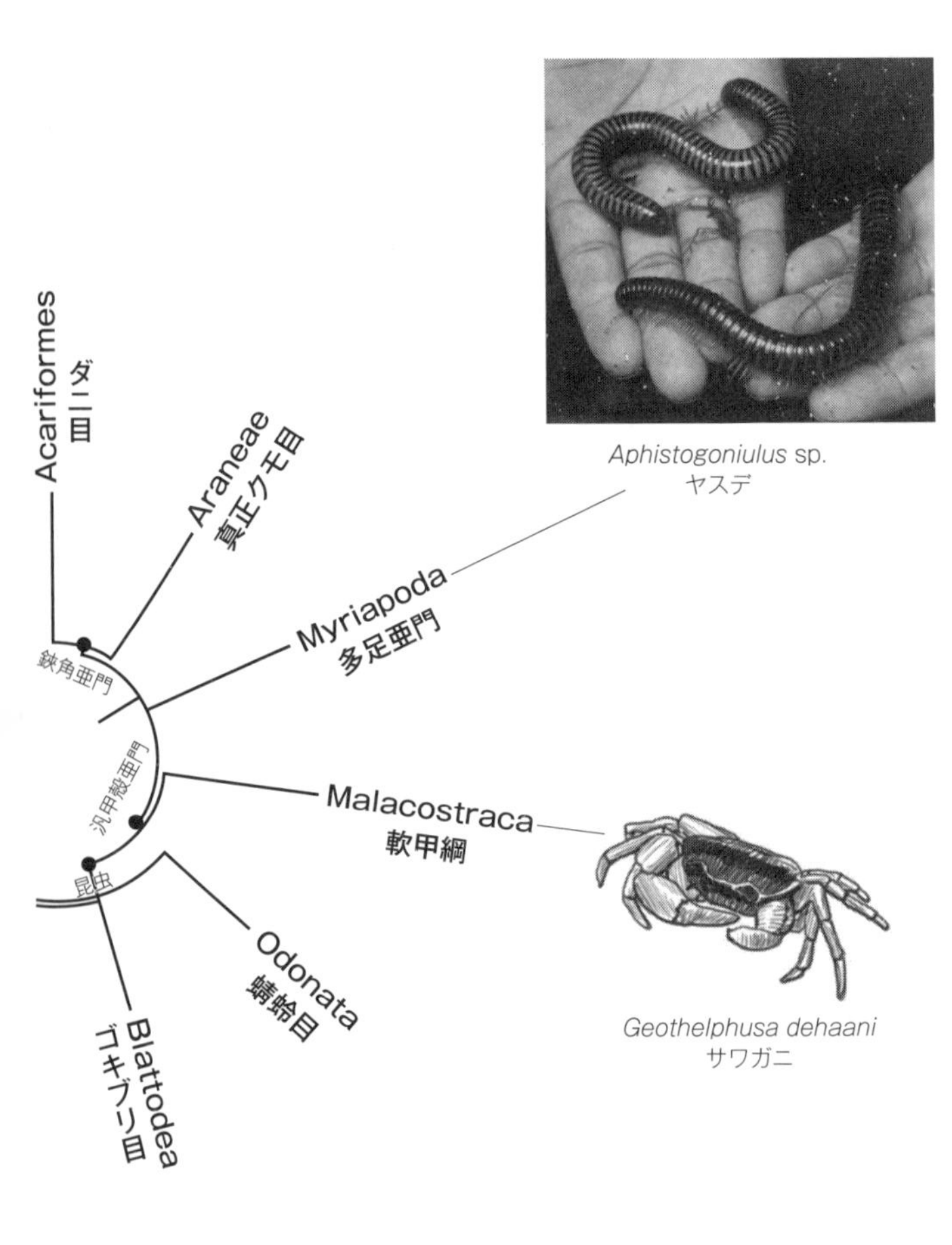
Acariformes
ダニ目
Araneae
真正クモ目
Myriapoda
多足亜門
鋏角亜門
汎甲殻亜門
Malacostraca
軟甲綱
昆虫
Odonata
蜻蛉目
Blattodea
ゴキブリ目
Aphistogoniulus sp.
ヤスデ
Geothelphusa dehaani
サワガニ
0
2億年

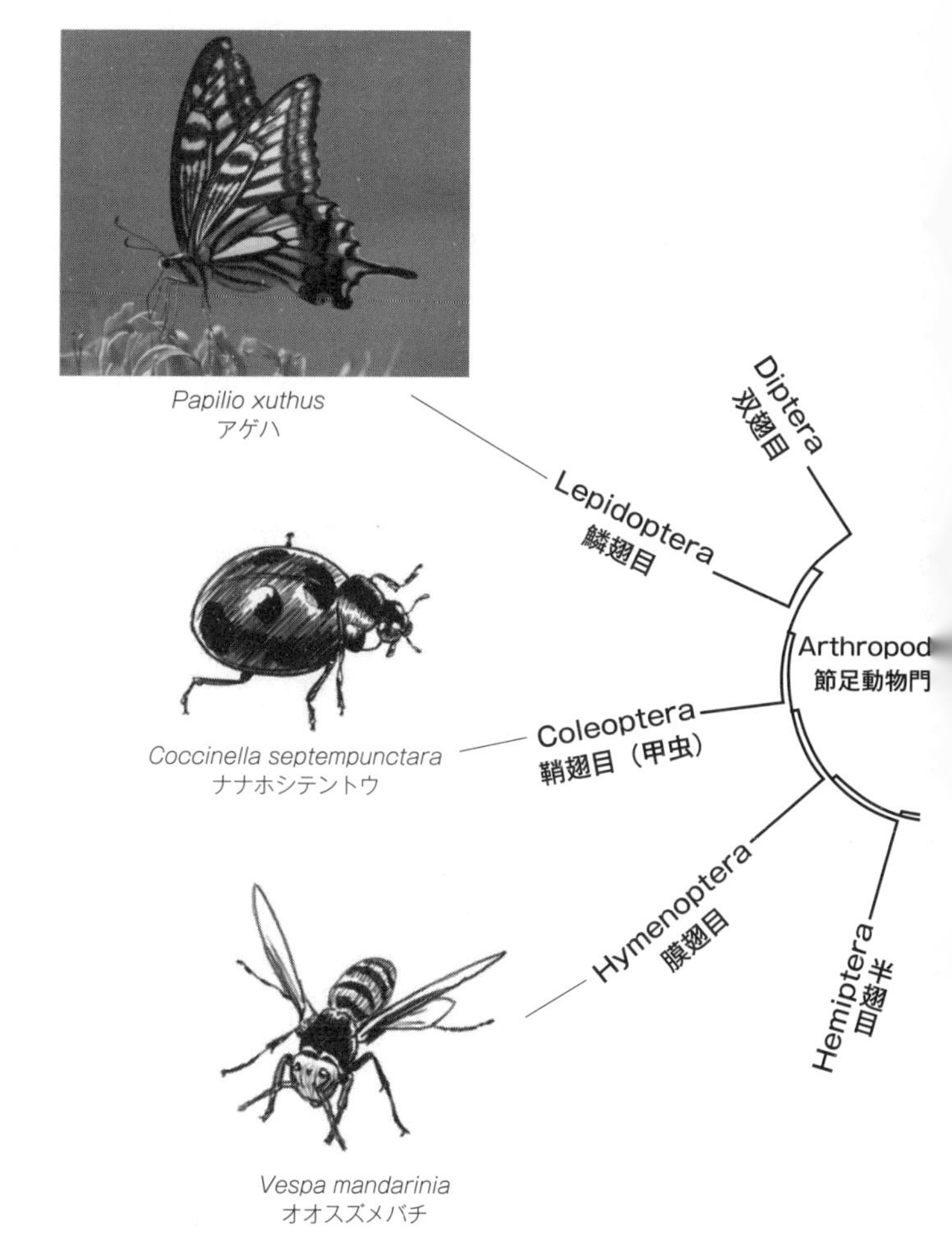

図3-6　節足動物門の系統樹

節足動物門の系統樹を、図3－6に示した。節足動物門は鋏角亜門（クモの仲間）、多足亜門（ヤスデの仲間）、汎甲殻亜門（エビ、カニ、ワラジムシなどの甲殻類と昆虫）からなる。従来は甲殻亜門と六脚亜門（昆虫など）が設けられていたが、甲殻類の中でカブトエビやミジンコがエビ、カニ、ワラジムシなどよりも昆虫に近縁であることが明らかになり、これらを統合した汎甲殻亜門が設けられた。これらの中でいちばん遠い関係にあるダニ、クモなどの鋏角亜門の系統と昆虫、エビ、カニなどの汎甲殻亜門の系統は5億年前のカンブリア紀には分かれていたと考えられる。

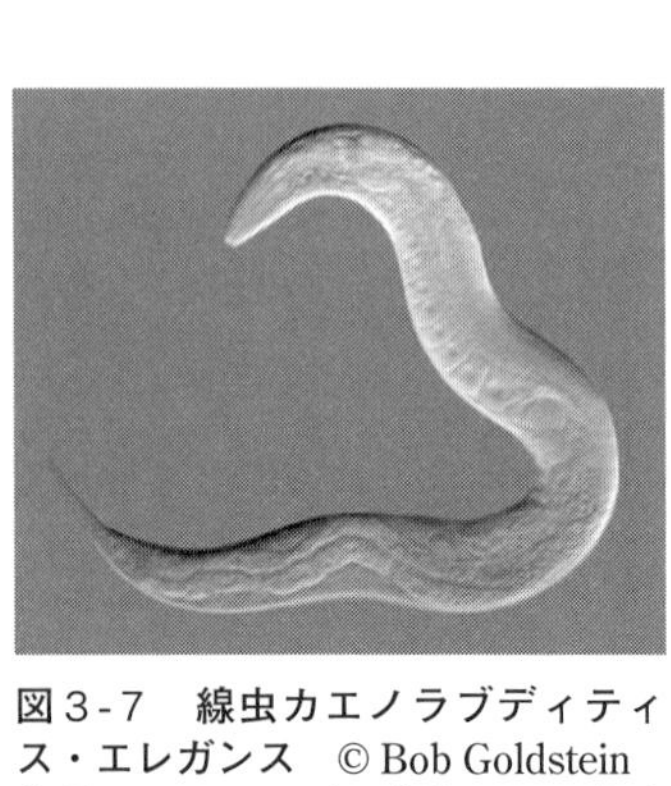

図3-7　線虫カエノラブディティス・エレガンス　© Bob Goldstein
体長1ミリ。モデル生物として広く利用され、多細胞生物として最初に全ゲノム配列が解読された。

節足動物門は、あらゆる生物分類群の中で記載されている種数が圧倒的に多く、歴史も古いので、多様なウイルスを保持しているのは当然かもしれない。ヒトを含む哺乳類に感染する病原ウイルスのいくつかは、そのような節足動物由来のウイルスから進化した可能性がある。

長い進化的な時間で見ると、節足動物門と並んで、哺乳類に感染する病原ウイルスのもとを多く供給した可能性があるのが、線虫（図3－7）などの線形動物門である。線形動物には、ヒトの寄生虫もいるが、土壌中で自由生活する線虫も多く、生態的に重要な役割を果たしている。これまで研究があまり進んでいなかったので、節足動物ほど記載されている種数は多くないが、線形動物の実際の種数は節足動物をしのぐという推定もある。またその数も多く、個体数で見るとあらゆる動物の80％は線形動物だという推定もある。

肝毛頭虫（かんもうとうちゅう）（*Capillaria hepatica*）というネズミの肝臓に寄生する線虫があるが、その線虫から2種類のマイナス鎖RNAが見つかっている。そのひとつが図3-5に登場したオルソブニヤウイルスに近縁な「フルトンウイルス」であり、もうひとつが第7章で内在性ウイルスとしても登場するウマやヒツジなどの家畜に髄膜脳炎を引き起こすボルナウイルスに近縁な「アムステルダムウイルス」である。近縁だからといって、これらのウイルスが線虫由来だということにはならないが、哺乳類の病原性ウイルスの起源にはさまざまな動物が関与してきたことがうかがえる。

今後、さらにさまざまな動物を宿主とするウイルスの研究が進むことによって、哺乳類の病原性ウイルスの起源に関するわれわれの理解は次第に深まっていくことであろう。

第4章

動物からもたらされる感染症

1　動物から始まったウイルス感染症

身近な存在

「動物由来感染症」は、英語では「zoonosis」という。zoonosisは「動物の病気」というギリシャ語からきているが、ヒト以外の動物に寄生する病原体により生じるヒトの感染症ということである。

第6章でも詳しくお話しするが、ヒトに感染するようになったコロナウイルス7種のうちの5種は、もともとコウモリを「自然宿主」（自然界において寄生される生物）とするものである。

また風邪のウイルスとして知られているコロナウイルスのうちの残りの2種類はネズミなどげっ歯類由来のものであるから、これらのウイルスが引き起こす病気はすべて動物由来感染症だ。

1994年、オーストラリアでウマからヒトに感染して重篤な症状を引き起こした「ヘンドラウイルス感染症」のウイルスも、自然宿主はオオコウモリである。1999年にマレーシアの養豚場のブタとそこで働くヒトが重篤な脳炎に罹った「ニパウイルス感染症」もオオコウモリに由来する、ヘンドラウイルスと近縁なウイルスが引き起こしたものである。

図4-1　ジャワオオコウモリ

ニパウイルス感染症により、マレーシアでは100万頭を超えるブタが殺処分され、養豚産業は壊滅的な打撃を受けたが、この感染症が発生したそもそもの原因は、オオコウモリの生息地に養豚場がつくられたことにあるようだ。マンゴーやドリアンなどの果物を求めて、多くのオオコウモリがやってくる場所に養豚場がつくられたために、コウモリとブタが接触するようになってしまった。

マンゴー、バナナ、グアバなど熱帯の果実を実らせる樹には、オオコウモリに蜜を提供して受粉を助けてもらうものが多い。オオコウモリはまたそのような果実を食べ、種子を遠くまで運んで植物の分布を拡げることにも貢献している。そのような樹のある場所に養豚場がつくられてしまったことが問題の根幹だと指摘されている。

動物由来感染症は「動物の病気」というが、ヘンドラウイルス感染症の「中間宿主」（最終的な宿主に至るまでの寄生者の幼生期の宿主）であるウマや、ニパウイルス感染症の中間宿主のブタには重篤な病気を引き起こすものの、自然宿主のオオコウモリには目立った病原性を示さない。

ニパウイルス感染症はこれまでマレーシア、バングラデシュ、インドなどでの流行はあったが、幸い世界的な大流行パンデミックには至っていない。しかし、２０１５年12月にはＷＨＯが近い将来にパンデミックを起こすおそれのある感染症の候補のひとつとして挙げている。

最初養豚場で発生したこの感染症は、ブタと接したヒトには感染したが、その家族には感染しなかったことから当初、ヒトからヒトへの感染はないと考えられた。しかし、２０１９年に発表されたバングラデシュでのニパウイルス伝搬の調査によると、２４８のヒトへの感染例のうちの82例はヒト・ヒト感染だったという。現代社会では、ウイルスがいったんヒト・ヒト感染の能力を獲得すれば、容易に世界中に拡散し得る。

ニパウイルスは、「パラミクソウイルス科（Paramyxoviridae）」に属する一本鎖ＲＮＡウイルスであるが、コロナウイルスとは違ってゲノムはマイナス鎖ＲＮＡである。ニパウイルス感染症のヒトへの感染は、前述したように、最初1999年にマレーシアの養豚関係者のあいだで流行し、その後、バングラデシュ、インドなどでも流行が見られた。

ところが、これらの感染者から採取されたウイルスのゲノムを調べてみると、かなり違った2つの系統に分類される。マレーシアを中心に拡がったマレーシア系統とバングラデシュ、インドなどのバングラデシュ系統である。2つの系統ではゲノムがコードするたんぱく質のアミノ酸配列もかなり違っていた。

マレーシア系統ではブタを介した感染が主であるのに対して、バングラデシュ系統ではヒト・ヒト感染も多いなど、2つの系統のあいだには感染様式にも違いがある。ヒトに感染しやすくなるような変異も2つの系統で独立に進化したようなのである。両地域におけるオオコウモリの集団で、ヒトに感染し得るような変異がそれぞれ独立に生まれたものと考えられる。

このように、野生動物を自然宿主とするウイルスの集団の中には、さまざまな変異を重ねながらヒトや家畜に感染する機会を待ちかまえているウイルスがいるのだ。

命がけの研究

1967年にドイツのマールブルグで実験用に輸入されたアフリカミドリザル（図4－2）からヒトに感染した「マールブルグ病」や、1976年以来アフリカで何回も流行を繰り返している「エボラウイルス病」も、オオコウモリを自然宿主とするウイルスがヒトに感染するようになったものであると考えられた。どちらも「フィロウイルス科（Filoviridae）」のウイルスが引き起こすものである。

フィロウイルスの「filo」はラテン語で「糸」を意味するが、これはウイルス粒子が糸状の特異なかたちをしていることからきている。これらのウイルスはインフルエンザウイルスと同じマイナス鎖一本鎖RNAゲノムをもつ。

エボラウイルス病に関しては、1976年のザイール（現在のコンゴ民主共和国：DRC）での最初の流行では、致死率が88％にも達した。その後、2013年から2016年にかけての西アフリカ各国の大流行ではあわせて3万人近くが感染し、致死率は70～74％と推定された。

図4-2　アフリカミドリザル

このときに採取された99のエボラウイルス株のゲノムを解析した論文が、2014年にサイエンス誌に掲載されている。この論文には58人の共同執筆者が名前を連ねているが、論文が出版された時点でそのうちの6人が亡くなっている。まさに命がけの研究だった。

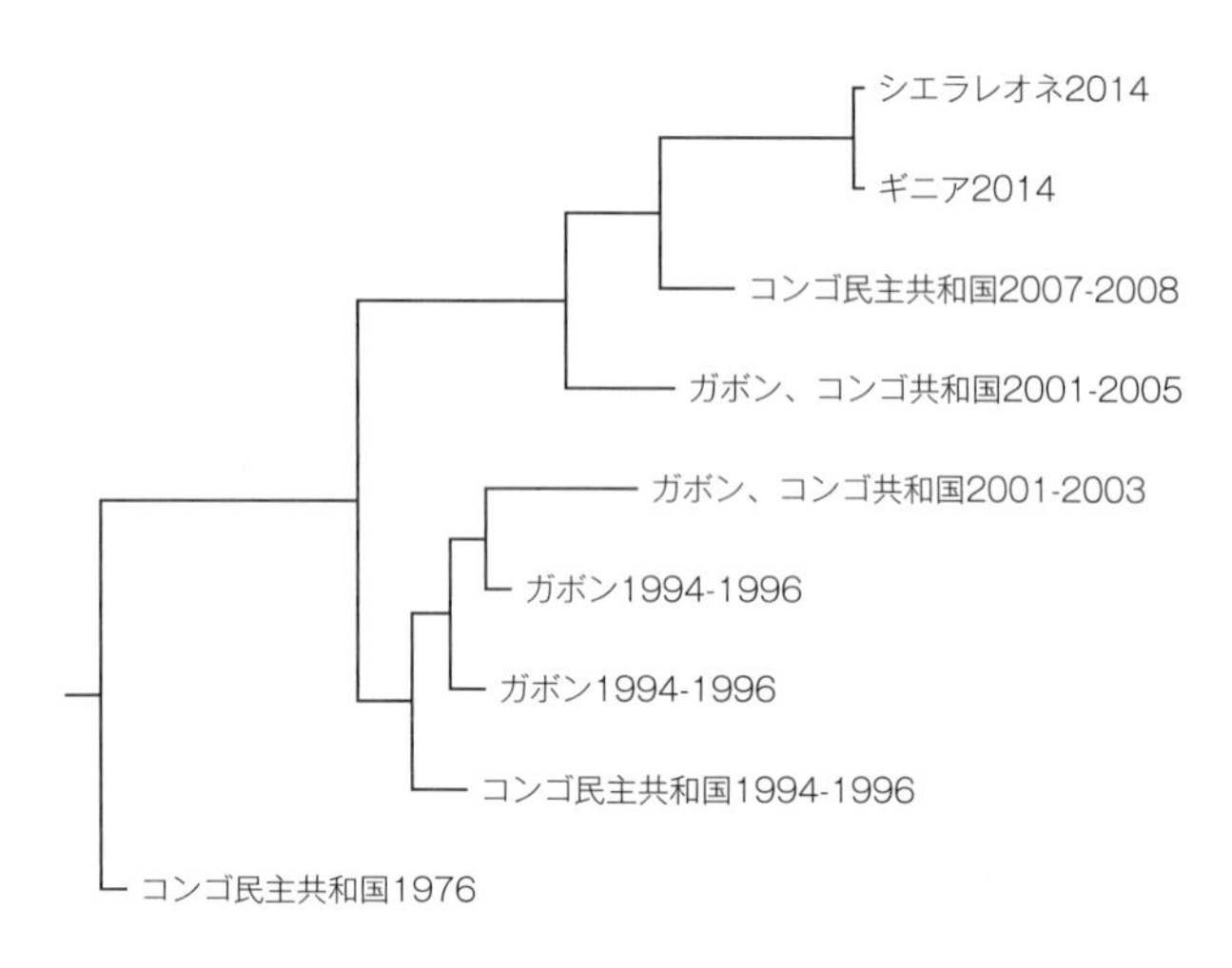

図4-3　エボラウイルスの系統樹

エボラウイルス病は１９７６年以来、コンゴ民主共和国などの中部アフリカやシエラレオネなどの西アフリカの諸国で10回以上にわたってヒトでの流行や終息を繰り返してきた。感染して死んだチンパンジーやゴリラの肉を食べるなどしてヒトに感染した例もあるが、もともとはオオコウモリからきたものであると考えられる。

図４－３は、エボラウイルスのゲノムデータから描かれた系統樹である。この図からは、１９７６年に最初にコウモリからの感染があって以降、ヒトや霊長類の集団で流行と終息を繰り返してきたエボラウイルスが、終息中もヒトや霊長類の集団に潜んでいて、それが再び活動を始めるようになって次の流行が起こるようになったと見ることもできる。しかし、この命がけの論文

を書いた著者たちは、そうではなかったと考えている。

彼らの系統樹解析には、西アフリカのシエラレオネとギニアにおける2014年の流行期に採取した多くのウイルスのデータが入っている（図4－3ではそれぞれひとつに集約されている）。これらシエラレオネとギニアの流行も、2008年のコンゴ民主共和国での流行も、それぞれで見られるウイルスは非常に均質であった。

爆発的に流行するたいていの感染症では、関与するウイルスの誕生は最初の感染が確認される直前だと推測される。しかし、もしも密かに拡がっていたウイルスが一斉に活動しだしたのだとすると、それぞれの流行でもっと多様なウイルスが見られることが期待される。しかしエボラウイルスに関しては、実際はそうではなかった。著者たちの結論は、大流行に際して、その都度コウモリからの種の壁を超えた「流出（spillover）」が起こったのではないかという。

この解釈が正しいとすると、図4－3の系統樹のヒトでの流行を示す末端部以外の枝は、コウモリの集団中で密かに進行していた進化だったことになる。彼らの考えを証明するためには、今後、野生のコウモリを宿主とするエボラウイルスを徹底的に調べ上げていくことが必要である。

エボラウイルスの自然宿主についても調査は続けられるだろう。当初は果実食のオオコウモリが自然宿主だと考えられ、実際にオオコウモリからヒトに直接感染したり、オオコウモリの食べ残した果実を食べたゴリラなどの大型動物を狩猟したヒトが感染したりしていた。ところ

図4-4　ヒダクチオヒキコウモリ　©河合久仁子

が、自然宿主はオオコウモリではなく、アジアのヒダクチオヒキコウモリ（図4－4）に近縁なアフリカのアンゴラオヒキコウモリという昆虫食のコウモリだという説もあるのだ。

野生動物からの流出

コウモリの中には、ミミナガホオヒゲコウモリのように単独生活をするものもあるが、洞窟や樹の洞などで群れをつくって生活するものが多い。図4－5は、そのような閉じた空間ではないものの、マダガスカルオオコウモリが群れて休んでいる様子である。メキシコオヒキコウモリやジュフロワルーセットオオコウモリのように、ひとつの群れで数百万頭にも達するものもある。図4－4のタイのヒダクチオヒキコウモリも、ひとつの洞窟におよそ300万頭が群れで生息している。オヒキコウモリのねぐらになっている洞窟では、夕方になるとコウモリは一斉に餌（昆虫）を採りに出かけるが、このような光景が30分以上も続くという。

ペルーのある洞窟で、先住民の遺跡が、19メートルの厚さに堆積したコウモリの糞の層の下から見つかった。このような堆積したコウモリの糞を表す言葉として「chiropterite」というものがある。人々がこのようなコウモリの糞「コウモリ・グアノ」を肥料として使ってきたことから、特別に生まれた言葉であろう。

図4-5　マダガスカルオオコウモリ

コウモリを自然宿主とするウイルスは、たいてい宿主に対して目立った病原性を示すことなく、宿主と平和的に共生している。ウイルスが宿主を殺してしまうようなことは、ウイルス自身の繁栄という面からも望ましい戦略ではない。宿主が死んでしまえば、自分自身も子孫を残せないからである。ウイルスが野生動物から種の壁を超えてヒトや家畜に感染するようになる「流出」によって新しい宿主に出会ったときに、重篤な病原性を発揮することが多いのである。

コウモリには大きな集団をつくって密集して生活するものが多いので、ウイルスが宿主にするには格好の動物である。宿主が大きな集団をつくっているということは、ウイルス集団も大きくなるということである。新しい宿主を開拓するためには、感染に際して使うたんぱく質を新しい宿主にあわせて改変する必要がある。そのような改変は、ランダムな変異とそれに対して働く自然選択によって可能になる。ウイルス集団が大きいと、それだけ新しい変異が生まれる可能性が高いということである。

2 ヒトと感染症の歴史

集団感染症はいつから?

話をヒトに移そう。人類の歴史は感染症との闘いの歴史でもあった。ヒトの集団感染症の多くは、人類が農耕を始め、野生動物を家畜化して定住生活をするようになってから、動物から持ち込まれたものといわれている。

その中でも「ペスト菌(*Yersinia pestis*)」という真正細菌がネズミからノミやシラミを介してヒトに感染して引き起こされるペストや、「天然痘ウイルス(*Poxvirus variolae*)」というDNAウイルスによって引き起こされる天然痘は、人類の歴史を通じて深刻な感染症であった。

天然痘ウイルスは、およそ1万6000年前にアフリカのガービル（*Gerbilliscus kempi*）というげっ歯類を宿主とする「タテラポックスウイルス」から分かれてヒトに感染するようになったと推定されている。タテラポックスという名前は、このガービルが「*Tatera kempi*」とも呼ばれることからきている。

図4-6　ガービル　©Aranae

天然痘は、1796年にイギリスのエドワード・ジェンナーがワクチンによる予防を確立して以来、次第に制圧されるようになり、1980年にはついに根絶が宣言された。これをきっかけに近い将来ほかの感染症も根絶されるだろうという楽観的な見方が拡まったが、実際にはそのような流れにはなっていない。それまでの感染症の多くは、依然として人類にとっての脅威であり続けるとともに、新興感染症と呼ばれる動物由来の新たな感染症が相次いで出現する事態になってきた。

コウモリ駆除は得策か

これまでにお話ししてきたように、コウモリはさまざまなウイルスの自然宿主となる。「COVID－19」を引き起こすコロナウイルスがもともとコウモリを宿主とするウイルスだったことが報道されると、日本でも家屋に棲みつくために

「イエコウモリ」とも呼ばれるアブラコウモリを駆除してほしいという依頼が駆除業者に殺到しているという。

しかし、そのようなことがコウモリからの新たなウイルス流出を防ぐことにつながるとは思えない。ただ、エボラウイルス病の場合のように、コウモリ集団内のウイルスが繰り返し直接ヒトに感染して重篤な病気を引き起こしていると考えられる例はある。

COVID－19の病原体である「SARS－CoV－2」の場合は、このウイルスはもともとキクガシラコウモリを自然宿主としていたが、それがそのままヒトに感染するようになったわけではない。現在キクガシラコウモリを宿主としている「コロナウイルス」とSARS－CoV－2のゲノムのあいだには、数十年の時間が必要な量の変異が蓄積しており、そのあいだの進化の詳細はまったく不明なのである。

日本のアブラコウモリにもさまざまなウイルスが共生しているが、それがそのままヒトに感染して重篤な病気を引き起こす可能性は低い。屋根裏などに棲みついて糞をするので、確かに不衛生になることはあり、何らかの対策は必要かもしれないが、過度に神経質になることは別の問題を引き起こす。アブラコウモリは、小型昆虫類を主食とし、農作物に被害を与える昆虫やさまざまな感染症を媒介する蚊などを食べてくれるので、ヒトの役に立っている面もあるのだ。

同じく昆虫食であり、エボラウイルスの感染に関わっているアフリカのアンゴラオヒキコウモリにしても同様だ。ひとつの洞窟に300万頭も集まって生活しているアジアのヒダクチオヒキコウモリの仲間が食べる昆虫は莫大な量になる（河合久仁子さんによると、一晩に食べる昆虫の量は14トン、洞窟に毎日持ち込まれる糞の量は4・6トンになるという）。彼らが食べてくれる農業害虫を殺虫剤などで駆除しようとすると、経済的なコストが莫大になるだけではなく、生態系にも深刻な打撃を与えるであろう。

花粉を運んで受粉を助けることを「送粉」というが、植物にとって送粉者の存在は重要である。花を咲かせる植物の大部分は、送粉者である動物の助けを借りて繁殖している。そもそも美しい花は動物を引きつけて送粉してもらうために進化した。

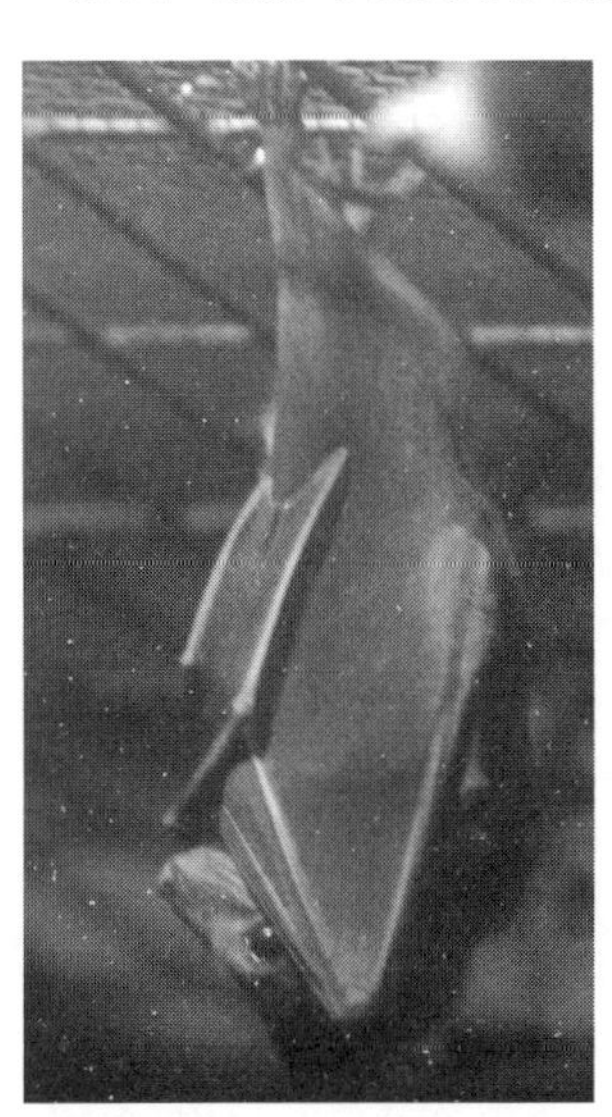

図4-7　エジプトルーセットオオコウモリ

送粉者の役割を果たしている動物としては昆虫がもっとも多いが、鳥類や、コウモリなどの哺乳類も重要である。そのためコウモリがいなくなると、生態系が成り立たなくなってしまうのだ。コウモリや鳥類は昆虫にくらべるとたいていは活動範囲が広いので、送粉に際して近親交配を避けやすくなるなど、植物にとってありがたい面もある。

２００7年7月にウガンダのキタカ鉱山で4人が「マールブルグ病」に感染し、１人が死亡した。その後、この金鉱山から50キロ離れたパイソン渓谷で2人の旅行者が感染し、１人が死亡した。渓谷と金鉱山には、それぞれ4万頭、10万頭以上のエジプトルーセットオオコウモリ（図4－7）が棲んでいた。

鉱山ではさっそくコウモリの駆除が始められた。鉱山の入り口をふさぎ、コウモリを徹底的に捕獲して駆除したのだ。ところが、２０１2年の10月になると、今度はキタカ鉱山から20キロのところにあるイバンダという町でマールブルグ病が再発生した。そのころにはキタカ鉱山は再開されており、そこでのエジプトルーセットオオコウモリの集団の個体数は駆除前の1～5％に減っていた。これらのコウモリを調べてみると、13・3％の個体がマールブルグウイルス陽性となった。駆除前のコウモリ集団の陽性率は5・1％だったので、陽性率が上昇していたのだ。

また、キタカ鉱山のコウモリから採取された「マールブルグウイルス」のゲノムを調べてみると、非常に多様なものが含まれていることが分かった。その中には、感染者から採取されたウイルスとほとんど同じ配列のものがいくつか見られたのである。つまり、マールブルグ病の場合は、コウモリのもつ多様なウイルス集団の系統のいくつかが、直接ヒトに感染している様子が見て取れるのである。また、ウイルスのヒトへの流出が、エジプトルーセットオオコウモリの出産の季節と相関しているという。

なぜヒトに感染するようになったか

マールブルグウイルスの場合は、自然宿主のルーセットオオコウモリから繰り返しヒトへの感染が起こっているから、このウイルスにはもともとヒトへの感染力があったものと考えられる。一方、ＣＯＶＩＤ－19の病原ウイルスであるＳＡＲＳ－ＣｏＶ－２は、キクガシラコウモリを自然宿主とするコロナウイルスがそのままヒトに感染したわけではない。ヒトに感染するためには、新しい宿主に適応した変異が必要であった。逆に、そのような変異を起こしてしまうと、コウモリを宿主とし続けるには都合が悪くなってしまう。

それではなぜ自らの系統の存続を危うくしかねない変異が起こるのだろうか。ウイルスが増殖する際にゲノムのコピーをつくるが、ある割合でコピーミスとして変異が起こることは必然だ。ウイルスが存続するにあたって、致命的な変異は自然選択ですぐに取り除かれる。増殖する上で有利な変異であれば、そのような変異ウイルスが増えて、ウイルス集団の中で優勢になることもある（第6章で詳述）。また、ウイルスの存続にとって有利でも不利でもない中立的な変異もあるだろう。そのような変異がたまたま集団の中で優勢になることもある。

これらの変異以外に、存続にとって多少不利な変異もあるが、自然選択がそれほど厳しくなければ、ある程度の期間は存続するかもしれない。そのような変異ウイルスは、本来の宿主の中では多少不利かもしれないが、環境の違う別の宿主に感染すれば、力を発揮する可能性がある。

ＳＡＲＳ－ＣｏＶ－２の祖先がキクガシラコウモリ属からヒトへと宿主を替えた背景には、このようなことがあったのかもしれない。世界中を航空機で移動する現代人に感染するようになったＳＡＲＳ－ＣｏＶ－２は、瞬く間に世界中に拡がった。

自業自得の面も

ヒトは地球環境をさまざまに改変してきた。その結果、多くの種を絶滅に追いやっている。このことは、地質学上の5回の大絶滅に続く「6度目の大絶滅」とも表現される。動物のひとつの種が、地球環境全体に対して、これほどまでに大きな影響を与えたことはこれまでになかったので、この時代を「人新世（Anthropocene）」ともいう。

ただし、人新世の始まりをいつに置くかについては、さまざまな意見がある。化石燃料の大規模な使用をともなう産業革命が進んだ18世紀末を人新世の起点に置く考えと、アメリカ合衆国がネヴァダ砂漠で初の原子爆弾の実験を行った１９４５年7月16日を起点とする考えがある。地質学上の新しい時代区分を設けるには、地層に特徴的な痕跡が残ることが望ましいが、後者では人類がまき散らした放射性同位元素が目印になる。またこれ以降に大量にもたらされるようになった石油化学製品も地層に明白な痕跡を残す。

農業が始まった紀元前８０００年ごろには世界人口はおよそ５０００万人だったが、西暦元

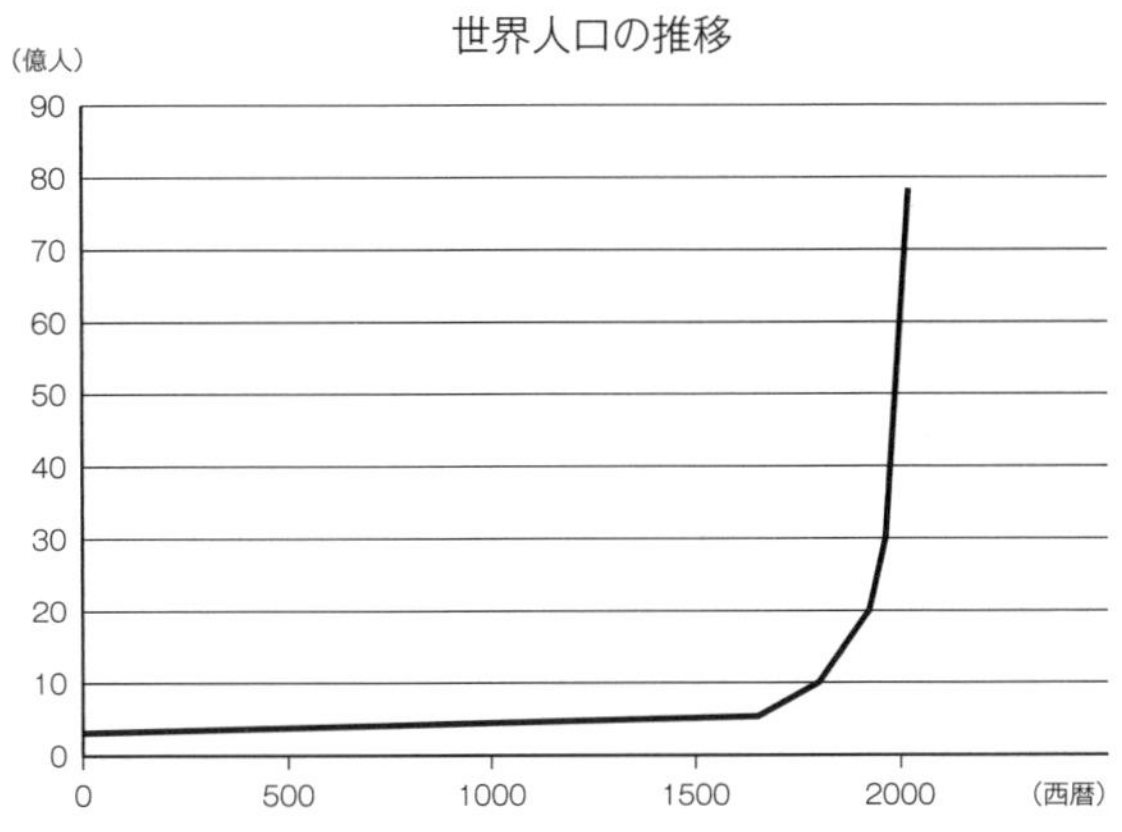

図4-8a　世界人口の推移

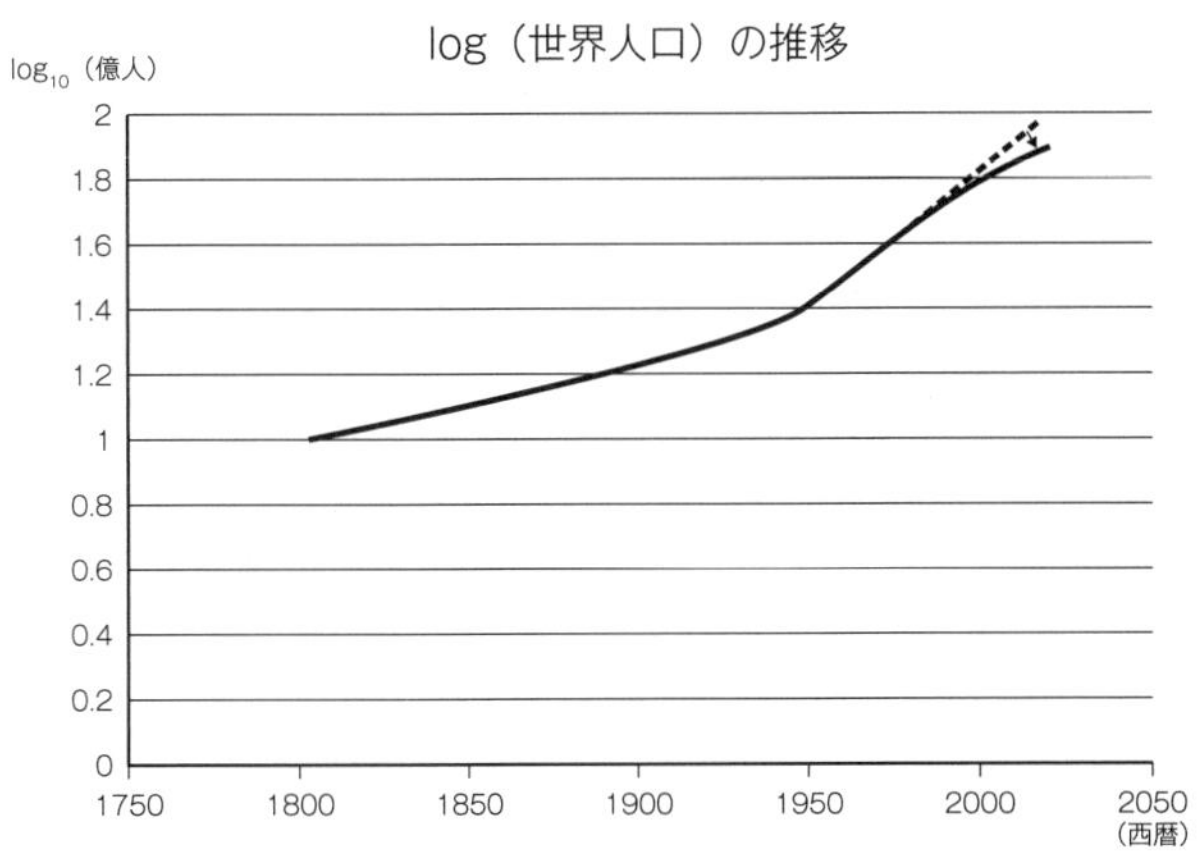

図4-8b　log（世界人口）の推移

年には3億人となって人口は次第に増えてきた。18世紀の産業革命以降、その増加スピードが加速し、特に第二次世界大戦後は人口爆発の時代を迎えている（図4－8a）。人口を対数で表しても、第二次世界大戦後の爆発的な増加は顕著である。

国連の人口統計によると、2022年の世界人口はおよそ80億人に達している。人口の対数で表した図4－8bで、曲線の傾きは人口増加率に対応するが、それが第二次世界大戦の終了後の1950年あたりで不連続に増えている。ただ、最近では増加が鈍っている兆候も見て取れる（図4－8bの矢印）。さすがに地球が支えられる人口の限界に近づきつつあるのかもしれない。今後まだしばらくは世界の人口は増えるが、2040～2060年ごろにおよそ90億人のピークを迎えた後、世界の人口は減り続けるという予測もある。

世界の人口が今後どのように推移していくか確実なことは分からないが、近年の人口爆発の時代において、ヒトが森林を切り開いて農地や町にすることにより、生態系を攪乱してきたことは確かである。また今後数十年間、地球がおよそ80億の人口を支えていかなければならないことも確実である。

感染症の爆発には、われわれ自身に原因がある。ヒトが管理する生態系では、ヒトの手があまり入らない攪乱されていない生態系よりも、動物由来感染症の病原体の宿主になり得る動物種の数と個体数が多くなるのだ。

ヒトがつくりだした新しい環境では、絶滅する種も多いが、むしろ人為的な環境を好んで繁栄する種もいる。その場合、環境が均質化するために種の多様性は減少し、特定の種だけが個体数を増やす傾向になる。ここで一般には、絶滅する種は特殊化した特定の環境でなくては生きられない「スペシャリスト（specialist）」であり、逆に繁栄する種は特殊化していなく、適応力のある「ゼネラリスト（generalist）」になる。絶滅する種はからだが大きく個体数は少なく、繁栄する種は小さくて個体数の多い傾向がある。さまざまな種類のスペシャリストが絶滅すると、からだの小さな限られた種類のゼネラリストがはびこるのである。

動物由来感染症の病原体の宿主となっているような種は、ヒトによって攪乱を受けた環境で増える傾向があるという。哺乳類では翼手目（よくしゅもく）（コウモリ）やげっ歯目（し）（ネズミなど）、鳥類ではスズメ目など小さな動物でその傾向が顕著である。

ウガンダのキタカ鉱山でマールブルグ病が発生した際に、人々はウイルスの自然宿主であるコウモリを徹底的に駆除したが、そのことはむしろ事態を悪化させたかもしれない。同様に、動物由来感染症の流出を防ぐために、潜在的な病原体の貯蔵庫になっている野生動物の生息地である森を切り開くべきであると単純に考えたり、経済活動一辺倒で自然破壊を推進する政策をとったりする指導者の出現は、悲劇的な結果を生むおそれがある。生態系に対する攪乱は、病原体の流出をむしろ促進してしまう可能性が高い。ここ数十年間で新たな動物由来の新興感染症が増えているように見えるのは、ヒトが与えている生態系に対する攪乱が原因と思われる。

ヒトが生態系に与える攪乱は、今から1万年以上前に人々が森を切り開いて農耕牧畜を始めるようになってから続いているが、人新世に入ってから特に深刻になっている。図4−8bからも明らかなように、地球が支え得る人口はもはや限界に近づきつつあるのだ。このような状況で、際限なく経済成長を続けないと成り立たないような現在の社会の仕組みを変えなければならないことは明らかであろう。

3 ミイラの天然痘ウイルス

天然痘ウイルスの謎

「天然痘」は「天然痘ウイルス（*Poxvirus variolae*）」という「ポックスウイルス科（Poxviridae）」のDNAウイルスによって引き起こされる感染症であり、人類の歴史の中でその病毒性の強さが恐れられた。18世紀のヨーロッパだけで、その100年間で6000万人が天然痘で亡くなったと推計されている。ところが1796年にイギリスのエドワード・ジェンナーがワクチン接種法を開発したことにより、天然痘は次第に下火になり、1980年にはWHOが根絶を宣言するに至った。

しかし、ワクチンが開発されても世界中ですぐに普及したわけではなく、1866年には日本でも孝明天皇が天然痘で亡くなる（ただし、天然痘は治ったが、別の原因で亡くなったという説もある）など、世界各地で19世紀から20世紀半ば以降まで猛威を振るった。

天然痘は、一定数のヒトが集団で定住生活するようになって以来の恐ろしい疫病だと考えられていた。紀元前1157年に亡くなった古代エジプトのラムセス5世のミイラにも、天然痘の痕跡が見られるという。天然痘に罹ると発疹が出て化膿し、できものになるが、それがかさぶたになって剝がれ落ちる。その跡が痘痕（あばた）になって残るが、ラムセス5世のミイラには、この痘痕が残っていたので、天然痘は古代から人類集団に存在した証拠とされている。

また、ジェンナーがワクチン接種法を発明するはるか以前の古代中国では、子供たちに天然痘に対する免疫をもたせるために、天然痘から回復した患者の皮膚病変痕から粉末をつくり子供たちに吸引させていたという。

図4-9　カイウサギ

ところが、この古代の病気が17世紀から現代にかけて猛威を振るった天然痘と同じ感染症だったのかどうか、疑問視するひともいる。それはすなわち、たいていの強毒性の感染症は次第に弱毒化することが多いので、数千年ものあいだ、強毒のままでいることがあるのか、という疑問であった。

ここでカイウサギ（図4－9）の野生種であるアナウサギを例にウイルスがもたらす感染症の毒性の変化について見て

みよう。アナウサギの病原体に「ミクソーマウイルス（兎粘液腫病原体）」がある。ヨーロッパ大陸からイギリスに最初のアナウサギがやってきたのは今から5000年前ごろといわれているが、彼らはその後ずっとイギリスに棲み続けたわけではなかった。5世紀ごろにアングロ・サクソン人がイギリスにやってくる前から住んでいたケルト人やさらにその先住民たちは、アナウサギに相当する言葉をもたなかったという。アナウサギを再びイギリスに持ち込んだのは12世紀の十字軍だという説がある。それは家畜化されたアナウサギで、後でそれが野生化したもののようである。アナウサギは食用、毛皮用、貴婦人たちの狩猟用などと用途が広かったのだ。

その後も18世紀まではアナウサギは経済的に価値のあるものだったが、次第にその価値が低下して野生化するものが増えた。19世紀後期になるとイギリスの野生アナウサギが増えて生態系と農業に大打撃を与えるようになったため、いろいろな対策がとられたが、いずれの対策もうまくいかなかった。その後、1953年9月にアナウサギの病原体である「ミクソーマウイルス」を導入してアナウサギを駆除しようとした。

ミクソーマウイルスはアナウサギの99%以上を死滅させ、イギリスの野生アナウサギは絶滅寸前まで追いやられ、計画は成功するかに思われた。ところが、まもなく1960年代に入ると、ウイルスが急速に弱毒化し、またアナウサギがウイルスに対する抵抗性を獲得したことにより、個体数が再び増加し始めたのである。

ウィルスの立場からすれば、宿主を絶滅させてしまっては自分の子孫を残せない。宿主を死に追いやるような強毒性は、自身の繁栄にとっても利点はないのである。したがって弱毒化した変異が主流になるような進化が必然的に起こるものと思われる。

天然痘はワクチンなどのおかげで撲滅させることに成功したが、これが古代からの感染症だったとしたら、なぜ最後まで弱毒化しなかったのだろうか。ラムセス5世のミイラに痘痕が残っているとしても、天然痘ウイルス以外のウイルスでもそのような痘痕を残すかもしれない。

天然痘に関して不思議なことはまだある。旧約聖書や新約聖書にそれをうかがわせるような記述がなく、古代ギリシャや古代ローマの文献にも出てこないということである。およそ2500年前のギリシャに天然痘があったなら、そのころ活躍した医学の父と呼ばれるヒポクラテスがそれを書き残しておかなかったとは考えられないと不思議がられている。未だにこのような問題のある天然痘ウイルスの起源であるが、このウイルスがいつごろ地球上に現れたのかという問題を解決するのに、絶滅した生物のDNAを研究する「古代DNA」の技術が役に立つかもしれない。

古代DNA解析が照らす起源

天然痘ウイルスは以前、「Variola major」と「Variola minor」の2つのタイプに分けられていた。「major」は毒性が強く、罹ったヒトの中で死亡する割合である致死率は、20〜50%と非

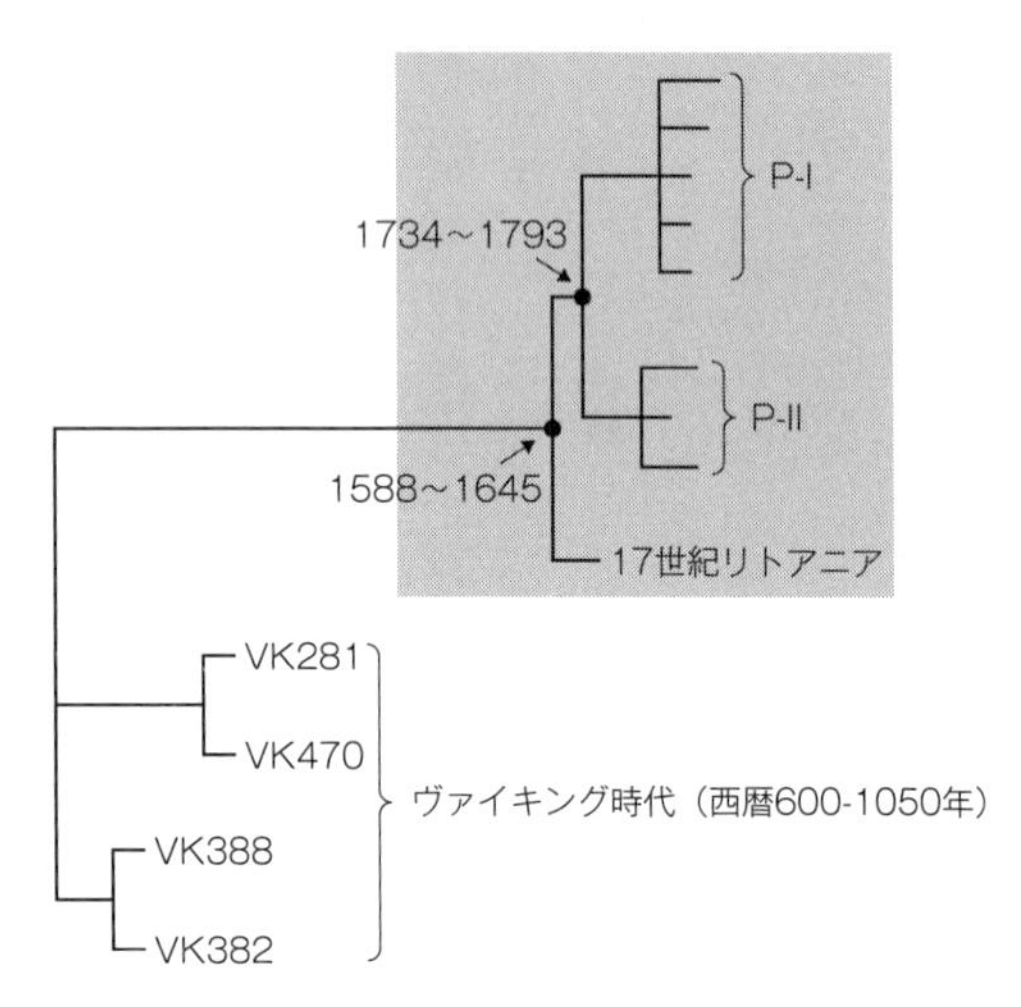

図4-10　天然痘ウイルス系統樹

常に高い。一方で「minor」の致死率は1％未満である。ところが、分子系統樹を描くと致死率の高さだけでそのように単純に分類できないことが分かってきた。たとえばアフリカの「minor 株」は、アジアの「major 株」の変異体らしいのである。

図4－10を見てほしい。「P－I（Primary clade－I）」と「P－II（Primary clade－II）」は、先述の major と minor にほぼ対応するが、P－Iの中にアフリカの minor 株が入っていたりする。このように弱毒化した株が時々出現するが、1980年の根絶宣言までそれが主流になることはなかったのだ。P－IとP－IIの2つの系統が分かれたのは、1734～1793年と推定されたが、この年代はジェンナーがワクチン接種法を発明する少し前である。

古代DNA技術による天然痘ウイルスの解析は、当初リトアニアの1643〜1665年ごろのものとされる子供のミイラから採られたウイルスに適用された。これを20世紀の天然痘ウイルスのデータとあわせて系統樹解析すると、図4-10のグレーで囲った部分のようになる。17世紀のリトアニアのウイルスは、20世紀のさまざまな株からなる系統樹の根元付近から分岐しており、この時点では、現代のあらゆる天然痘ウイルスの共通祖先は1588〜1645年にいたことが推測された。ただし、この年代は20世紀のすべての天然痘ウイルスの祖先がそこまではさかのぼれるということであり、それよりも古い時代に天然痘ウイルスがいなかったことを意味するわけではない。

17世紀にも遺伝的に多様な天然痘ウイルスがいたと思われるが、その多様性がそのまま保持され続けたのではなく、その中のひとつの系統だけが存続し、20世紀の流行につながったのである。

その後、イギリス・ケンブリッジ大学のバーバラ・ミューレマンらのグループは、さらに時代を大幅にさかのぼった西暦600〜1050年のヨーロッパ（「ヴァイキング時代」という）のミイラから採取された4つの天然痘ウイルス株のゲノム配列を決定した。このデータを先のものに加えて系統樹解析をしたものが、図4-10なのである。さらに、解析されたウイルス株の古さとこの系統樹での根元からの距離との相関をプロットすると、図4-11のようになる。DNAの塩基配列に突然変異が起こり、塩基が置換されていくことを「塩基置換」という。系

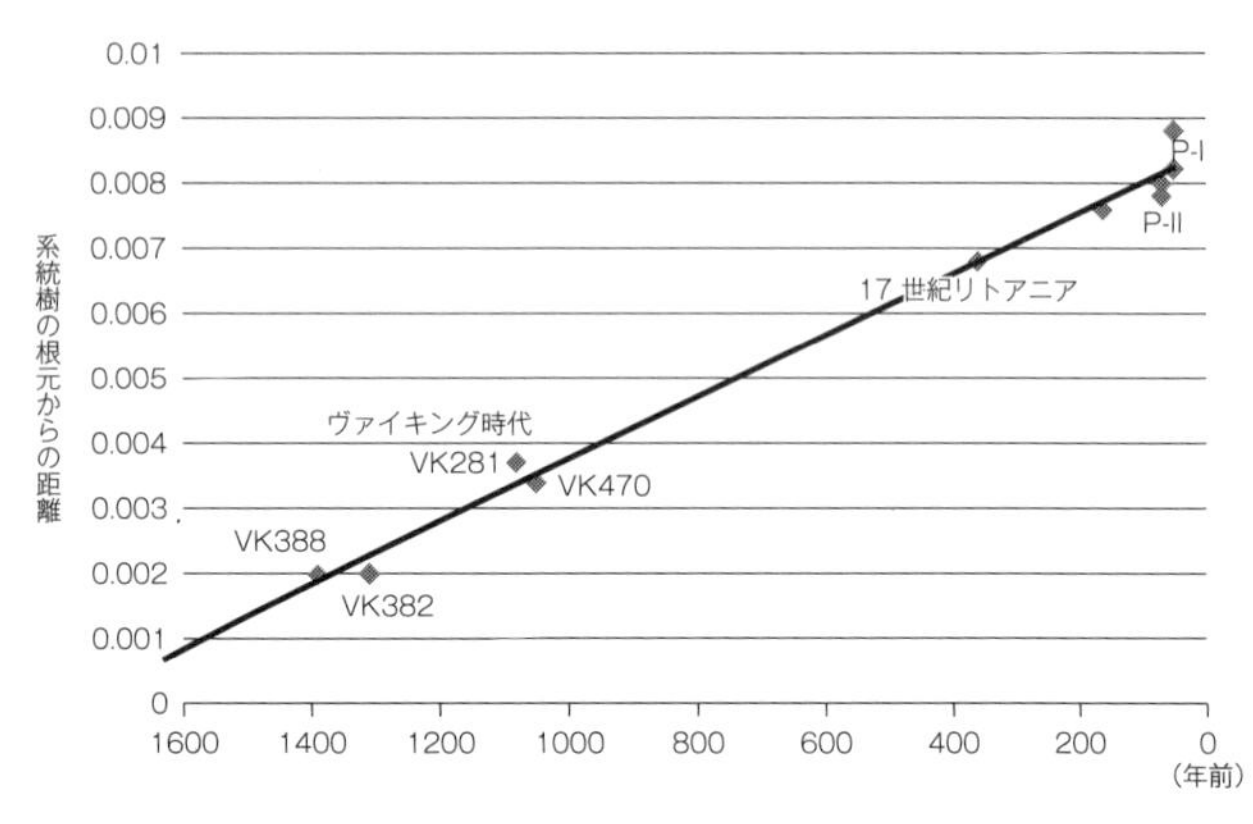

図4-11　天然痘ウイルス回帰直線

統樹における「根元からの距離」は、「蓄積した塩基置換の割合」ということができる。

図4－11を見ると、時間に比例してほぼ一定の速度で塩基置換が蓄積していることが分かる。この回帰直線を伸ばして横軸と交わるところ（置換数0であるから、最後の共通祖先の年代に相当する）を見ると、およそ1700年前となる。つまり、ヴァイキング時代も含めた天然痘ウイルスの共通祖先が、1700年前にいたということが推測されるのだ。

ミューレマンらの解析により、ヴァイキング時代の少し前にはあらゆる天然痘ウイルスの共通祖先がいたことが分かった。しかし、3000年以上も前のラムセス5世の時代にすでに天然痘が存在していたかどうかは依然として不明である。この問題に対しては、ラムセス5世のミイラから直接ウイルスを採取するしか答えを得る手立てはない。

古代DNA解析によって、ヴァイキング時代に遺

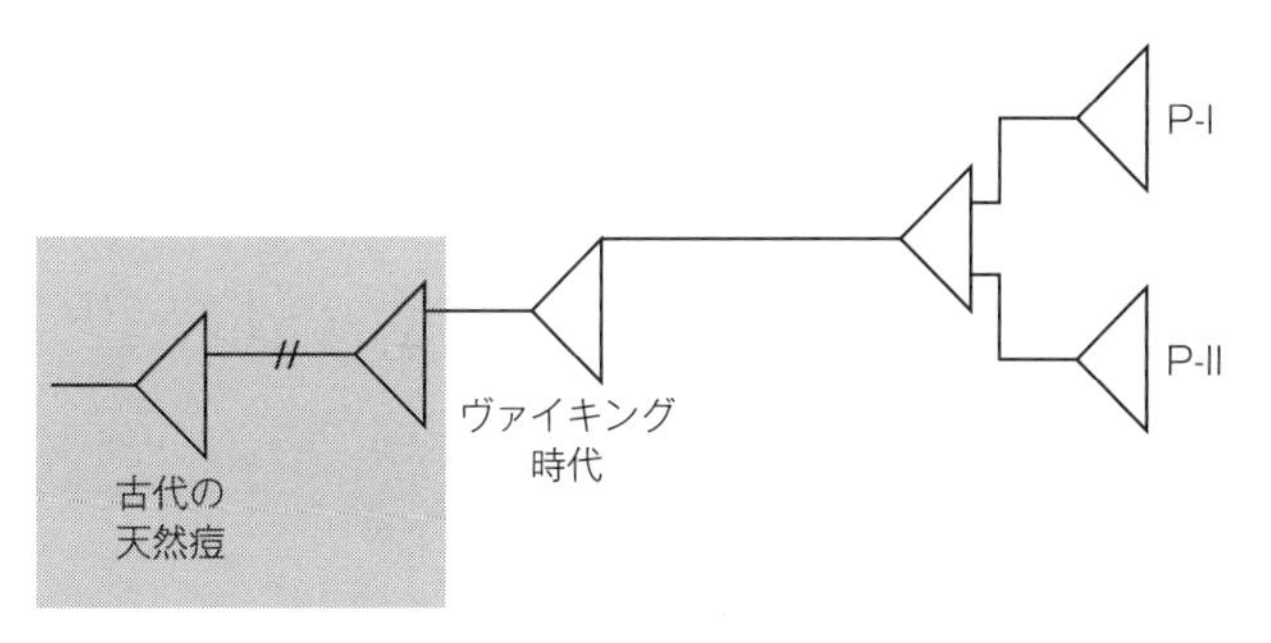

図4-12　古代の天然痘

伝的に多様な天然痘ウイルスがいたことが確かめられた。ただし、その多様性がそのまま保持され続けたのではなく、その中のひとつの系統だけが存続して、20世紀にまで至っている。ヴァイキング時代より古い系統については、はっきりとした証拠はないものの、図4－12のような推移をたどった可能性がある。

いずれにしても、天然痘ウイルスの起源は少なくともヴァイキング時代の少し前、今から1700年前ごろまでさかのぼることは確かである。少なくとも1700年もの長い期間、このウイルスは強毒性を保ち続けたのだ。時おり弱毒性の系統を生み出すことはあったが、それが主流になることは最後までなかったようである。

ところで今日、天然痘ウイルスは自然界では絶滅したとされている。しかし、ここでお話ししたように古代DNA解析の技術を使ってヴァイキング時代の天然痘ウイルスのゲノムが解析できるということは、未だに感染力を保持したウイルスが自然界に残っている可能性を示している。ゲノムが保存されていても必ずしも感染力が残っていることにはならないが、このような天然痘ウイルスに接触する可能性のある考古学者は、ワクチン接種を受けるべきだという意見もある。

4 コウモリ由来のウイルス感染症

ウシの感染症

「牛疫(ぎゅうえき)」は英語で「rinderpest」と呼ばれる。「Rinder」はドイツ語でウシを意味するので、ウシのペストということである。もともと「ペスト」は「悪疫」という意味だった。ヒトを死に至らしめるペストは人類史上最悪の感染症であるが、それに匹敵するウシの感染症が牛疫である。ただし付け加えておくと、ペストは細菌によるものだが、牛疫は「パラミクソウイルス科(Paramyxoviridae)」の「モルビリウイルス属(*Morbillivirus*)」のマイナス鎖一本鎖RNAウイルスによるものである。

14世紀、1348年から1351年にかけて、ジョヴァンニ・ボッカチオの『デカメロン』で描かれた「黒死病」と呼ばれたペスト大流行で、ヨーロッパの人口の半数近くが死亡し、それが中世社会の崩壊の原動力になったという説がある。

一方、ペスト大流行に先立つおよそ30年前のヨーロッパには牛疫大流行があり、牛乳や牛肉に依存していたヨーロッパの人々に深刻な飢饉をもたらしていた。この飢饉が人々をペストに罹りやすくしていた可能性も考えられている。14世紀前半にはシチリア島エトナ山の大噴火などもあり、寒冷な気候による飢饉も追い打ちをかけていたようである。いずれにしても、ペストと牛疫というヒトとウシの感染症が、人類の歴史に大きな影響を与えてきたことは確かである。

牛疫ウイルスは天然痘ウイルスと並んで人類が撲滅に成功したウイルスだといわれている。一方、その親戚であるヒトに感染する「麻疹ウイルス」のほうは、依然として人類にとっての脅威であり続けている。２０１６年に麻疹で死亡したヒトの数は、世界中で９万人近くにのぼると推定されている。

麻疹ウイルスの起源

「麻疹（ましん、はしか）」は、人類が家畜を飼って集団生活をするようになってから出現した感染症であり、非常に感染力が強い。ワクチンの開発により、かつてのような猛威は見られないが、現在でも世界中で多くのヒトが犠牲になっており、２０１９年にはアメリカ合衆国でも流行が見られて大きな問題になっている。

麻疹ウイルスも牛疫ウイルスと同じモルビリウイルス属であり、牛疫ウイルスから進化したと考えられている。モルビリウイルス属にはウシと同じ反芻動物の中で比較的小型のヤギやヒツジなどに感染する「小反芻獣疫ウイルス」もある。モルビリウイルス属は本章の序盤でお話しした「ヘンドラウイルス」や「ニパウイルス」と同じパラミクソウイルス科に属するマイナス鎖一本鎖RNAウイルスである。

2020年になって、ドイツのロベルト・コッホ研究所のアリアン・ドュックスらのグループは、博物館に保存されていた100年以上前（1912年）のヒトの肺の標本から麻疹ウイルスを抽出し、そのゲノム配列を決定したという論文を発表した。麻疹ウイルスゲノムの一本鎖RNAは、二本鎖DNAにくらべて不安定な物質なので、これまで古代RNA解析は難しいと考えられていた。ところが実際にやってみると、100年前くらいのものであれば解析可能だった。

ドュックスらは100年前のウイルス以外にもいくつかの古い麻疹ウイルスのゲノム配列を決定し、データベースに公開されているたくさんの麻疹ウイルス、牛疫ウイルス、小反芻獣疫ウイルスのデータをあわせて系統樹解析を行い、これらのウイルスが枝分かれした年代を推定した（図4－13）。ここで重要なポイントは、図4－13中の「(a)麻疹ウイルス」で示されている。これは、全体の系統樹である図4－13「(b)牛疫ウイルスの仲間のモルビリウイルス」のうち、麻疹ウイルスの部分を拡大したものである。

1912年、1954年、1960年など少し古い時代から採取されたウイルスの系統では、時代が古い分だけ枝が短くなっているのが分かる。モルビリウイルスのような一本鎖RNAウ

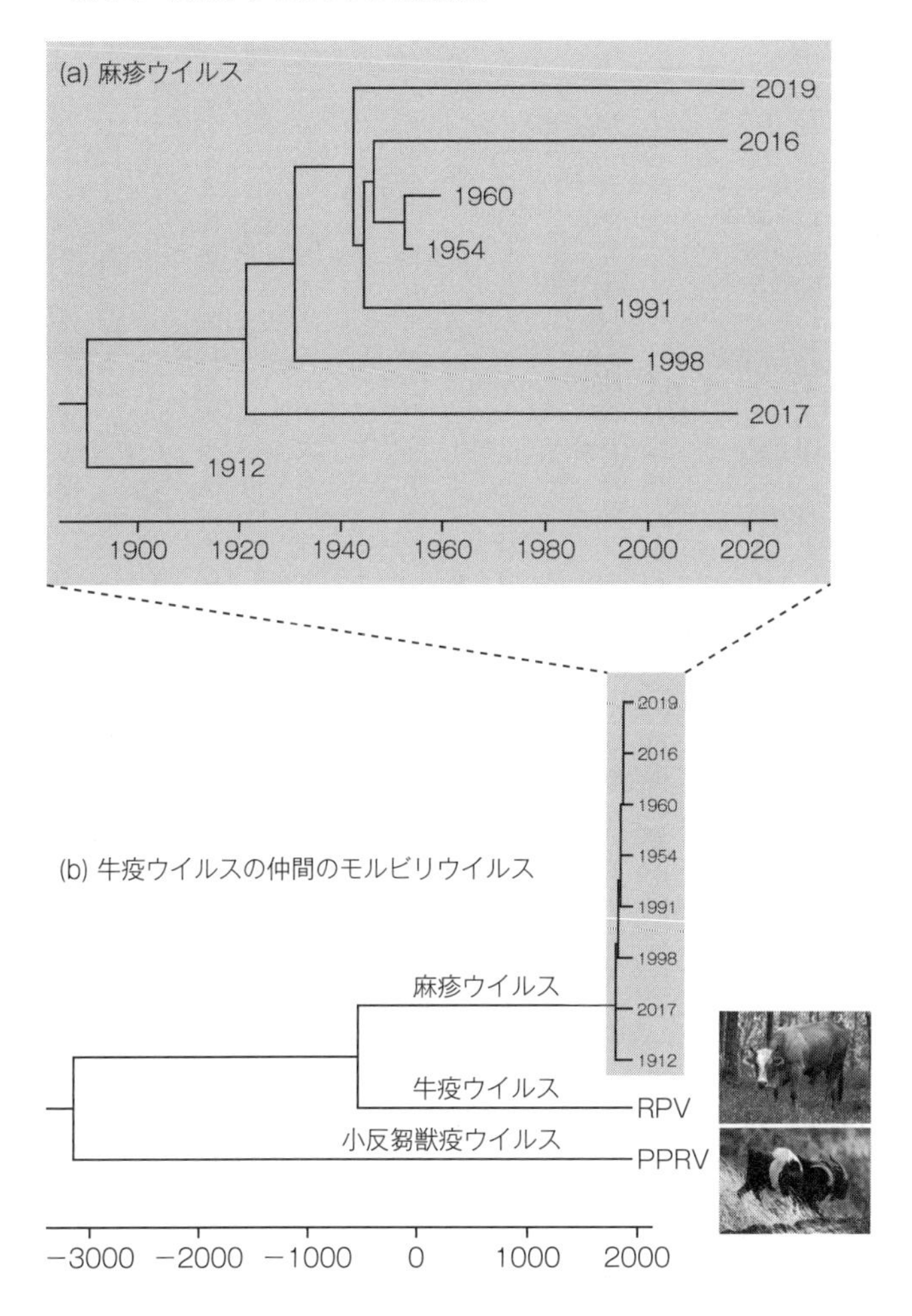

図4-13　麻疹ウイルスの系統樹解析

イルスでは突然変異率が高いので、年単位でたくさんの変異が蓄積するために、1912年株のように100年以上も古いものでは、枝が年代の古い分だけ短くなっている（第6章でお話しするコロナウイルスにも同じ傾向が見られる）。

このように古い時代のウイルスのゲノムデータが手に入るようになり、採取した年代による枝の長さの凸凹から、モルビリウイルスの進化速度が推定できるようになった。そこから逆算することで、図4－13(b)のように異なる種類のウイルスが、牛疫ウイルスや小反芻獣疫ウイルスとの共通祖先からいつごろ分かれたかが推定できる。

その結果、麻疹ウイルスが牛疫ウイルスから分かれたのがおよそ2500年前（紀元前528年：95%信頼区間は紀元前1174年～紀元後165年）、この2種のウイルスが小反芻獣疫ウイルスから分かれたのがおよそ5200年前（紀元前3200年）ということが分かってきた。

およそ1万年前にウシ、ヤギ、ヒツジなどが家畜化されたが、これらの動物の感染症である牛疫ウイルスや小反芻獣疫ウイルスは、家畜化の後で出現したものと思われる。一方、ヒトに感染する麻疹ウイルスは人口25万～40万以上の規模の都市がないと、感染が持続しないといわれている。

麻疹は一度罹ると一生のあいだ免疫が持続するといわれているので、これくらいの規模の都市がないと持続的に感染が保たれないのである。このような規模の都市が生まれるのが紀元前500年ごろであり、そこで牛疫ウイルスがヒトに感染するようになって、麻疹ウイルスに進化したものと考えられるのだ。

麻疹の免疫は一生持続するので、「二度なし病」といわれていたが、最近は2回罹る例が出てきた。麻疹の免疫もやはり時間とともに減衰する。従来は常にある間隔をおいて麻疹の流行があったので、無症状で感染して免疫の抗体価を上げるということを繰り返していたのだ。ところがワクチンの普及でこのサイクルが途絶えてしまったために、2回罹るようになったのだという。

18世紀ヨーロッパの感染症対策

牛疫は古くから牛乳や牛肉に依存してきたヨーロッパの人々を悩ませてきた。アジア起源だと考えられるが、およそ5000年前の古代エジプトにはすでに到達しており、そこからヨーロッパやアフリカにも拡がった。1711年にイタリアで発生した牛疫に対して、ローマ法王の侍医をつとめていたジョバンニ・マリア・ランチシは、法王に徹底した隔離対策を進言し、その対策がローマと法王の領地で実施された。

感染したウシを隔離し殺処分するこの対策は、違反者には絞首刑を科すなど厳しいものであった。この対策には、感染したウシを処置した後、ほかのウシ小屋に行く前には手と顔を酢で洗わなければならないとも規定されていた。これが実施された地域では9か月で牛疫は消えたが、ほかの地域では数年にわたって流行が続いたという。

その後、1714年には、イギリスにオランダから輸入されたウシによって牛疫が持ち込まれた。国王の侍医トーマス・ベイツは、イタリアでランチシが行った対策を国王に進言した。ただし、違反者に罰を与えるのではなく、代わりに殺処分されたウシに対して補償するという政策をとった。これは厳罰を与える方式よりも効果があり、3か月で牛疫は収まった。

ところが、30年後の1745年にイギリスで再び牛疫が発生した際には、有効な政策がとられず、10年以上続いて、およそ50万頭のウシが死亡したという。1709〜1800年のあいだに、牛疫ウイルスはヨーロッパ全体でおよそ2億頭のウシの命を奪ったと推定されている。

コウモリ経由で感染

牛疫ウイルス、麻疹ウイルス、小反芻獣疫ウイルスなどはモルビリウイルス属に分類される。この属にはこのほかに、1994年にタンザニアのセレンゲティなどの国立公園でライオンに感染して1000頭以上を死亡させた、食肉類に広く感染する「イヌジステンパーウイルス」、1988年に北海でアザラシやアシカに感染して1万8000頭以上を死亡させた「アザラシジステンパーウイルス」がある。この海生哺乳類に感染するウイルスの脅威は現在でも続いている。またクジラの大量死の原因として注目されている「クジラモルビリウイルス」がある。

これらのモルビリウイルスは宿主に対して重篤な症状を引き起こすが、野生のコウモリを自然宿主とするモルビリウイルスは、目立った症状を引き起こすことなく、平和的に宿主と共生しているようである。

ドイツ・ボン大学のウイルス学研究所のヤン・フェリックス・ドレクスラーらのグループは、翼手目（コウモリ）86種、げっ歯目33種の合計9298個体からモルビリウイルス属を含むパラミクソウイルス科のウイルスを調べた。その結果、翼手目の主要な系統すべてでパラミクソウイルス科のウイルスが検出されたという。図4－14に、彼らが調べたウイルスの系統樹のうち、モルビリウイルス属の部分を簡略化して示す。

この研究で明らかになったことは、さまざまな系統のモルビリウイルス属を含むパラミクソウイルス科のウイルスが、コウモリを自然宿主としていることである。そしてコウモリからほかの動物に宿主を替えたと考えられる例が非常に多いという。しかも、コウモリを宿主とするウイルスは目立った症状を示さないことから、もともとコウモリを自然宿主として進化してきたモルビリウイルスが、何らかの理由で宿主の種の壁を超えた結果、牛疫やジステンパー病など致死性の高い病原性をもつようになったと考えられる。

国立感染症研究所の竹田誠らによると、たとえ麻疹ウイルスが根絶されたとしても、多様なモルビリウイルスの中から新たに種の壁を超えて新たに人類にとって脅威となるようなウイルスが生まれるかもしれないという。

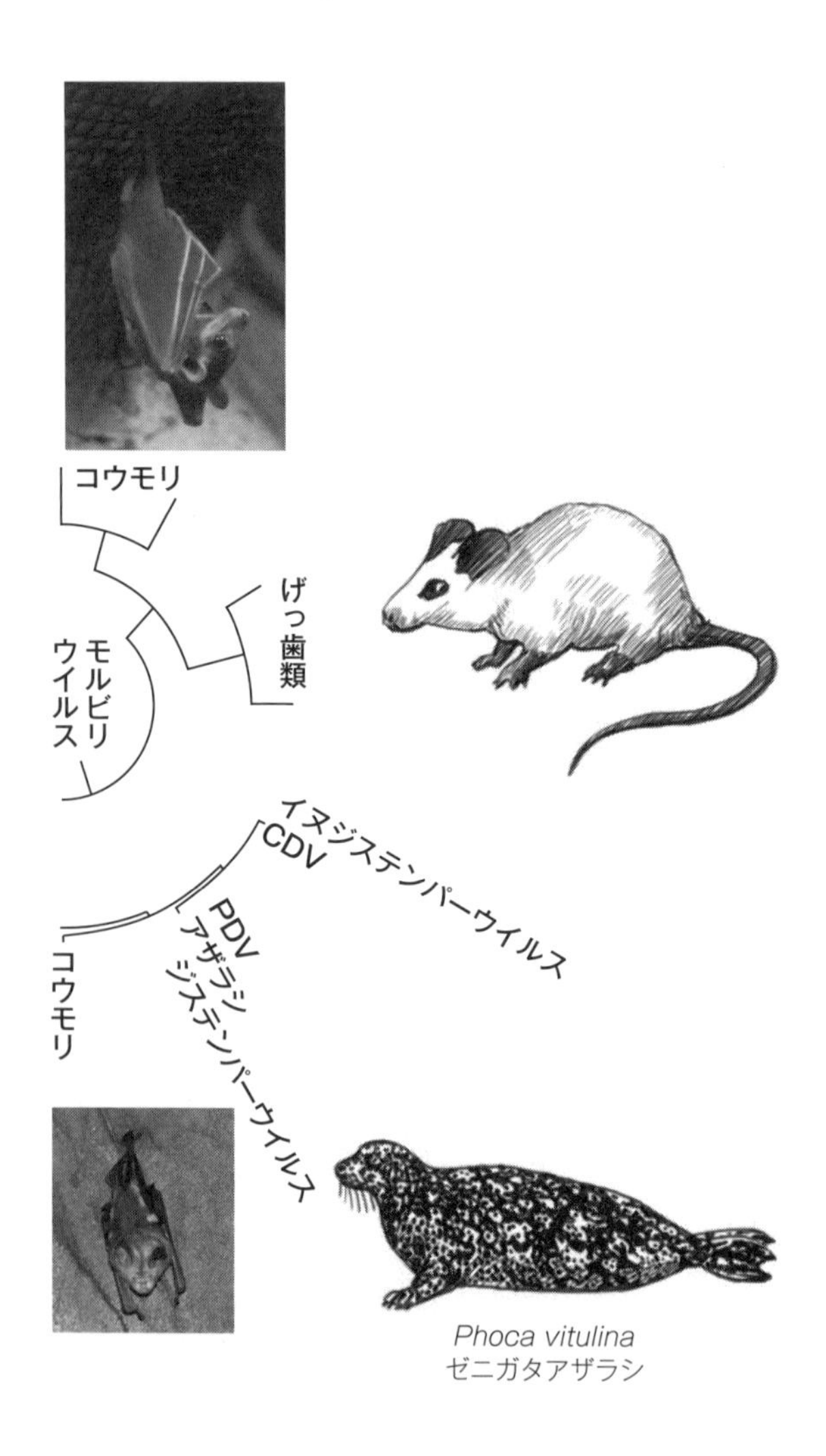

Phoca vitulina
ゼニガタアザラシ

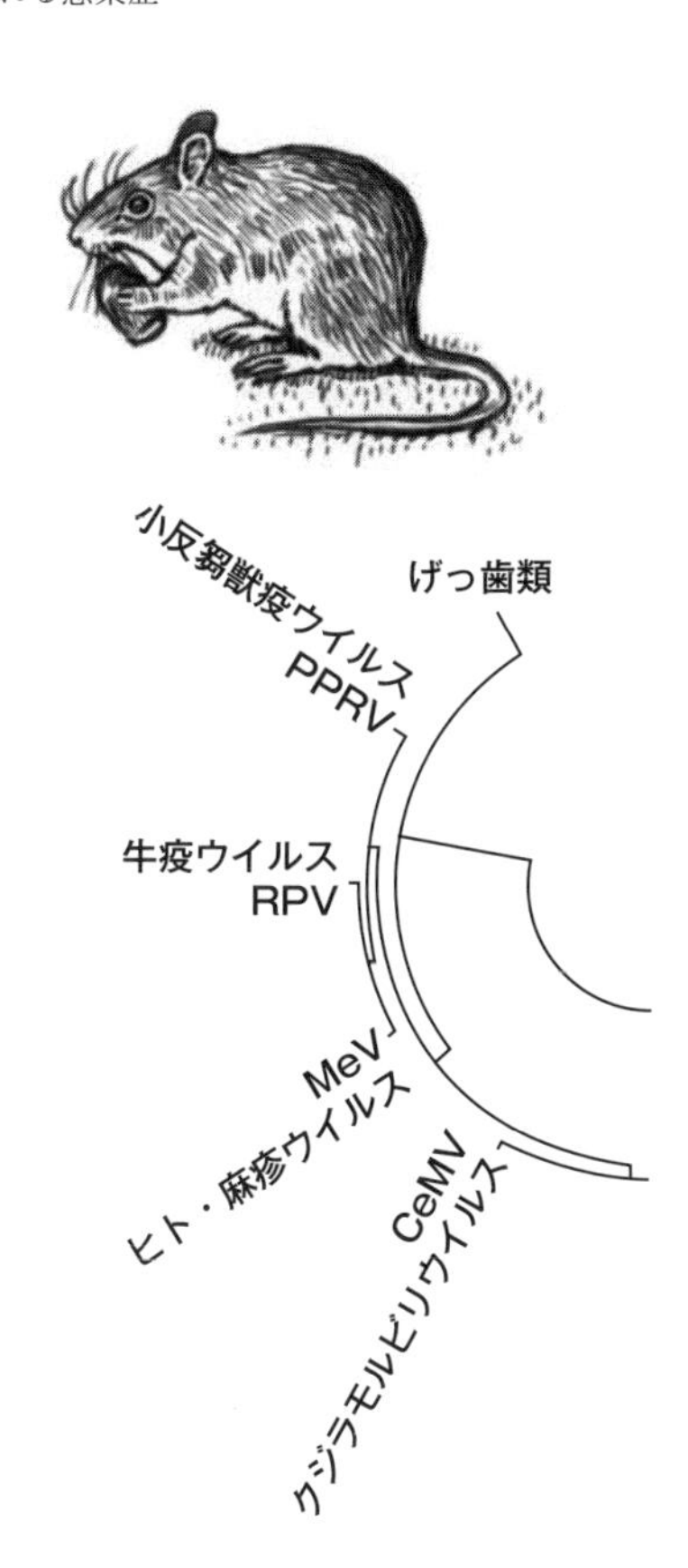

図4-14　モルビリウイルス属の系統樹

風疹ウイルスの起源

「風疹（ふうしん）」は「風疹ウイルス（rubella virus）」によって引き起こされる感染症である。このウイルスはプラス鎖一本鎖RNAウイルスで「マトナウイルス科（Matonaviridae）」の「ルビウイルス属（*Rubivirus*）」に分類される。

風疹は18世紀のドイツの医師デ・ベルゲンが報告したことから、「ドイツ麻疹」と呼ばれたこともある。しかし先ほどお話しした通り、「麻疹ウイルス」はマイナス鎖一本鎖RNAウイルスであり、風疹ウイルスとはまったく違うものである。

妊婦の風疹罹患が新生児の白内障や難聴、心臓形成不全など先天性障害の原因になる。1970年代には安全で有効なワクチンが開発されたが、未だにワクチンが導入されない国があり、今でも世界中で毎年10万件ほどの「風疹先天性症候群」が発生しているという。成人が感染しても30～50%は無症状なので、ワクチン接種が徹底されないと流行を防ぐのは難しい。

風疹ウイルスはヒトにしか感染しないが、その祖先はやはりほかの動物を自然宿主としていたと考えられ、2020年になって候補となる自然宿主が見つかった。それが、アフリカのキュクロプスカグラコウモリ（図4－15）である。

アフリカ・ウガンダのキバレ国立公園内のキュクロプスカグラコウモリ20頭の口腔から綿棒で採取したサンプルを分析した結果、10頭のサンプルから「ルフグウイルス（ruhugu virus）」が検出された。この名前は、発見されたウガンダの地名「Ruteete」と食虫コウモリを意味する現地のトロ語「obuhuguhungu」からきている。これらのカグラコウモリはいずれも健康そうに見えたので、このウイルスの自然宿主と考えられる。

一方、ドイツの動物園で急性の神経系疾患で死んだロバ、カピバラ、キノボリカンガルーの脳組織から検出された「ルスツレラウイルス（rustrela virus）」というウイルスもある。このウイルス名は、風疹ウイルスを意味する「rubella virus」に似ていて、ドイツの「Strelasund」で発見されたことからきている。その動物園の周辺に棲息する野生のキクビアカネズミ（図４－16）16頭の脳組織を調べてみると、そのうちの８頭から同じウイルスが検出された。

これらのアカネズミはいずれも健康そうに見えたので、キクビアカネズミがルスツレラウイルスの自然宿主と考えられるが、このアカネズミはヒトの病気を引き起こすさまざまなウイルスの宿主であることが知られている。その中には、「ダニ媒介性脳炎ウイルス」、「ハンタウイルス出血熱」腎症候群をともなう「ハンタウイルス」、ヒトに対しての原因になる「ドブラバウイルス（Dobrava virus）」、ジョージアの牛飼いの皮膚病の原因になった「アクメタウイルス（Akhmeta virus）」、「E型肝炎ウイルス」などさまざまなものが含

図４-15　キュクロプスカグラコウモリ ©Kuniko Kawai

まれる。

これら野生動物を宿主とするルフグウイルスとルスツレラウイルスのゲノムの遺伝子構成を見ると風疹ウイルスと一致する。ウイルスのゲノム配列データをもとに系統樹を描くと、図4－17のようになる。

ルスツレラウイルスはアカネズミ属のネズミを自然宿主とするが、図4－17上部の3種類の動物（動物園のロバ、カピバラ、キノボリカンガルー）に感染して死亡させた。キュクロプスカグラコウモリに寄生するルフグウイルスがヒト風疹ウイルスに近縁であり、キクビアカネズミに寄生するルスツレラウイルスは少し遠い関係にある。また、ウイルスが感染する際に受容体との結合や細胞への侵入に重要な働きをするE1たんぱく質の構造解析から、ルフグウイルスと風疹ウイルスが同様の機能をもつと予測された。風疹ウイルスはカグラコウモリのルフグウイルスに近縁な祖先からヒトに感染するように進化したのだ。

図4-16　キクビアカネズミ

コウモリの独自性

ところで、コウモリ由来のウイルスによる感染症が多いことから、コウモリは特別な動物な

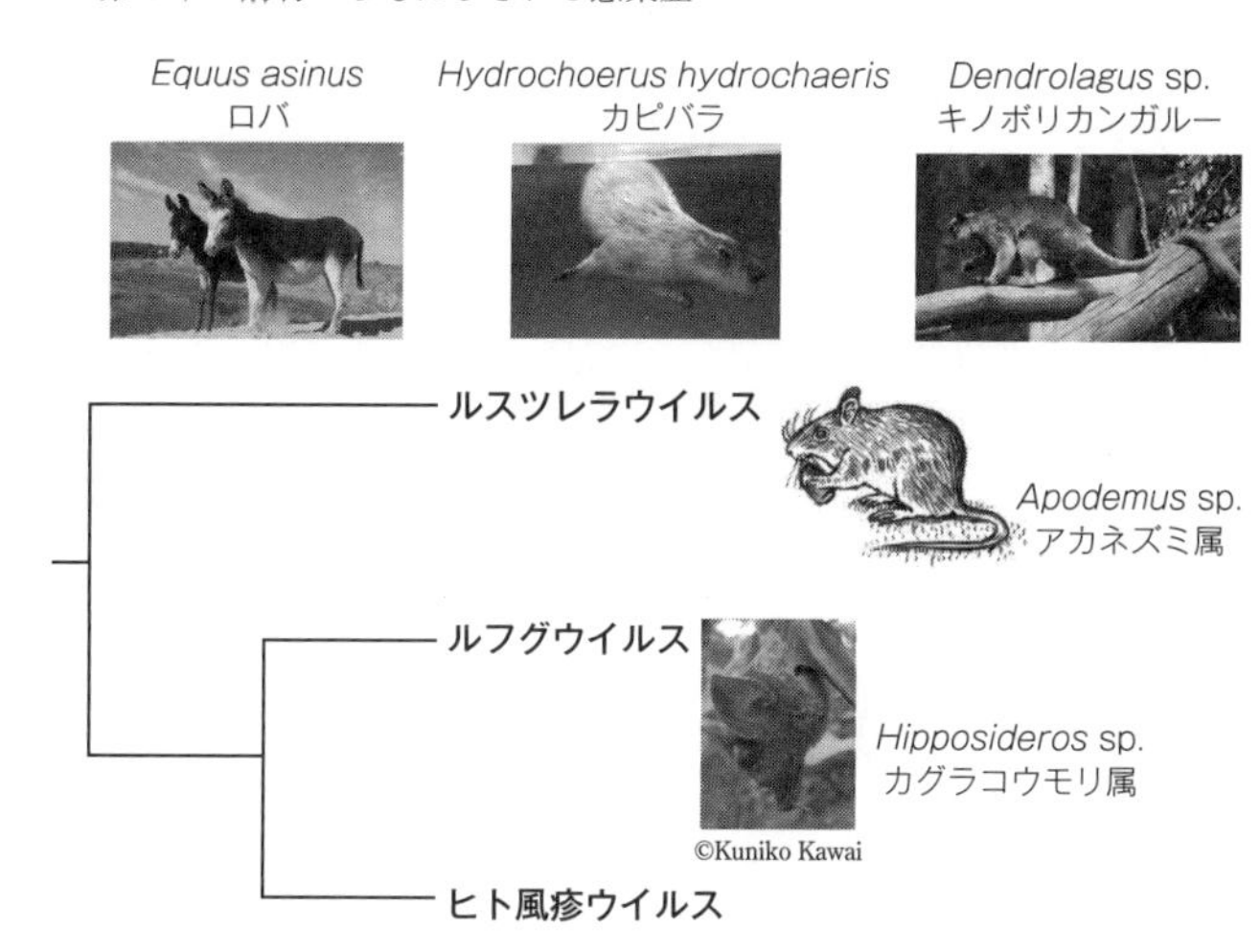

図4-17　風疹ウイルスの系統樹

のだろうかという疑問がわいた人もいるだろう。この問題を考える前提として、コウモリの生物学をおさらいしてみよう。

コウモリは哺乳類の中で唯一自分の力で空を飛ぶことができる動物である。コウモリは「翼手目」という独自の目（もく）を構成するが、翼手目は哺乳類の中ではげっ歯目に次いで種類の多いグループである。種類が多いということは、それだけ繁栄していると見ることができる。コウモリには飛翔力のほかにもさまざまな特徴がある。そのうちのひとつに、からだが小さい割に寿命が長いということがある。

「AnAge」というあらゆる動物の体重、寿命、代謝率などを集めたデータベースがある。そのデータを使って翼手目とそのほかの哺乳類について、体重の対数と最大寿命の対数のあいだの関係を見ると、以下のようなことが分かる。

一般に、からだの小さな動物は大きな動物にくらべて寿命が短いといわれている。確かにコウモリは全般的に体が小さいが、同じくらいの大きさのほかの哺乳類にくらべて寿命は長い。インドオオコウモリくらいの大きさ（体重1キログラム）の動物の中では、必ずしも寿命が飛びぬけて長いということはないものの、ブラントホオヒゲコウモリ（*Myotis brandtii*：体重7グラム）クラスの小コウモリでは、同じ体重の陸上哺乳類にくらべて、その寿命は圧倒的に長い。

動物の生き方はさまざまなので、体重だけで寿命が決まるわけではないが、ほかの哺乳類では体重と寿命のあいだの相関関係がある程度はっきり見て取れる。しかし、翼手目の中での相関関係ははっきりしない。

コキクガシラコウモリの体重は4・5〜9グラムだが、AnAgeにはこの種の最大寿命のデータはない。しかしこれに近縁なヒメキクガシラコウモリ（*Rhinolophus hipposideros*）は、体重わずか4・6グラムなのに、最大寿命21・2年という記録がある。また、日本のアブラコウモリに近縁なヨーロッパアブラコウモリ（*Pipistrellus pipistrellus*）では体重5グラム、最大寿命16年、ウサギコウモリ（*Plecotus auritus*）では体重7・8グラム、最大寿命30年、さらにウスリーホオヒゲコウモリ（図4-18）に近縁な、前述のブラントホオヒゲコウモリでは体重7グラム、最大寿命41年という記録もある。翼手目における超長寿の系統は少なくとも4回独立に進化したという。

小型の陸上哺乳類では、げっ歯目のコビトハツカネズミ（*Mus minutoides*）体重７・２グラム、最大寿命４・３年やカヤネズミ（*Micromys minutus*）体重７グラム、最大寿命３・８年、真無盲腸目（従来は「食虫目」と呼ばれた）のコビトジャコウネズミ（*Suncus etruscus*）体重２・１グラム、最大寿命３・２年などの記録がある。

体重10グラム以下のコウモリ以外の哺乳類の中では、有袋類のトガリプラニガーレ（*Planigale tenuirostris*）の体重６・３グラム、最大寿命５・２年がいちばん長い。コウモリは小型哺乳類の中ではずば抜けて長寿なのである。

図４-18　ウスリーホオヒゲコウモリ
©Kuniko Kawai

コウモリはなぜ体重が小さい割に寿命が長いのだろうか。それは、彼らが空を飛ぶことと関係がありそうである。確かに鳥類も、同じくらいの体重のコウモリ以外の哺乳類にくらべると寿命が長い。

「AnAge」でコウモリと鳥類をくらべると、体重が数十グラム以上でははっきりとした違いは見られないが、10グラム以下の小コウモリの寿命は同じ大きさの鳥にくらべてもはるかに長い。体重７グラムのブラントホオヒゲコウモリで最大寿命41年という記録があると述べたが、同じくらいの大きさの鳥の長寿記録がフトオハチドリ（*Selasphorus platycercus*）の14年だという。

これでも同程度の大きさの陸上哺乳類にくらべるとはるかに長寿だが、コウモリには及ばない。コウモリが長寿な理由のひとつに冬眠が関係していることは確かであるが、冬眠しないコウモリでもほかの哺乳類よりもはるかに長寿である。

一般に「捕食圧」が強い状況に置かれた動物種の最大寿命は、あまり捕食されないものにくらべて短くなる傾向がある。最大寿命の長い種は、そのことがゲノムに刻まれていると考えられる。一方、若いうちからどんどん捕食されてしまうような状況で進化した種では、長い寿命を支えるような遺伝的な形質は進化しないであろう。そのような状況では、遺伝的に長生きできるようになるよりも、短い一生のあいだになるべくたくさんの子供を残すようにしたほうが、一生のあいだに残す子供の数が増えるので適応度が高まるのだ。

逆に、コウモリや鳥類の寿命が長いのは、飛翔能力のおかげで捕食者からうまく逃れられるようになったことが大きいと考えられる。鳥類にくらべてコウモリ、特に小コウモリの寿命がさらに長いのは、小コウモリが夜間に活動するため、さらに捕食圧が弱まったためかもしれない。

次に、体重の対数と体重あたり基礎代謝率の対数の関係を見ると、図4－19のようになる。動物の生き方には環境によってさまざまなものがあるにもかかわらず、小さな動物ほど体重あたりの代謝率が高くなっている逆相関関係がよく分かる。このことは、体重あたりのからだの

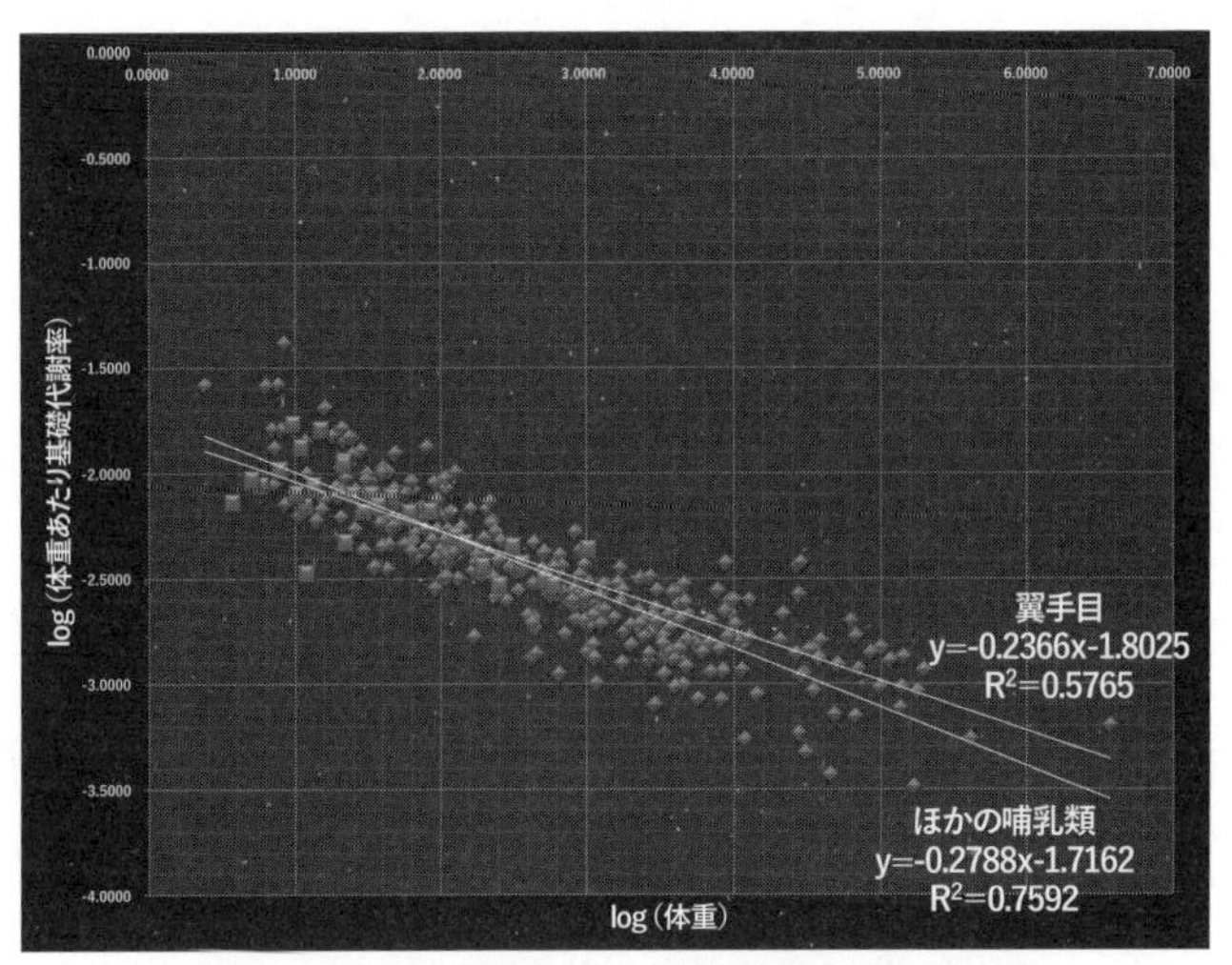

図4-19　体重の対数 vs. 体重あたり基礎代謝率の対数の関係

表面積が、小さな動物ほど大きくなるので、体重あたりの代謝率が高くなるからだと説明される。このことを「スケーリング則」という。しかし、図4-19では、翼手目とほかの哺乳類との違いははっきりしない。

このようなスケーリング則を議論するのに、「生涯代謝量（PTls; total metabolic energy per life span）」、つまり「基礎代謝率と寿命の積」を使うと新たに見えてくるものがある。図4-20は、体重の対数と生涯代謝量の対数の関係を示したものだ。翼手目とそのほかの哺乳類それぞれできれいな相関関係が見られるが、翼手目の回帰直線はほかの哺乳類の回帰直線よりも明らかに上になる。コウモリは同じ体重のほかの哺乳類にくらべて生涯代謝量が多いのである。

まとめれば、コウモリは寿命が長いこと

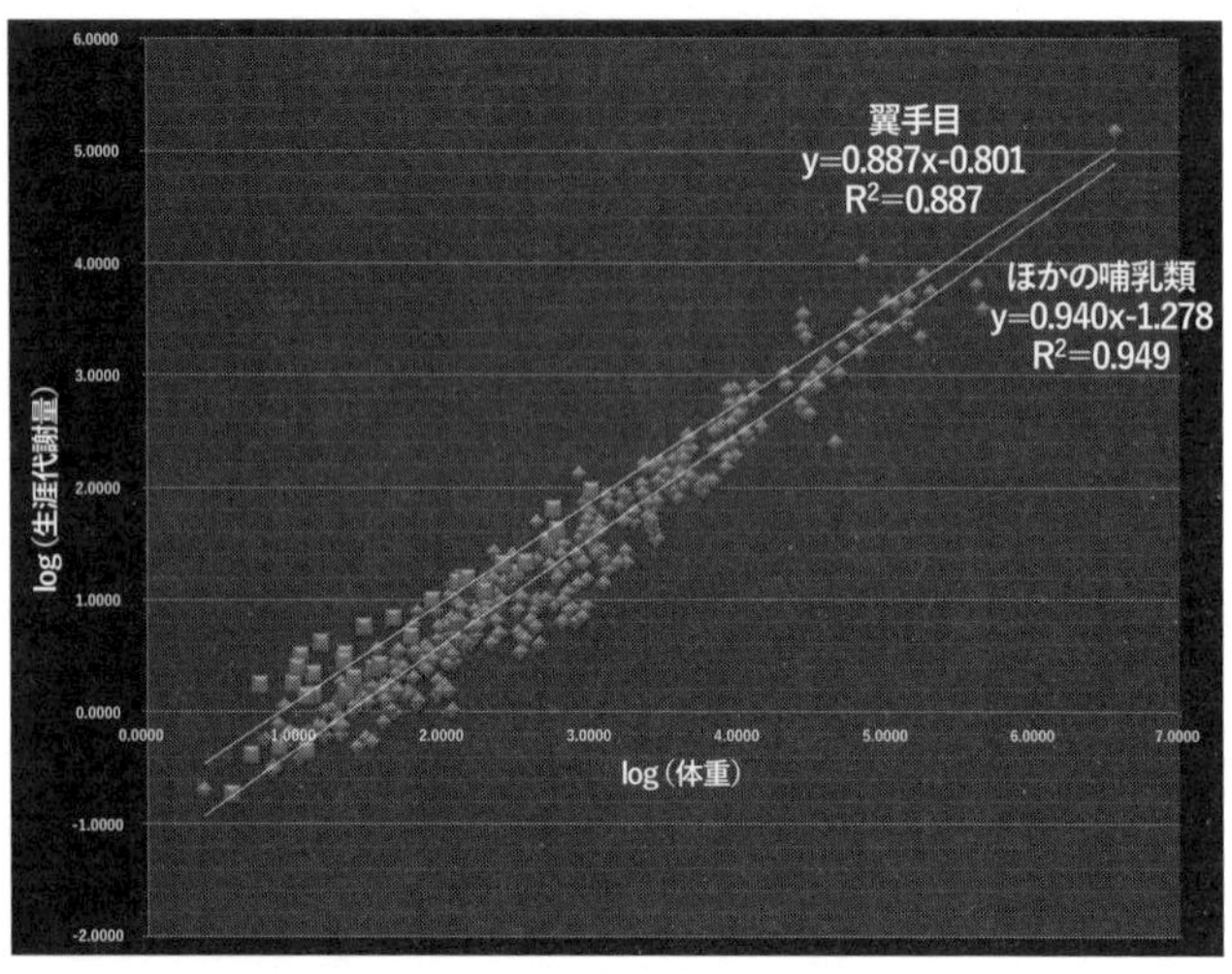

図4-20　体重の対数 vs. 生涯代謝量の対数の関係

とも関連して同じ大きさのほかの哺乳類にくらべて生涯代謝量が多い。つまり1個体の一生のあいだの活動量が多い。その長い一生を通じて、彼らは細胞内でさまざまなウイルスを増殖させている。宿主の寿命が長いということは、安定した共生が可能ということであり、ウイルスにとって好都合である。しかも個体数が多く、彼らはたいてい大きな群れで生活しているために、ウイルスは容易に群れ全体に感染を拡げられる。さらに翼手目は哺乳類の中でげっ歯目に次いで種数が多く、およそ1000種にも達することも、ウイルスの進化の媒介に適している理由として挙げられる。

次に、なぜこのようなコウモリが多様なウイルスを蓄えているのかについて、もう少し詳しくお話ししていこう。

5　コウモリはウイルスの貯蔵庫

特別な動物なのか

ヒトの感染症ウイルスのうちでコウモリに由来することがはじめて知られるようになったのは、1920年代に中南米のコウモリで見つかった狂犬病ウイルスである。その後、たくさんのコウモリ由来のウイルス感染症が知られるようになったのは、これまでに見てきた通りである。

哺乳類5000種あまりのうち、およそ20%が翼手目、42%がげっ歯目である。げっ歯目の種数は翼手目の2倍以上なので、目(もく)全体で知られているウイルスの種数は翼手目よりもげっ歯目のほうが多い。しかし、表4－1に示したように、種あたりのウイルスの数では翼手目のほうが多いのだ。しかもウイルスの中でヒトにも感染する人獣共通ウイルスに限ると、げっ歯目よりも翼手目1種当たりのウイルス種数がさらに多くなる傾向が見られる。

コウモリが多様なウイルスの貯蔵庫になっている理由のひとつが、大きな集団で過密状態にいることが挙げられる。メキシコオヒキコウモリ（*Tadarida brasiliensis*）は、ひとつのねぐらに100万頭が集まり、1平方メートル当たり3000頭の密度になる。

宿主	ウイルス当たり平均宿主種数	全ウイルス		人獣共通ウイルス	
		ウイルス全種数	宿主当たり平均ウイルス種数	ウイルス全種数	宿主当たり平均ウイルス種数
翼手目	4.51	137	2.71	61	1.79
げっ歯目	2.76	179	2.48	68	1.48

表4-1　翼手目とげっ歯目を宿主とするウイルスの種数
ここで挙げたウイルスの種数は、これまでの解析で明らかになったものということなので、実際にはこれよりも多いものと考えられる。

またコウモリの場合、ひとつの洞窟をねぐらとするのが1種だけではなく、いろいろな種類のコウモリが一緒に利用することが多い。そのために異種間での感染も起こりやすく、ウイルス当たりの平均宿主の種数がげっ歯目にくらべて翼手目が圧倒的に多くなっているものと思われる。

コウモリを自然宿主としているウイルスの中でヒトに感染するようになったものは、たいていは一本鎖RNAウイルスである。DNAウイルスにもコウモリを宿主としているものがあるが、その中でヒトに感染するようになったものは知られていない。

新しい宿主に感染できるようになるためには、まず宿主細胞のもつ受容体とうまく結合できるようになることが必要であるが、一般に、一本鎖RNAウイルスの突然変異率は高いので、種の壁を超えた感染を可能にするような変異が容易に生じやすいと考えられる。

またたいていの場合、ウイルスはコウモリに対して病原性を示さない。これまでに知られているコウモリに感染するRNAウイルスの中で、コウモリに対して高い病原性を示すものは、ジャマイカフルーツコウモリ（*Artibeus jamaicensis*）に致死的な症状をもたらす「タカリベウイルス（Tacaribe virus）」などわずかしかない。このウイルスは、「ラッサ熱」を引き起こす「ラッサウイルス」と同じ「アレナウイルス科（Arenaviridae）」に属する。ジャマイカフルーツコウモリはこのウイルスの自然宿主ではなく、ほかの宿主から感染したものと考えられる。

ウイルスがコウモリに対して目立った病原性を示さないことに関連して、コウモリのゲノム解析から、彼らの免疫系の遺伝子は独自の適応的な進化を遂げたことも分かっている。図4-21に示した翼手目の系統樹を見てみよう。翼手目は、従来から小型の小コウモリと大型の大コウモリに分類されてきた。この分類はからだの大きさだけではなく、「エコロケーション」の能力の有無をも反映したものである。エコロケーションは「反響定位」ともいうが、動物が発する超音波の反響を受け止め、それによって周囲の状況を知る能力である。

つまりコウモリの場合、飛びながら超音波を発してそれが昆虫などの獲物に反響するのを捉えて、夜間の暗闇でも獲物やまわりの状況をあたかも「見る」ように確認できる。つまりレーダーである。夜行性の飛翔動物としてコウモリが成功したカギがエコロケーションにあるのだ。ただしエコロケーションの能力をもつのは小コウモリだけで、主に昼行性の大コウモリにはこの能力はない。

長いあいだ、小コウモリと大コウモリという二大分類は、系統関係を反映するものと考えられてきた。しかし、図4-21が示すように、分子系統学によって、同じ小コウモリでも、キク

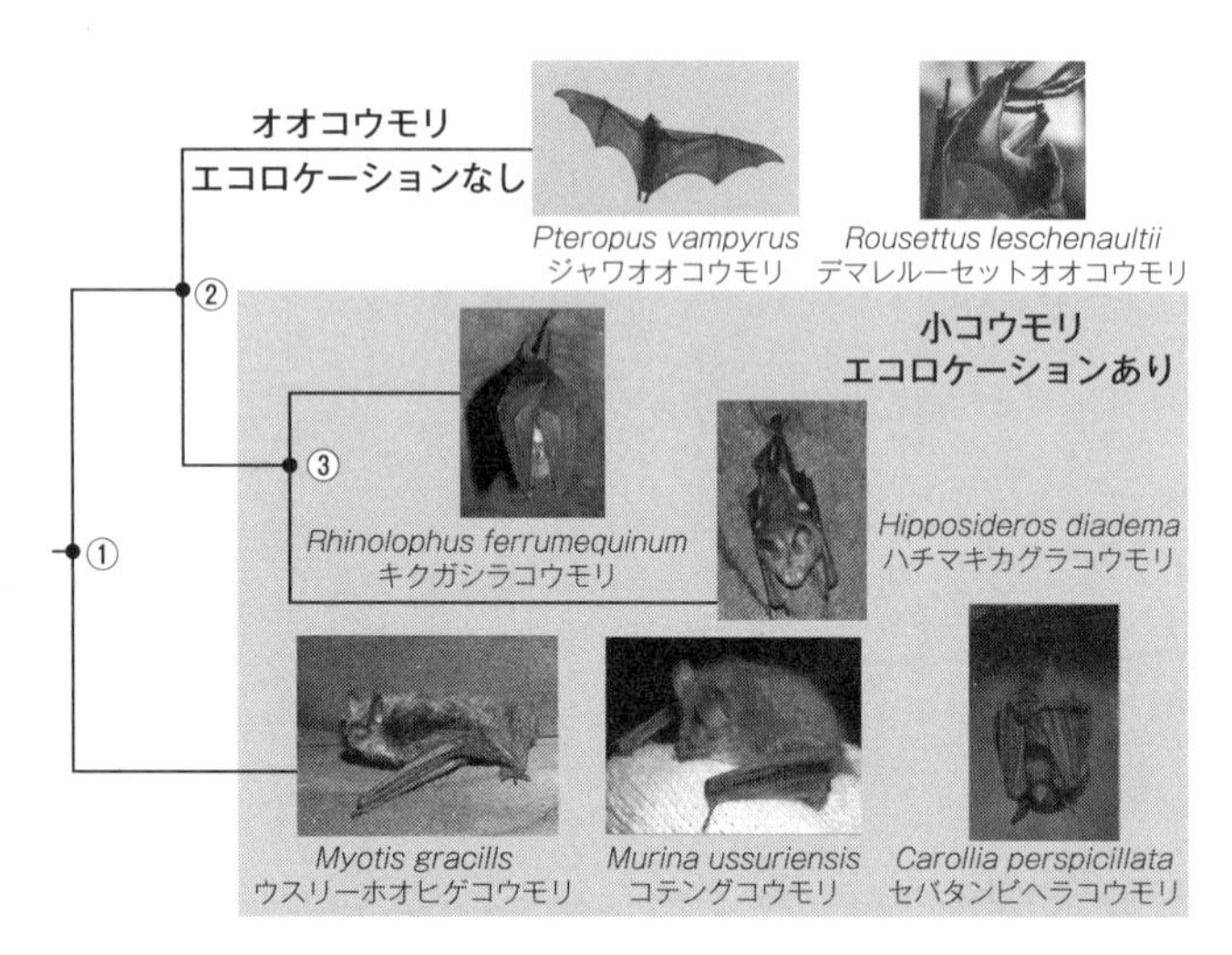

図4-21　コウモリ系統樹

ガシラコウモリやカグラコウモリは、ホオヒゲコウモリ、テングコウモリ、ヘラコウモリなどよりもオオコウモリに近縁だということが明らかになってきた。

だとすると、エコロケーションは翼手目の共通祖先①ですでに進化しており、②で分岐したオオコウモリの系統で失われたという可能性と、①から分かれた後のホオヒゲコウモリなどの小コウモリの系統と②から分かれた後の③に至る系統で、独立に2回進化した可能性とが考えられる。オオコウモリにエコロケーションの痕跡があるという前者を支持する証拠と、小コウモリの2つの系統で聴覚に関与するたんぱく質で「収れん進化」（起源の異なる生き物同士で似たような特徴が進化すること）が起こったという後者を支持する証拠とがあり、この問題はまだ決着がついていない。

　超音波は高周波の声であり、コウモリはほかの哺乳類の発声と同じように喉頭から発する。その際、コウモリの口からは飛沫やエアロゾルが飛び散る。高周波音は急速に減衰するので、コウモリは大声を発し続けるのだ。「アブラコウモリ属（*Pipistrellus*）」が出す音は、１メートル以内の距離では１２０デシベルにもなることがあるという。１２０デシベルとは、ジェット機のエンジン近くの音量であり、聴覚機能に異常をきたすといわれている。幸いにも、この音はわれわれの耳には聴こえないので、聴覚異常になる心配はない。コウモリに捕食される昆虫にもたいていこの音は聴こえないと思われるが、蛾の中にはこの音を聴きとって捕食から逃れる能力を進化させたものもいる。

　このように、小コウモリは飛沫をまき散らしながら飛び回るので、ウイルスも容易にほかの個体に感染し得る。しかもコウモリの寿命が長いことが、ウイルスの集団内での存続を助ける。さらにコウモリの飛翔能力はウイルスを遠くまで拡めることにも貢献する。

　このようなコウモリが抱えるウイルスがヒトに感染するようになったときに、重篤な感染症になる。だからといって、コウモリの駆除に躍起になっても、さらなる混乱が引き起こされるおそれがあることは、すでにお話しした通りである。

　ブラジルのチスイコウモリに対して行われた駆除も、そうした例のひとつと言えよう。チスイコウモリは家畜の血を吸うが、そのときに狂犬病ウイルスを感染させる。このために駆除の対象になったわけだが、ブラジル政府の援助のもとでとられた対策は、成果を上げられなかったただけでなく、害虫を捕食したり、果物を食べて種子散布したり、送粉者の役割を果たすなどのさまざまな種類のコウモリも巻き添えにすることになり、生態系のバランスを完全に崩してしまった。コウモリも統合された生態系の一員なので、それが欠けると生態系のバランスが保てなくなってしまうのだ。

COVID－19の感染拡大もあり、多くの人々にとってウイルスは恐ろしいものだという認識があるかもしれないが、そもそもウイルスの中で病原性をもつものは限られている。ウイルスもまた統合された生態系の一員であり、その中でさまざまな役割を果たしていると考えられる。それぞれのウイルスが生態系の中で果たしている役割については、まだほとんど分かっていない状況だが、ウイルスを欠くこともまた、生態系に対して予測できない影響を与えるであろう。

宿主の大量絶滅とウイルスの絶滅

中生代白亜紀の終わりの6600万年前に恐竜が絶滅した。現在も繁栄している鳥類は恐竜の子孫だから、正確には「非鳥恐竜」が絶滅したというべきであろう。絶滅の原因は、そのころ巨大な隕石が地球に衝突し、その衝撃によって起きた熱風や津波によるものだけでなく、衝突によって舞い上がった粉塵が太陽光を遮断したため、長期間にわたって地球全体が真っ暗闇になったからだとされている。そのような状況で植物も枯れてしまい、食料の尽きた非鳥恐竜が絶滅したのだ。これを「白亜紀末大絶滅」という。

この影響は、哺乳類や鳥類にも及び、彼らの多くも絶滅したと考えられる。しかし、彼らの多くはからだの小さな動物であり、小さな隙間などにわずかに残った食料を食いつないで生き延びることができたものもいたのであろう。いずれにしても、この大絶滅の時代を生き延びた系統であっても、大きな打撃を受けたことは確かだ。

絶滅した非鳥恐竜や、絶滅した哺乳類・鳥類を宿主としていたウイルスもまた絶滅した。なんとか生き延びた哺乳類・鳥類を宿主としていたウイルスはどうだったのだろうか。ウイルスは継続して感染を続けていかなければ生き延びられない。なんとか生き延びた宿主にしても、個体数やその密度は小さく、ウイルスが感染を維持するのは困難だったと思われる。隕石衝突は、宿主に対してよりも、ウイルスに対してより深刻な影響を与えたものとも考えられる。

翼手目が哺乳類のほかのグループから分かれて独自の進化の道を歩み始めたのは、今から7000万年以上も前のことだったと推定される。そうだとすると、コウモリの祖先は6600万年前の白亜紀末大絶滅の時代を生き延びたことになる。およそ5250万年前の地層から「オニコニクテリス（*Onychonycteris*）」というコウモリの化石が発見されている。この化石は現在のコウモリとそっくりであるが、まだエコロケーションの能力はもっていなかったようである。ただ、これとほとんど同時代に生きていた「イカロニクテリス（*Icaronycteris*）」という別のコウモリは、エコロケーションの能力を獲得していたという。

大絶滅の時代、コウモリの祖先がどのような生活をしていたかは分からない。飛翔能力はまだ獲得しておらず、食虫性の小さな哺乳類として地表の小さな割れ目などで難を逃れたものと思われる。大絶滅に続いて鳥類など空を飛ぶような競争相手がまだ少なかった時代に飛翔能力を進化させたが、その後の鳥類との競合もあり、エコロケーションが進化し、小コウモリは夜間の生活に適応していったのだろう。コウモリと共生する現在の多様なウイルス相は、このような過程で形成されたと考えられるのだ。

コウモリとウイルスのように、長い進化の歴史を通じて、宿主に対する病原性をほとんど表すことのない共生関係が確立している例があることを見てきた。ウイルスは宿主なしでは生きられないので、このような関係はウイルスにとって利点がある。対して、宿主にとっては何か利点があるのだろうか。次章では、この問題を掘り下げて考えてみよう。

第5章　動物の行動を操るウイルス

1　ウイルスの家畜化

わが内なる小宇宙

ヒトのからだを作り上げている細胞の数はおよそ37兆個だが、ひとりのヒトの腸内に生息する細菌の総数はこれを超える。さらに腸内細菌叢（「腸内フローラ」とも呼ぶ）を構成する細菌のもつ遺伝子の数は、ヒト・ゲノムの遺伝子数の400倍くらいになる。これらの遺伝子の中には、ヒト・ゲノムにはないが、われわれが生きていく上で必要な代謝などをつかさどるものがたくさん含まれている。

実験室で抗生物質を使い、体内の細菌をすべて取り除いて無菌にしたマウスがある。無菌の母親から生まれた「無菌マウス」は無菌の環境で育てる限りは育つが、そのような環境では免疫系が正常に発達しないので、通常は無害の細菌であっても、感染すると死んでしまう。さらにそのようなマウスでは、不安や感情に関わるセロトニンやドーパミンなどの脳内物質の量が少なくなり、行動に異常が見られる。正常な発育には細菌叢の存在が必要なのだ。

このように、われわれが体内に抱えている細菌叢は、われわれが健康に生きていく上で欠かせない働きをしているのである。

われわれの体内には細菌だけではなく、ウイルスもたくさんいる。多様な細菌のそれぞれを宿主とするウイルスである「バクテリオファージ」（単にファージともいう）と、われわれの細胞を宿主とするウイルスたちである。これらのウイルスについてはまだ研究が始まったばかりだが、腸内細菌と同じようにわれわれが生きていく上で重要な働きをしているものがたくさん含まれている可能性がある。

そのような可能性のひとつとして、ほかのウイルスの感染を防ぐという効果が挙げられる。たとえばひとつの細胞に2種類のウイルスが感染すると、ウイルス同士の競合が起きる。長い共生の歴史を通じて安定した関係を築き上げたウイルスにとって、宿主を守ることは自分の利益にもなる。

多様なウイルスがコウモリを宿主としているが、ほとんどのものはコウモリに対しては病原性を示さない。そのようなコウモリであっても、まったく新しいウイルスに感染したら、重篤な病気になりそうに思われるが、それが稀なのだ。これは、コウモリと共生している多様なウイルスが、ほかのウイルスから宿主を守っているためだとも考えられる。

ヒトのからだは、ウイルスを含む膨大な数の微生物が作り上げているひとつの生態系なので、微生物のあいだにはさまざまな相互作用がある。腸内細菌叢のいわゆる「善玉菌」は「悪玉菌」が悪さをするのを防いでいるといわれているが、ウイルスのあいだでも似たようなことがあるのかもしれない。

ファージの発見

１９１７年、当時パリのパスツール研究所で研究していたカナダ人微生物学者フェリックス・デレーユ（１８７３〜１９４９）は、細菌に感染するウイルスである「ファージ」を発見した。

この成果の短報の表題は、「赤痢菌に拮抗する不可視微生物について」だった。デレーユは細菌性赤痢に感染した回復期の患者の便から、赤痢菌の細胞内に感染するウイルスを発見したのだ。しかも、そのウイルスが赤痢菌の増殖を抑えているというのだ。

このファージは実際に赤痢患者に投与され、１日に10回以上も血便のあった患者の症状が翌日には治ってしまったなど、劇的な効果を示した。この治療法は「ファージ療法」と呼ばれ、

図5-1　フェリックス・デレーユ

デレーユはノーベル賞の候補にもなり、脚光を浴びた。

ところがその後、抗生物質が華々しく登場した結果、ファージ療法は廃れてしまった。近年、抗生物質にはそれに抵抗性をもった細菌の出現とともに、抗生物質の多くが特定の病原菌だけを退治するのではなく、ヒトにとって有用な細菌も一緒に除去してしまうことが問題になっている。

ファージの多くは特定の細菌にしか感染しないので、特定の病原菌に感染するファージがあれば、ほかの細菌にはダメージを与えることなく病原菌を退治できることになる。そうした背景から、デレーユが１００年ほど前に提唱したファージ療法は再び脚光を浴びている。

昆虫への「内在化」

昆虫はこれまでに記載された種数に関して、あらゆる生物の中で最大のグループである。その中に、ハチやアリのグループの「膜翅目（まくし）」がある。膜翅目にはおよそ10万の種が記載されている。図5－2に、膜翅目の「系統樹マンダラ」を示した。

膜翅目の中で最初に現れたものが「ハバチ」と総称される植物食のものである。これらは系統的にまとまったものではなく、いちばん古いナギナタハバチ上科から順次分岐してきた。「ハバチ」には、その後進化した膜翅目のほかの系統で見られるような腹部のくびれがなく、膜翅目の祖先的な姿をとどめている。この中から、植物ではなくほかの節足動物に卵を産みつける「ヒメバチ上科（Ichneumonoidea）」に代表されるハチが進化した。膜翅目進化の初期に分岐したヒメバチ上科の大部分は「寄生バチ」と呼ばれ、昆虫やクモなどの節足動物に寄生する。これらの寄生バチのメスは、宿主の体内に卵を産みつけるための長い産卵管を持っており（図5－2のガロアオナガバチの写真を参照）、これが後に毒針に進化することになる。その後、アリがミツバチと共通の祖先から進化した。アリやミツバチは女王を中心とした高度な社会性を進化させた。寄生バチはヒメバチ上科に限られたものではなく、ミツバチ上科の中でも、図5－2にあるエメラルドゴキブリバチのように寄生バチとして進化したものがある。このハチはゴキブリの幼虫を宿主にする。寄生バチには美しいものが多い。

ヒメバチ上科の系統にはおよそ2億年の歴史があり、これまでに記載されたものだけでも膜翅目全体の半数近い4万2400種以上にのぼる。現在までに記載されている生物種はおよそ200万種だから、ヒメバチ上科だけで生物界全体の2・1％にもなるのだ。ヒメバチ上科には、「ヒメバチ科（Ichneumonidae）」と「コマユバチ科（Braconidae）」という、どちらも大きな

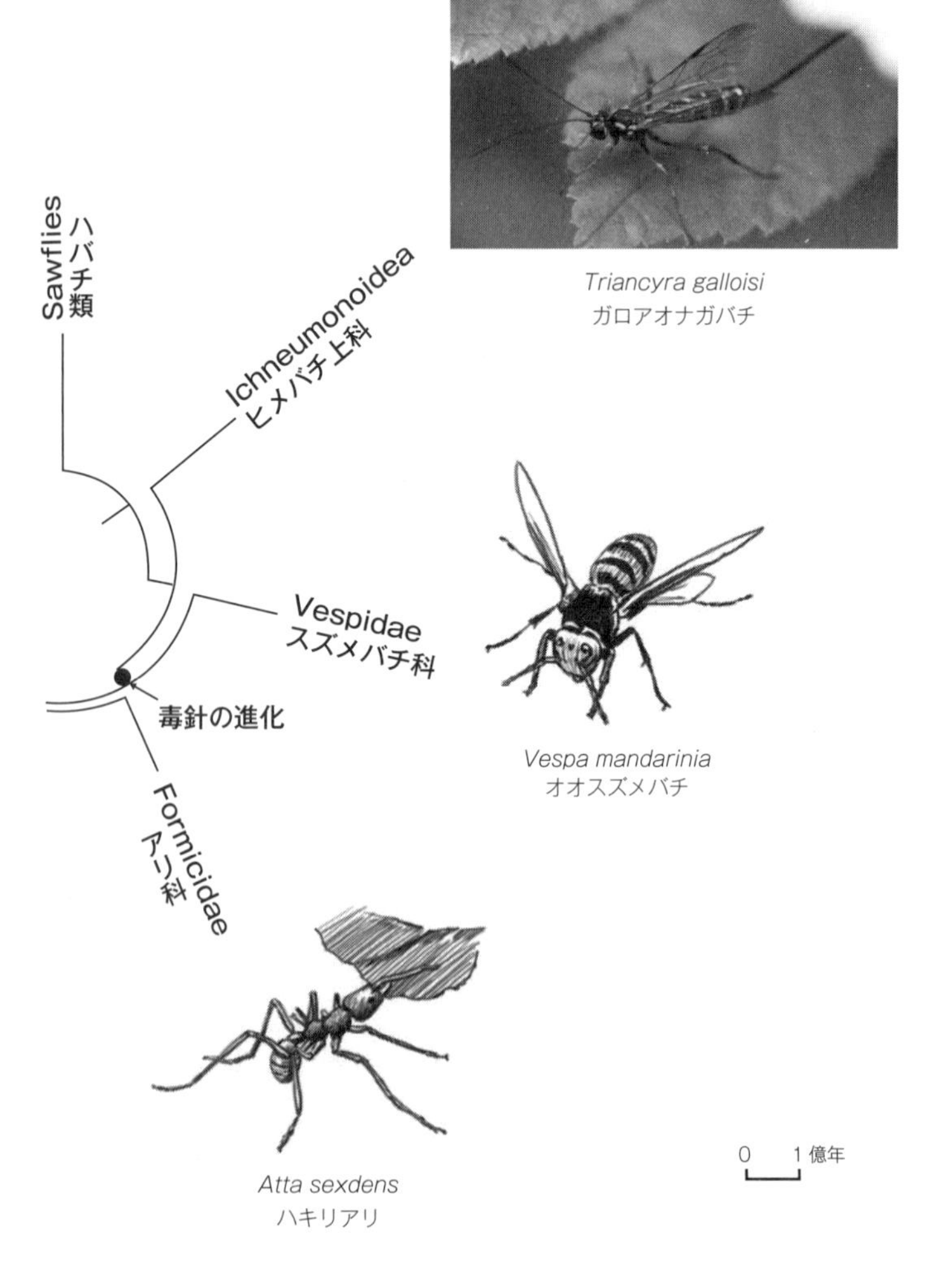
Sawflies
ハバチ類
Ichneumonoidea
ヒメバチ上科
Vespidae
スズメバチ科
毒針の進化
Formicidae
アリ科
Triancyra galloisi
ガロアオナガバチ
Vespa mandarinia
オオスズメバチ
Atta sexdens
ハキリアリ
0 1億年

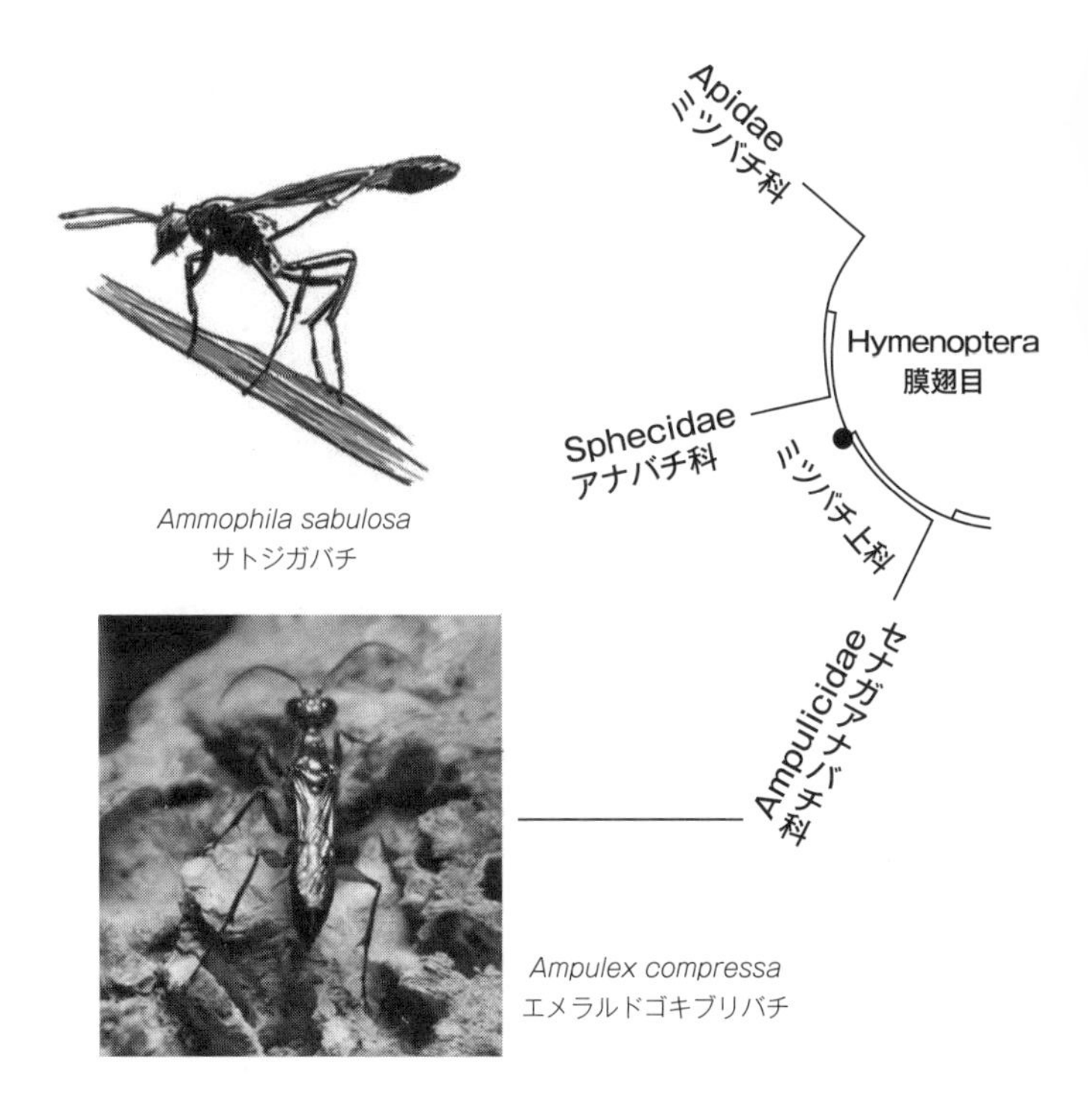

図5-2　膜翅目系統樹マンダラ

科が含まれる。

これらの寄生バチには「ポリドナウイルス（Polydnavirus）」というウイルスが感染する。このウイルスのゲノムは天然痘ウイルスと同じ二本鎖DNAだが、真核生物の染色体のように、たくさんのDNA分節に分かれている。ポリドナウイルスという名前は「Poly－DNAvirus」、つまりこのウイルスゲノムがたくさんのDNA分節からなっていることを表している。

ポリドナウイルスの中でヒメバチ科を宿主とするものは「イクノウイルス（Ichnovirus）」、コマユバチ科のものは「ブラコウイルス（Bracovirus）」と別の名前で呼ばれるが、実はこの2種類のウイルスはゲノムがたくさんのDNA分節からなっていることだけが共通で、その起源は別々である。この2種類のウイルスの遺伝子のあいだで相同性がほとんど見られない。

どちらのポリドナウイルスも寄生バチの卵巣と側輸卵管のあいだに位置する「カリックス」という特別な細胞内でのみ増殖する。ところがこのウイルスは再感染によって次世代に伝わっているのではなく、ハチのゲノムに組み込まれていて、生殖細胞を通して次世代に伝わるのだ。このように、ウイルスが宿主のゲノムに組み込まれることを「内在化」と呼ぶ。第7章で、RNAウイルスの内在化とそれが宿主の進化に果たす役割について詳しく論じるが、ここではヒメバチ上科の寄生バチに内在化しているポリドナウイルスを紹介しよう。

“残酷”な共進化

寄生バチである「コマユバチ属（*Cotesia*）」のさまざまな種と共生するポリドナウイルスの系統樹と宿主の系統樹をくらべると両者は完全に一致することが分かっている。つまり、宿主の種分化にあわせてウイルスも一緒に種分化してきた共進化が見られるのだ。

同じヒメバチ上科でもヒメバチ科とコマユバチ科に共生するポリドナウイルスは別々の起源をもつが、それでもそれぞれの科の歴史には、1億年くらいの長さがある。コマユバチ科寄生バチを宿主とするブラコウイルスとヒメバチ科を宿主とするイクノウイルスは、それぞれ1億年くらいの期間、宿主の側の種分化にあわせて共進化してきた可能性がある。

ヒメバチ上科の寄生バチは、さまざまな昆虫やクモに寄生する。その中でヒメバチ科の一種のベッコウアメバチモドキ（図5－3）は、ヤママユという蛾の幼虫の体内に産卵し、そこで孵化した幼虫は、ヤママユの幼虫から栄養を摂取しながら育つ。

ヒメバチ科の寄生バチの多くは、蛾や蝶などの幼虫、いわゆるイモムシに寄生し、宿主を内側から食べながら育つが、宿主が死んでしまったら腐るので、自分が成長するまでは生きた状態に保つ。イモムシが生きながらえたまま、体内を食べられるというのはとても残酷に見える。チャールズ・ダーウィンもヒメバチのことを知っており、彼は1860年にアメリカの植物学者エイサ・グレイに宛てた手紙の中で、「慈悲深い全知全能の神が、ヒメバチ科の寄生バチを創造なされたとは、私にはとても思えない」と書いている。

実は寄生バチの幼虫がこのように「残酷な」方法で成熟できるのは、ハチを宿主とするウイ

図5-3　ベッコウアメバチモドキ

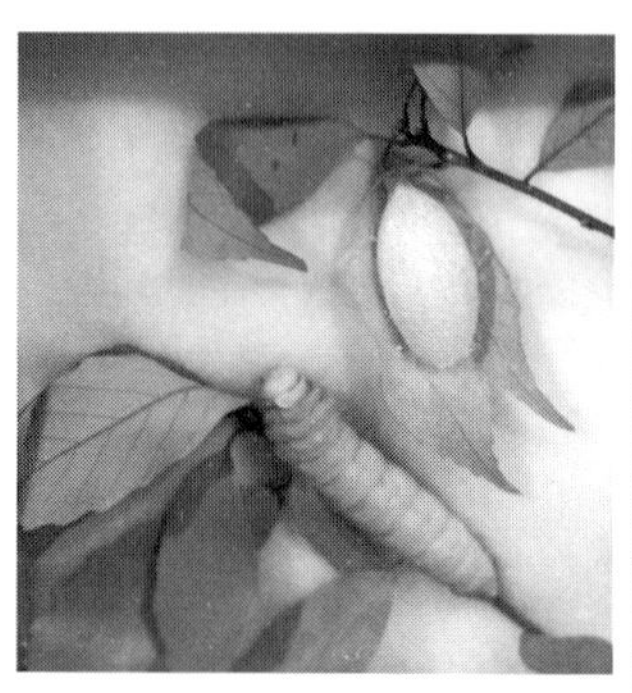

図5-4　ヤママユの幼虫

ルスのおかげなのである。ベッコウアメバチモドキはヒメバチ科なので、ポリドナウイルスの中のイクノウイルスが寄生している。このウイルスは内在化していて、ハチのゲノムの一部として次世代に伝わっていくが、ハチに対してはまったく毒性を示さない。一方、寄生バチの宿主である蛾の幼虫の生理状態をコントロールすることによって、寄生バチに恩恵を与えている。

まず、寄生バチの卵表面がメス蜂のカリックス細胞で増殖したポリドナウイルス粒子で覆われていることで、これが蛾の幼虫の免疫を回避する働きをする。ポリドナウイルスは内在化した状態で子供に受け渡されると同時に、ウイルス粒子として蛾の幼虫の体内に入り、寄生バチを排除しようとする免疫機構から逃れる役割も果たしている。

さらに、ポリドナウイルスは、ヤママユの幼虫（図5-4）のホルモン系を攪乱して、蛹化（ようか）することを妨げる。寄生バチの幼虫は、成熟すると寄主の体表を破って出てきて蛹になるが、宿主が先に蛹になってしまうと体表が硬くなって、破れなくなってしまうのである。ポリドナウイルスは、直接の宿主である寄生バチの幼虫が安定した新鮮な食糧庫の中で無事に成長できるように、ヤママユの幼虫の成長をコントロールしているのだ。このように、宿主がウイルスを利用して自身の生き残りを図っているように見えることを、「ウイルスの家畜化（Viral domestication）」という。

驚くべき働き

そんな寄生バチの宿主となるカイコガなどの蛾のゲノムに、ポリドナウイルスの「配列」が組み込まれていることが発見された。「内在性ウイルス様配列」である。

ハチの寄生がいつも首尾よく成功すれば、蛾の幼虫が成虫になるまで生き延びることはないので、ウイルスの配列が蛾のゲノムに組み込まれることはなさそうである。しかし、ハチの寄生が成功するためには、そのタイミングが大事だ。蛾の幼虫の発生初期に卵が産みつけられるとうまくいくが、それが遅くなってしまうと寄生は失敗してしまう。そのような場合に、ウイルスの配列が蛾のゲノムに組み込まれることが起こり得るのだ。

内在化された配列が、ウイルスの二次的な宿主である蛾にとって何かの役に立っているかどうかについては、これまでのところ分かっていない。可能性としてはさまざまなことが考えられるが、組み込まれたウイルスの配列が転写されて発現することによって、新たなウイルス感染でつくられるmRNAと複合体をなし、ウイルス遺伝子の発現を妨げることもあり得る。昆虫やエビなどの甲殻類(こうかく)では、ある種のウイルスは強い病原性を示すが、一方で、一生のあいだなんら症状を示すことなくウイルスを持ち続ける個体もいる。実は、そのようなウイルスのゲノムの一部が、宿主のゲノムに組み込まれていることが分かっている。こうした事実から、右で述べたような仮説が提唱されている。

第4章では、哺乳類の中でコウモリが特別に多様なウイルスをもっているにもかかわらず、ほとんど病症を示さないことを紹介した。コウモリのゲノムは、サイズの小ささに反して、多様な内在性ウイルス様配列をもっている。そして、内在性ウイルス様配列が外来性ウイルスの増殖を抑える働きをしているという。大きな集団をつくって、ウイルスにとって増殖しやすい環境を提供しているコウモリも、さまざまな方法でウイルスに対処しているのだ。

2 宿主の行動を操るウイルス

共生のかたち

宿主の役に立つように家畜化されたウイルスは、ほかの生物の役に立つということで「利他的」といわれることがある。これは宿主の役に立つことが結局は自分自身が繁殖する上で有利になるという理由で進化したものと考えられる。このような宿主と共生者との協調関係は双方に利益があり、「相利共生」と呼ばれる。

しかしながら、宿主と共生者の関係は、状況に応じて変わり得るものであり、今日宿主に対して利益を与えている共生者が、明日には害を与えるものになることもある。宿主と共生者の双方は、それぞれ自分自身が繁殖する上で有利になるように進化するのであり、両者の関係は常に緊張をはらんでいる。

ここからはウイルスが自分自身の繁殖に有利になるように、宿主動物の行動を操作するという話を紹介しよう。

死への誘い

ハリガネムシという類線形（るいせんけい）動物門に分類される寄生虫がいる。彼らは水中で交尾産卵し、孵化した幼生はカゲロウやユスリカなど水生昆虫の幼虫に捕食される。ハリガネムシの幼生は昆虫の幼虫のおなかの中で成長し、そこで「シスト」という休眠状態に入る。

カゲロウやユスリカは成虫になると、陸に飛び立っていくが、ハリガネムシのシストをもった成虫はカマキリなどに食べられる。ハリガネムシはカマキリの体内で大きく成長するが、ハリガネムシはこのままでは繁殖できない。彼らは水中でしか繁殖できないのである。

そのために、ハリガネムシは宿主の行動を操作して、カマキリが入水自殺するように仕向ける。ハリガネムシは宿主の脳を操って、カマキリが水面の光っている水辺に近づいたら、そこに飛び込むように仕向けていると考えられる。

こうして、ハリガネムシは図5-5のように、宿主の体内から水中に飛び出し、その生活環は一巡することになる。このように寄生虫が宿主の脳を操って、自分の繁殖に都合がいいような行動をとらせるという例はたくさん知られているが、実はウイルスにも同じような繁殖戦略をとるものがいる。

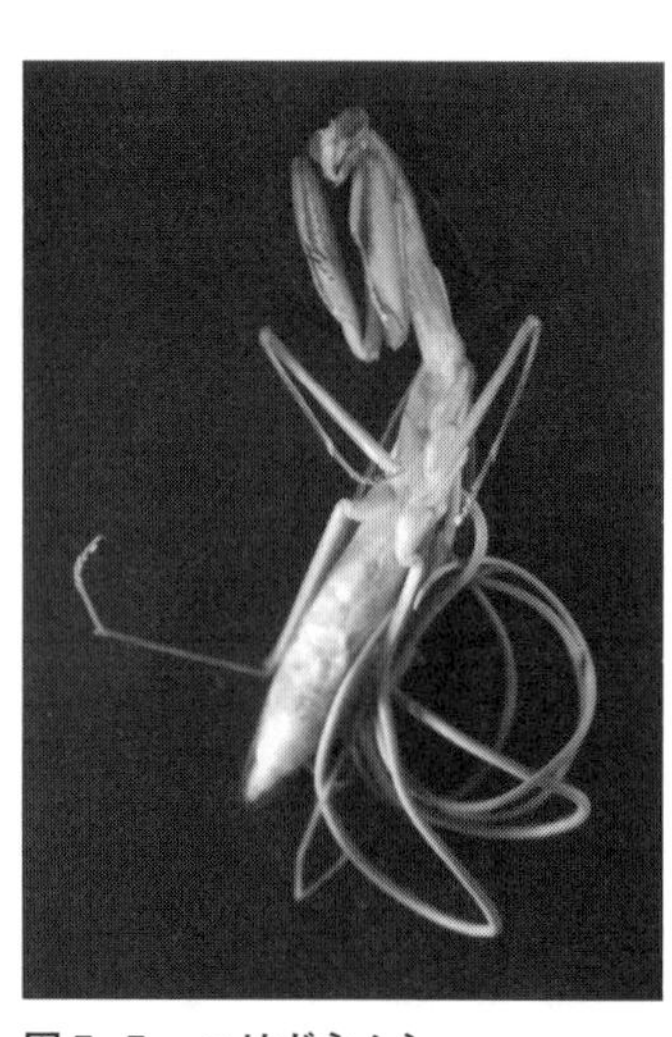

図5-5　ハリガネムシ

「バキュロウイルス（Baculovirus）」という二本鎖DNAゲノムをもつウイルスがいる。図5-6に示したように、このウイルスは、先ほど登場したポリドナウイルスの中で、コマユバチ科寄生バチを宿主とするブラコウイルスと類縁関係がある。そして、バキュロウイルスのゲノムは、ポリドナウイルスのようにはゲノムDNAが分節化せずに、80～180kbp（100000塩基対）もの長い環状DNAになっている。

「梢頭病（しょうとうびょう）」という蛾や蝶など鱗翅（りんし）目昆虫の病気がある。これはバキュロウイルスに感染した

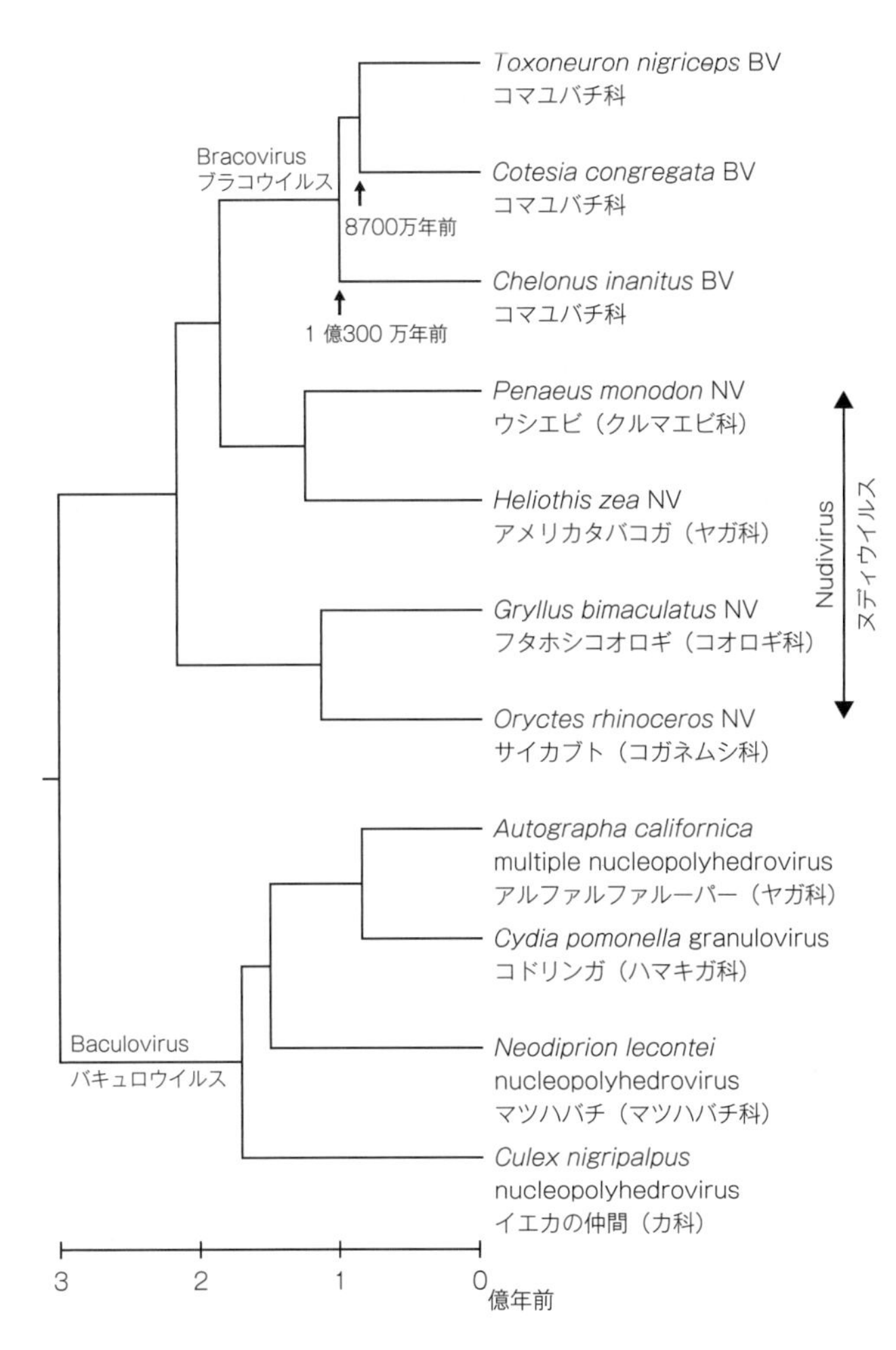

図5-6　バキュロウイルスの系統樹

昆虫の幼虫が、枝の先端にぶら下がった状態で死んでしまうことからつけられた名前である。

バキュロウイルスは感染末期になると宿主幼虫の行動を活発にして食べている植物の上方に移動させ、そこで死ぬように仕向けるのだ。その結果、鳥などに捕食されやすくなったり、風雨によるウイルスの飛散が促進されたりして、ウイルスが広範囲に拡散することになる。

つまり、ウイルスは宿主の行動を操作することによって、自分自身の繁栄を図っていると考えられる。もちろん、ウイルスが意図的に宿主の行動を操作しているわけではない。たまたま宿主の行動に対してそのような影響を与えるように変異した遺伝子をもったウイルスの適応度が上がって、結果としてそのような遺伝子が進化したということである。

カイコを宿主とするバキュロウイルスの1種の「カイコ核多角体病ウイルス（*Bombyx mori* nucleopolyhedrovirus; BmNPV）」のゲノムには、カイコの遺伝子と相同な遺伝子がたくさん含まれている。

BmNPVのゲノムには136個のたんぱく質をコードする遺伝子が含まれるが、そのうちの11%にあたる15個の遺伝子は宿主の遺伝子を取り込んだものだという。その中に脱リン酸化酵素遺伝子がある。しかし、ウイルスのもつこの遺伝子からつくられるたんぱく質は酵素として働くのではなく、正常なウイルス粒子を形成するのに重要な構造たんぱく質である「ORF1629」と結合する。

つまり、このたんぱく質は宿主では酵素として使われていたが、ウイルスでは構造たんぱく質として使われているのだ。このようにたんぱく質が本来もっていた機能とは別の使われ方をすることは、生物進化の過程ではしばしば見られる。さらに、このたんぱく質はウイルスが宿主の脳に感染が成立するために必須なのだという。

ウイルスが宿主の行動を操作している仕組みの詳細はまだ不明であるが、バキュロウイルスは宿主から獲得した遺伝子の機能を改変して、宿主の脳に入り込んで行動を操作し、自身の繁殖効率を上げていると考えられる。

ウイルスを使った害虫駆除

ポリドナウイルスの二大グループのひとつであるブラコウイルスは、およそ1億年前にバキュロウイルスの姉妹群である「ヌディウイルス」のひとつの系統がコマユバチ科の祖先のゲノムに内在化することによって生まれたと考えられる（図5－6）。ここではブラコウイルスを生み出した母体であるヌディウイルスについても少し触れておこう。

図5－6にも名前が出てきたが、ヌディウイルスの中に日本でも沖縄に分布するサイカブトムシ（タイワンカブトムシともいう：*Oryctes rhinoceros*）に感染するものがいる。実はこのカブトムシはココナツヤシを枯らすので、東南アジアや南太平洋の島々では害虫として駆除の対象になっているが、駆除の手段として使われているのがヌディウイルスなのだ。

ヌディウイルスはカブトムシを死に至らしめるので、ヌディウイルスに感染させたカブトムシを野外に放つことによって、感染個体の糞を通じて集団全体にこの病気を蔓延させて、個体数を減らすことができる。しかし、ウイルスに対する耐性をもったカブトムシの出現などがあり、害虫の制御は簡単ではない。

近年さまざまな動物のゲノム解析が進んだことによって、たくさんの思いがけないことが明らかになってきた。そのひとつに、二本鎖DNAゲノムをもつヌディウイルスの遺伝子様配列がさまざまな節足動物のゲノム中で見つかっているということがある。クモ、甲殻類、昆虫の6つの目などに属する節足動物43種のゲノムを調べた結果、359のヌディウイルス遺伝子様配列が見つかったのだ。

ところが、それらの節足動物はいずれもヌディウイルスの宿主だとはみなされてこなかったものであった。しかもこれらの内在性ウイルス様配列の多くは完全なたんぱく質が合成できるコードを保存しているか、あるいはmRNAとして転写されていることが示唆されている。その中でも***Melanaphis sacchari***というサトウキビのアブラムシ（半翅目）のヌディウイルス様配列の半分以上は、複数のコピーをもっている。これらのウイルス様配列の「隣接配列（flanking sequence）」が違っていることから、内在化した後でコピーができたのではなく、内在化がゲノムの違う場所で複数回起こっていることが明らかである。

先ほど、外来性ウイルスに対する防御機構として内在性ウイルス様配列が使われている可能性についてお話しした。そこで議論したことは、ヌディウイルスがこれまでに考えられていた以上に多様な節足動物に感染してきたことを示すとともに、動物のゲノムには彼らが進化の過程で経験してきたウイルスとのせめぎ合いの歴史が記されていることを示しているように思われる。

目には目を

寄生バチがポリドナウイルスを使い、寄生を防ごうとする宿主の免疫機構から逃れたり、宿主が蛹化するのを妨げてハチの幼虫が無事に成長できる条件を整えていたりすることを見たが、もちろん宿主の側もやられっ放しというわけではない。

コマユバチ科の寄生バチにエンドウヒゲナガアブラムシ（*Acyrthosiphon pisum*）というアブラムシに寄生するアブラバチ（*Aphidius ervi*）がいる。このアブラムシは「ハミルトネラ（*Hamiltonella defensa*）」という共生細菌をもっている。この共生細菌ハミルトネラがいると、寄生バチが卵を産みつけてもハミルトネラから分泌される毒素によって寄生バチの幼虫は死んでしまうのだ。

〝defensa〟という種名は、攻撃からアブラムシを守ることからきている。ところが詳しく調べてみると、実は毒素を分泌しているのは〝defensa〟細菌ではなく、「APSE（*Acyrthosiphon pisum* secondary endosymbiont）」（「エンドウヒゲナガアブラムシの2次共生者」という意味）というファージ、つまりこの細菌に感染しているウイルスだった。

このように寄生バチというひとつの生活様式が進化するにあたって、寄生者の側も、宿主の側もそれぞれの共生者を使ったさまざまな方法を駆使して自分の利益を守ろうとしているのだ。

3 アルボウイルスの正体

媒介する節足動物

ここで昆虫など節足動物が媒介する「アルボウイルス」を紹介しよう。この名前は、「Arthropod-borne virus（節足動物媒介性ウイルス）」からきている。アルボウイルスの中でヒトにとってもっとも問題になるのが蚊の媒介するものだ。

人類の歴史を通じて、蚊が媒介するヒト感染症のうちでいちばん恐れられてきたのは「マラリア」であろう。マラリア病原体はウイルスではなく、「マラリア原虫」という真核生物である。ハマダラカが媒介するこの感染症は、2016年の1年間でも世界で2億1600万人の新規感染者が報告され、44万5000人が死亡している。

蚊が媒介するウイルスによるヒト感染症には、「デング熱」、「ジカ熱」、「黄熱病」、「日本脳炎」、「ウエストナイル熱・脳炎」、「セントルイス脳炎」などがあるが、これらはそれぞれ、「デングウイルス」、「ジカウイルス」、「黄熱ウイルス」、「日本脳炎ウイルス」、「ウエストナイルウイルス」、「セントルイスウイルス」が病原体になっている。これらはすべて「フラビウイルス科」の「フラビウイルス属（*Flavivirus*）」のウイルスである。「フラビウイルス」はコロナウイルスと同じプラス鎖一本鎖ＲＮＡウイルスである。

ウエストナイル熱・脳炎

１９９９年に、ニューヨークのブロンクス動物園の近くで大量のカラスが死んだ。空を飛んでいたカラスがバランスを失って雨のように降ってきたという。死んだカラスを解剖すると、脳に出血をともなった炎症が見つかった。さらにブロンクス動物園では、フラミンゴ、ウ、キジ、ハゲワシなどの鳥類が死んだ。死んだ鳥には脳炎と心筋炎などの病変が見られた。解析の結果、原因はフラビウイルス属のウイルスによるものであることが明らかになった。

そのころ、ニューヨークでは脳炎患者の集団発生が起きていた。最初これは蚊によって媒介されるフラビウイルス科のセントルイスウイルスによるセントルイス脳炎と思われた。患者からセントルイスウイルスに対する「IgMタイプ」の抗体（感染の初期に見られる抗体）が見つかったからである。このウイルスは名前が示すように、１９３３年にアメリカ・ミズーリ州のセントルイスではじめて分離されたものであり、アメリカ南東部でしばしば流行していたものであった。

ところがさらに詳しくウイルスのゲノムを調べてみると、セントルイスウイルスではなく、それと近縁なアフリカ起源のウエストナイルウイルスだということが分かった。セントルイスウイルスではなかったが、近縁なウイルスだったために、同じような抗体ができたのだ。カラスなどの鳥が死んだ原因も同じウイルスだった。

紀元前323年にマケドニアのアレクサンダー大王はインドまでの東方遠征の帰路、メソポタミアのユーフラテス川沿いのバビロンで熱病のために亡くなった。死因はマラリアだったというのが通説だが、ウエストナイル熱だったのかもしれないという説がある。帝政ローマ時代のギリシャ人プルタルコスの『英雄伝』によると、アレクサンダー大王の軍がバビロンに入るときに何羽かのカラスが大王の足元に落ちたという。まさに1999年にニューヨークで起きたのと似たことが起こったのだ。

ウエストナイルウイルスは1937年にアフリカ・ウガンダの西ナイル地方で発熱した患者からはじめて分離されたが、アメリカで確認されたのは1999年が最初だった。その後、2003年までには、このウイルスはアメリカ合衆国全土（アラスカ州とハワイ州を除く48州）、さらにカナダ、ラテンアメリカにも拡がった。2007年までにアメリカ合衆国だけで2万7000人以上の患者が報告された。

起源とヒトへの病原性

図5-7に、分子系統樹解析で得られたウエストナイルウイルスの系統樹を示す。

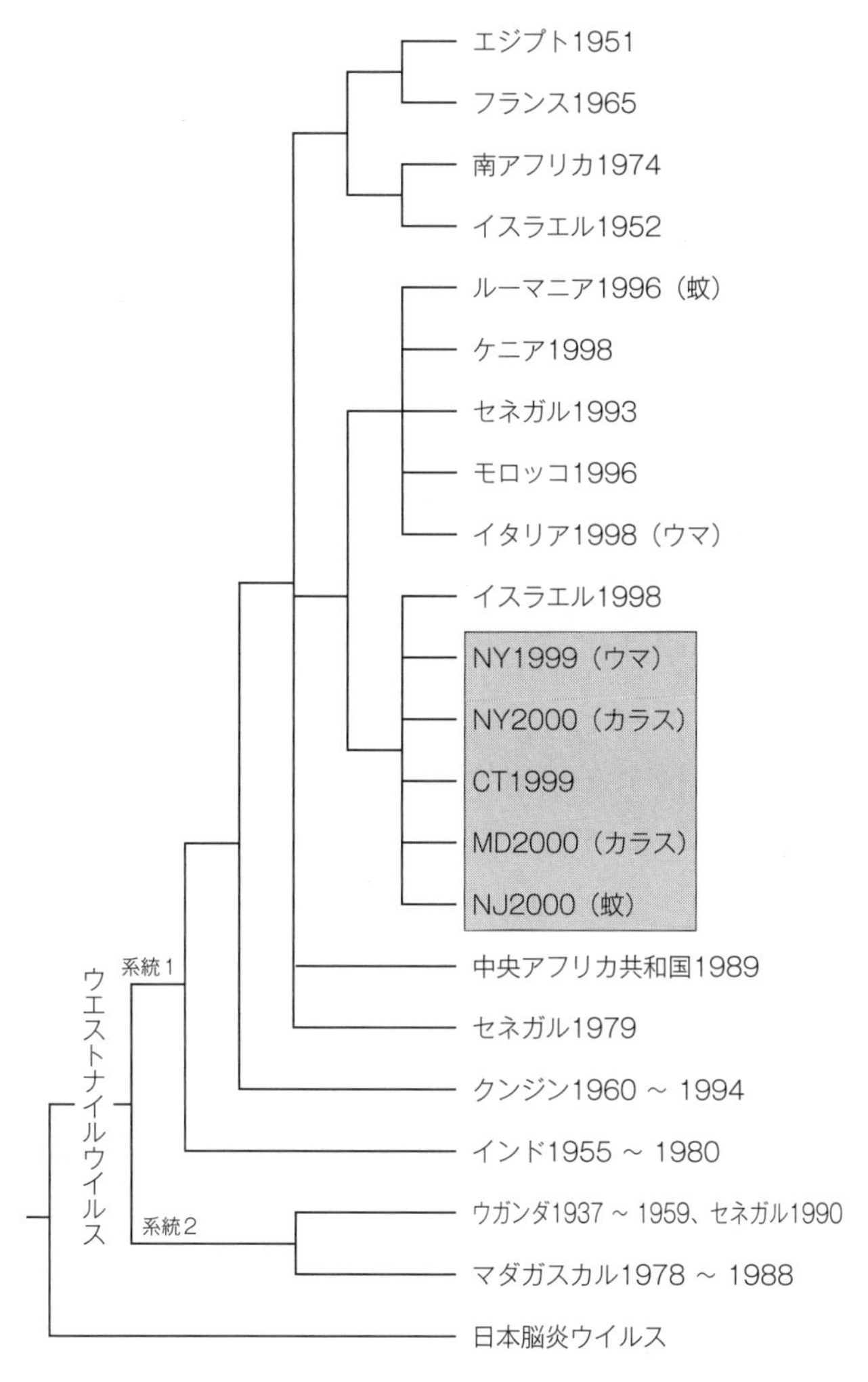

図５-７　ウエストナイルウイルス系統樹

図5－7中で、アメリカ合衆国で採取された株は四角で囲って示したが、それに近縁な株がイスラエルで見つかっている。このウイルスはもともとアフリカのものだが、それがヨーロッパや中東に伝わり、そこからアメリカに伝わった。アメリカで最初に確認される前年の1998年にイスラエルでウエストナイル熱の流行があったので、そこからアメリカに伝わったものと考えられる。

ウエストナイルウイルスには「系統1」と「系統2」という2つの系統があるが、アメリカに伝わったのは系統1である。系統1はヒトに病原性を示すが、一方、系統2はヒト以外の動物に病原性を示すものの、ヒトに対する病原性は低く脳炎を発症させることはないという。アメリカ合衆国の統計では、2006年までのウエストナイル熱脳炎の致死率は9・6％に達した。

ウエストナイルウイルスは、自然界では主にスズメ目の野鳥と蚊のあいだを循環するが、それがヒトやウマなどさまざまな哺乳動物にも「流出」して重篤な病気を引き起こす。アメリカ南東部の都市アトランタではスズメ目の野鳥のおよそ30％がウエストナイルウイルスに対する抗体を保有しているが、ヒトへの感染率は低い（1年あたり10万人当たり3・3人）。

一方、アメリカ北東部のシカゴでの野鳥の抗体保有率は18・5％とアトランタよりも低いにもかかわらず、ヒトへの感染率がアトランタの5倍にもなる（10万人当たり16・2人）。2つの都市におけるこの違いは何によるのであろうか。

野鳥の関与

アトランタでさまざまな野鳥の抗体保有率を調べてみると、ショウジョウコウカンチョウ（図5－8）の保有率がほかの鳥にくらべて有意に高くなっているという。

ところが、ショウジョウコウカンチョウの体内ではウイルスの増殖率が低く、その血液を蚊が吸ってもあまり効率よくほかの動物に感染させられないのだという。つまり、結果的にショウジョウコウカンチョウがヒトへの感染を抑制しているというのだ。アトランタで見られるマネシツグミ（図5－9）もまた、同じようにヒトへの感染を抑制している可能性があるという。

図5-8　ショウジョウコウカンチョウ

アメリカでの感染は主にイエカ属（*Culex*）の蚊が媒介する。蚊が吸った血液に含まれるDNAを分析すると、どの種の鳥の血を吸ったかが分かる。アメリカ北東部のコネチカット州での調査によると、イエカが吸う血液の大半はコマツグミ（図5－10）からだという。したがって、コマツグミがウエストナイルウイルスのスーパースプレッダーと考えられる。

南東部のアトランタの蚊もコマツグミの血を吸うが、それは5月から7月中旬までであり、ウエストナイル熱が流行する7

図5-9　マネシツグミ

図5-10　コマツグミ ©Andrew Shedlock

月中旬以降になると、どういうわけかコマツグミの血をあまり吸わなくなり、代わりにショウジョウコウカンチョウの血を吸うようになるという。シカゴにもコマツグミとショウジョウコウカンチョウは分布しているので、アトランタでシカゴにくらべてウエストナイル熱の感染率が低い理由は依然として不明な部分があるが、２つの都市の環境の違いが関係しているのかもしれない。

アトランタでは市街地の40％以上が古い樹木で覆われているのに対して、シカゴでは樹木で覆われている土地は11％に過ぎない。このような違いが蚊の吸血行動に影響を与えているのかもしれない。

しかしながら、ショウジョウコウカンチョウがウエストナイル熱のヒトへの感染を抑える働きをしているという説に対しては異論もあり、まだ不明なことが多い。

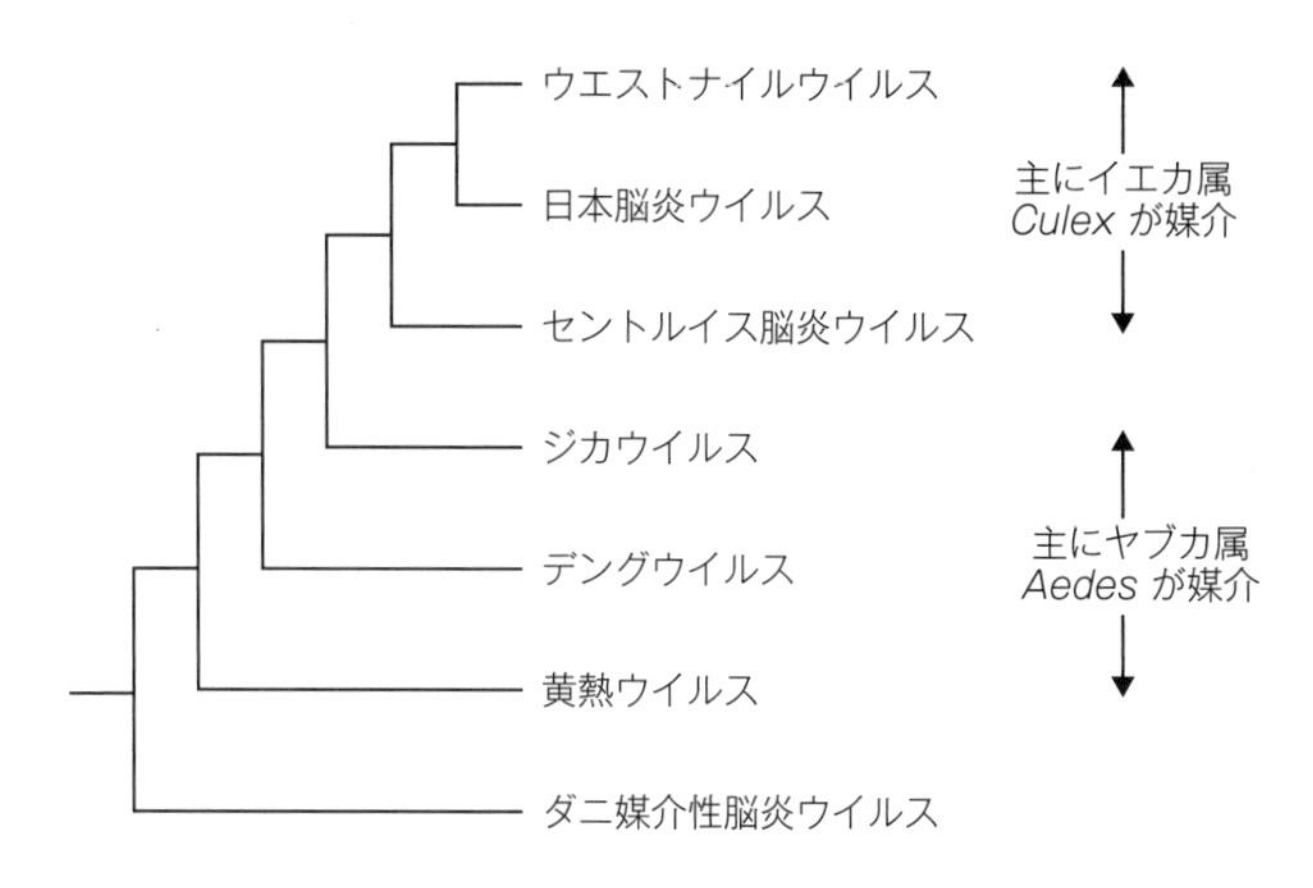

図5-11　フラビウイルス属の系統樹

フラビウイルス属の進化

図５－11に、フラビウイルス属の系統樹を示す。ウエストナイルウイルスやセントルイス脳炎ウイルスなどを含む、日本脳炎グループは主にイエカ属の蚊によって媒介されるが、ジカウイルス、デングウイルス、黄熱ウイルスなどは主にヤブカ属（*Aedes*）によって媒介される。これらのウイルスは、共通の祖先から進化したと思われる。

黄熱病は、アフリカと南アメリカの熱帯から亜熱帯の地域で現在でも流行が続いている。20世紀初頭に野口英世によって研究が手がけられたものの、彼は研究の中途で黄熱ウイルスに感染して亡くなった。その当時はウイルスというものがよく分かっていなかったので、野口の研究は志半ばで挫折した。２０１６年の段階でも、アフリカや南アメリカでは毎年10万人ほどの感染者がいると推定されている。現在安全性の高いワクチンが開発されており、流行が続いている国の中には、入国に際して予防接種証明書の提示を義務付けている国もある。

２０１４年8月に、海外渡航歴がなく東京都の代々木公園で蚊に刺されたヒトからデング熱が発生し、大きな問題になった。デングウイルスは日本の公園にもよくいるヤブカ属のヒトスジシマカ（図５−12）によって媒介される。デングウイルスに感染しても80％は無症状であり、それ以外もたいていは軽症で済む。ところが、ときには重篤な症状に陥ることがある。

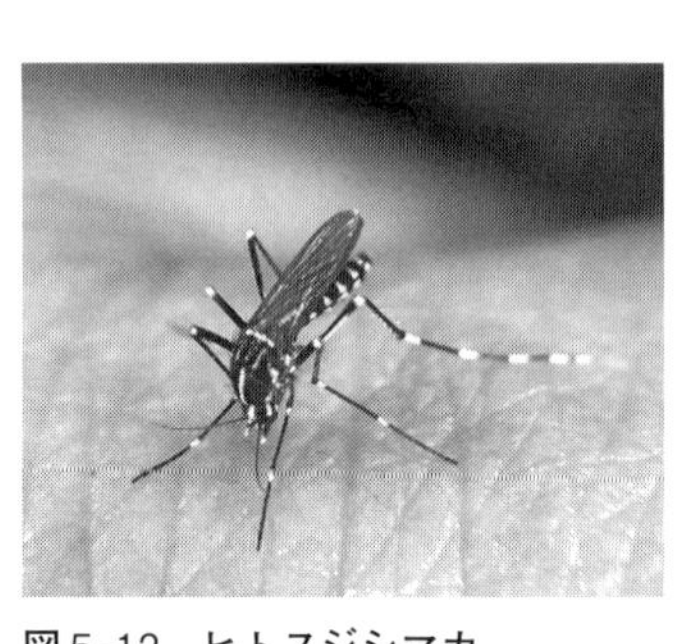

図5-12　ヒトスジシマカ

デングウイルスには4種類の型があり、そのうちのひとつの型に感染して治ったヒトは、その型のウイルスに対しては免疫をもつが、別の型のウイルスに再感染すると、はじめてのヒトよりもはるかに重篤になることがあるという。このような現象は、第6章で紹介するが、最初の感染で得られた抗体が十分な働きをしないために起きる「抗体依存性感染増強（ＡＤＥ）」によると考えられる。

２０１９年の推定によると、世界中でデングウイルスに感染するヒトは年間3億９０００万人に達し、そのうち９６００万人が症状を示し、数万人が亡くなるという。蚊が媒介する感染症は、熱帯地方の国々では現在でも深刻な問題になっている。

共生細菌ボルバルキア

多くの節足動物の細胞内に「ボルバキア（*Wolbachia*）」という真正細菌が共生する。これは通常、卵子を通じて母親から子供に伝達される。このボルバキアを使って、デングウイルスなどの節足動物媒介性ウイルスによる感染症を制御しようとする試みがある。

人類は、病原体を媒介する昆虫や農作物に被害を与える害虫を駆除する方法をいろいろ編み出してきた。前章でも議論したように、生態系への悪影響も懸念されるものの、殺虫剤散布や、蚊の場合は水溜まりをなくすなどの方法が使われてきた。そのうち、放射線などで不妊にしたオスを大量に放すことによって、交尾しても子供が生まれなくなって個体数が減少するという「不妊虫放飼法」が開発された。沖縄では、キュウリやゴーヤなどウリ類の害虫として農業に被害を与えたウリミバエが、この方法で駆除された。しかし、沖縄のような島嶼部の場合にはこの方法は有効だったが、大陸などではあまり現実的ではない。完全に駆除するまで、不妊化したオスを大量に放出し続けなければならず、コストも大変である。ボルバキアを使う方法は、蚊の個体数を減らすのではなく、感染症を媒介する蚊の能力を減らそうというものであり、新たな方法として注目されている。

ボルバキアが共生することが、宿主のウイルス感染症に対して抵抗力を与えるということは、キイロショウジョウバエ（*Drosophila melanogaster*）で知られていた。

ボルバキアが共生していると、「ショウジョウバエCウイルス」、「ノラウイルス」、「フロックハウスウイルス」などのRNAウイルスに感染しても、それらに対して抵抗性をもつという。病原性ウイルスに対する抵抗性は、宿主自身だけの問題だけではなく、体内のさまざまな微生物との相互作用によって決まっている。

われわれは自分自身を自立した生き物と考えがちであるが、免疫系はさまざまな微生物との相互作用の結果として成り立っているとともに、われわれの性格決定にさえも共生微生物が関与している。このことは、「自己とは何か」あるいは「自由意志はあるのか」という哲学的な問題を提起する。

共生体と宿主の関係は複雑であり、状況によってさまざまに変わるが、多くの場合、共生体にとっては宿主の健康を守るように働くことが自身の存続を助けることにつながるのであろう。あるいは、昆虫に共生するボルバキアがウイルスと共通の資源をめぐって競い合うために、結果的に宿主にウイルスに対する抵抗性をもたらすのかもしれない。

ヤブカ属のネッタイシマカ（*Aedes aegypti*）にボルバキアを共生させると、その機構はまだ明らかではないが、デングウイルスやジカウイルスの増殖が抑えられるという。ボルバキアを蚊の卵に感染させて共生個体をつくりだし、それを野外に放すことによって、デング熱やジカ熱の流行を抑えようという試みが始まっている。

共生細菌ボルバキアは母親から子供に受け継がれるので、ボルバキアが共生した個体群を野外に放ち、共生体が蚊の集団内に拡まっていくことで、蚊におけるデングウイルスやジカウイルスの感染率が低下することが期待されている。

ボルバキアを使った蚊の改変は、生態系への思いがけない影響を最小限に抑えながら、同時に感染症を抑えることにもなるであろう。しかしながら、ウイルスとのせめぎ合いはそこで終わりになるわけではない。確かにボルバキアが共生した蚊では、デングウイルスやジカウイルスの増殖は抑えられるが、ウイルスの側もそのような抑制をうち破る能力を進化させるかもしれないのだ。

第6章 進化の目で見るコロナウイルス

1 新型コロナウイルス感染症のゲノム解析

ゲノム配列公開

2019年12月、新型のコロナウイルスによる感染症が中国武漢で発生した。日本の新聞紙上では、2020年の1月10日に、「中国武漢で海鮮市場の関係者を中心に新型コロナウイルスによる肺炎患者が15人確認された」と小さく報道されたのが始まりであった。その後、この感染症は世界中に拡がり、2020年9月末現在までには世界で確認された患者数が3360万人に達し、100万人以上の命を奪った。その後も増え続け、2022年10月末には世界中

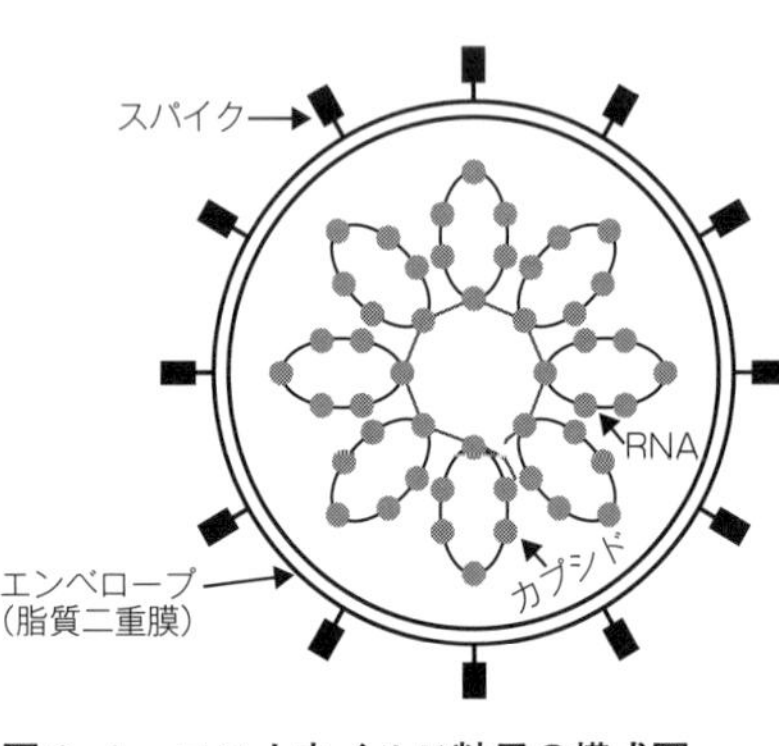

図6-1　コロナウイルス粒子の模式図

で累積の感染者数はおよそ6億2700万人に達し、致死率は減少してきたものの、累積の死者数は650万人以上に達している。この感染症を機に、われわれの生活も大きく変わった。

WHOによって、この感染症は「COVID-19（COronaVIrus Disease 2019：2019年に発生した新型コロナウイルス感染症）」と命名され、この感染症を引き起こすウイルスの実体も分かってきた。武漢ウイルス学研究所では、この感染症が日本で報道されるより前（～1月7日）に、このウイルスのゲノム配列を決定しており、1月11日にはデータを公開した。前日の1月10日には、上海の復旦大学のグループが、別の患者のウイルスのゲノム配列を公開していた。日本で報道されるようになったころには、このウイルスについての研究は著しく加速していたのである。このゲノム配列が、2002年に中国広東省から拡まった「SARS（重症急性呼吸器症候群）」の原因となった「SARSコロナウイルス（SARS-CoV）」に近縁なものであることから、国際ウイルス分類委員会のコロナウイルス部会によって、「SARSコロナウイルス2型（SARS-CoV-2）」と命名された。

突然変異しやすい理由

ＳＡＲＳ－ＣｏＶ－２は、「コロナウイルス科（Coronaviridae）」のウイルスである。図６－１は、感染する前のコロナウイルス粒子の模式図である。ウイルスが感染して細胞内に入ればこのような構造は消えてしまうが、感染前のこのような状態のものを「ウイルス粒子」あるいは「ビリオン（virion）」という。ゲノムであるＤＮＡあるいはＲＮＡ（コロナウイルスの場合は一本鎖ＲＮＡ）がカプシドたんぱく質に囲まれているのがウイルス粒子の一般的なかたちである。これを「ヌクレオカプシド」という。コロナウイルス粒子の外側は脂質二重膜のエンベロープで囲まれ、そこにコロナウイルスの名前の由来になった王冠あるいは太陽大気のように、スパイクたんぱく質が突き刺さっている。普通の生物のゲノムは二本鎖ＤＮＡであるが、コロナウイルスのゲノムは一本鎖ＲＮＡである。

一本鎖ＲＮＡは、二本鎖ＤＮＡにくらべると不安定で変異を起こしやすい。第３章でお話しした「インフルエンザウイルス」のゲノムも一本鎖ＲＮＡである。すでに触れたように、インフルエンザウイルスを含め、たいていのＲＮＡウイルスがゲノムを複製する際には、エラーが生じてもそれを修復する機構がないので、突然変異率が非常に高い。そのため、ひとりの患者のウイルス集団の中でさえ、違ったゲノム配列が混ざっていることが多く、そのようなウイルスの集団を「擬種（quasi-species）」と呼ぶことがある。

たくさんの宿主に感染すれば、それだけ新しい変異が生じる可能性が高まるので、以前に罹ったインフルエンザの免疫が新しいインフルエンザでは効かないといったことが起こる。そのため、インフルエンザウイルスでは毎年のように新しいワクチン開発が必要になる。

一方、コロナウイルスは一本鎖RNAの中では珍しく複製の際に起こるエラーを修復する機構をもっているため、コロナウイルスの1塩基座位あたりの変異率はインフルエンザウイルスにくらべると低い。

インフルエンザウイルスは、1回複製するたびにゲノムあたり2・4〜3・4個の突然変異を蓄積する。コロナウイルスはこれにくらべると塩基あたりではるかに変わりにくいが、一本鎖RNAウイルスの中では最大のおよそ3万塩基ものゲノムサイズをもっているために、ゲノム全体で蓄積していく変異数で見ると、それぞれの系統で年あたり平均18〜54個の突然変異を蓄積する。したがって、この変異を使ってこのウイルスの感染経路を追うことができる。

ゲノムデータで追った感染経路

2019年12月に武漢で採取されたSARS-CoV-2の最初のゲノム配列は、2020年1月上旬に公開された。その後、感染が世界中に拡まるにつれてデータ量も爆発的に増えていき、2022年4月には、およそ1000万件を突破した。これらのゲノムデータを用いて、このウイルスの感染経路を含めたさまざまなことが明らかになってきた。

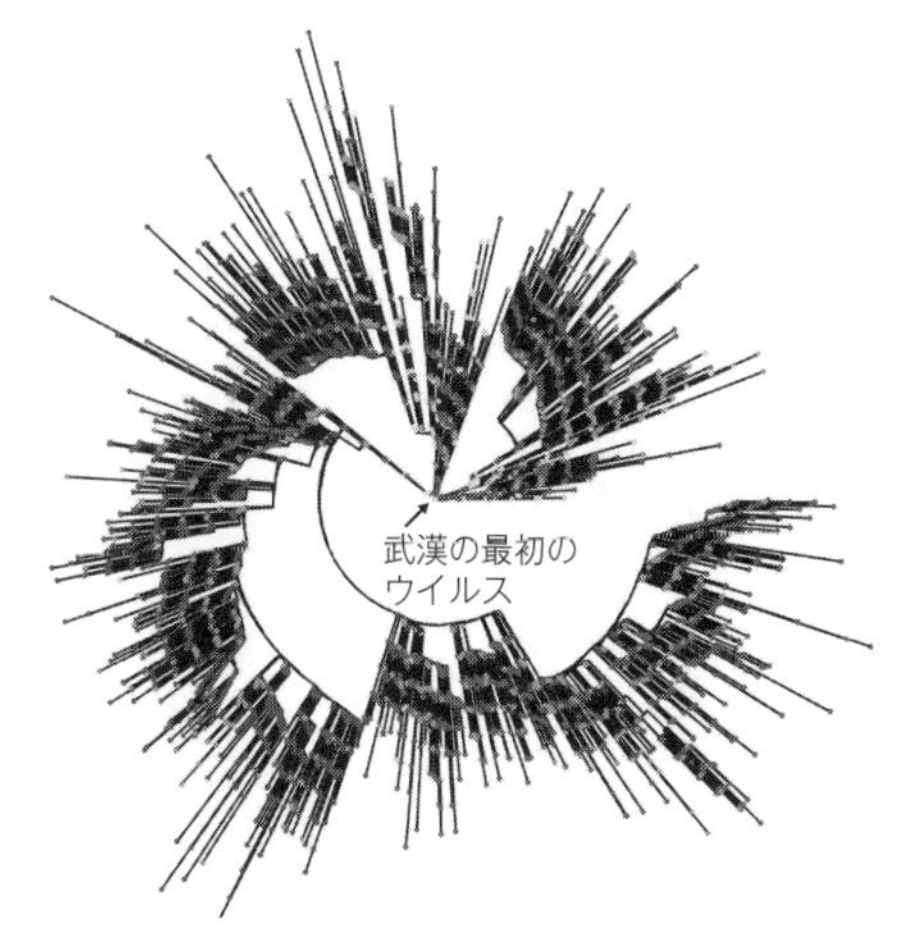

図6-2　SARS-CoV-2の系統樹

図6－2は、2019年12月24日から2020年4月12日にかけて患者から採取されたウイルスのゲノムデータをもとに描かれた系統樹である。つまり、この系統樹はおよそ4か月間におけるこのウイルスの進化の様子を示している。それぞれのウイルスは枝の先端の点で示されている。真ん中の点が、中国武漢で最初に採取されたものである。この共通祖先から進化したウイルスが世界中に拡がった様子が分かる。初期に採取されたウイルスは、祖先ウイルスにくらべて変異が蓄積していないので枝が中心からあまり伸びていないが、後の時期に採取されたものは時間経過の分だけ変異が蓄積しているため、枝が長く伸びている。この系統樹で、世界中に拡まったSARS－CoV－2は、すべて2019年末の武漢で採取されたウイルスに非常に近い、ひとつの祖先ウイルスに由来していること

とが分かった。

オランダでは、２０２０年2月27日にＣＯＶＩＤ－19の最初の感染者が確認された。その後まもない3月にオランダ南部の３つの病院の医療従事者1万２０２２人のおよそ15％にあたる１７９６人を調べたところ、５％にあたる96人がＳＡＲＳ－ＣｏＶ－２陽性となったという。このことから院内感染が疑われた。しかし、陽性の医療従事者50人と入院患者18人のウイルスのゲノムを調べて系統樹を描いたところ、ほとんどの感染は院内感染ではなく、病院外から独立に持ち込まれたものであることが判明した。同じ時期にひとつの病院で複数の感染者が出たとしても、必ずしも院内感染によるものだとは限らないことが、ゲノムの解析で明らかにされたのである。

また、アメリカ・カリフォルニア州北部の感染者から得られたＳＡＲＳ－ＣｏＶ－２のゲノムデータをアメリカ各地や世界中から得られたものとあわせて系統樹解析を行ったところ、少なくとも7つのいろいろな地域から独立に持ち込まれたものであることが判明した。ＳＡＲＳ－ＣｏＶ－２は感染するたびに変異するほど突然変異率は高くないので、まったく同じゲノムのウイルスをもった感染者が何人かいるが、感染を繰り返すあいだに少しずつ変異を蓄積するので、感染経路を追うことができる。

イギリスの研究者たちはさらに大規模な解析を行った。２０２０年6月に発表された論文によると、彼らはイギリスの感染者から集めた2万件以上のＳＡＲＳ－ＣｏＶ－２のゲノムデータを世界中のデータとあわせて系統樹解析を行い、イギリスで感染しているウイルスには、1356個の系統があることを明らかにした。つまり、外国からイギリス国内に1356回にわたって独立に持ち込まれたということである。その内訳は、スペイン、フランス、イタリアからがもっとも多く、それぞれ34%、29%、14%になった。

祖先ウイルスのゲノム配列

データベースに登録された多数のSARS－CoV－2ゲノム配列によって、2019年12月の武漢での最初のウイルスの発生以来、ウイルスがどのように進化したか、その歴史を追跡することが可能になった。

通常の生物進化では、進化の途中の過程を詳しく追うことは難しい。化石はその過程を示してくれる貴重な手がかりを与えるが、得られた化石が現存生物の直接の祖先であるという保証はない。現存生物の祖先に近縁な生物であったとしても、子孫を残すことなく絶滅してしまった系統かもしれないのである。一方、SARS－CoV－2の場合は、1000万件以上にも及ぶゲノム配列を解析することによって、次第に変化していく詳細を追うことができる。ヒトに感染するようになって以降は、祖先ウイルスのゲノム配列も完全に分かっている。ほとんどリアルタイムで、変異を蓄積しながらこのウイルスが進化していく様子さえも追うことができるのだ。

2　新型コロナウイルスの起源

仲間を探す

ここからは、前節で解説した新型コロナウイルス「SARS－CoV－2」のゲノムデータの分子系統学的な解析と同様の手法を用いて、さらに起源へとさかのぼり、COVID－19がどのような進化の歴史をたどって生まれたかを考えることにしよう。

SARS－CoV－2は、2002年に中国広東省から拡まったSARSを引き起こした「SARSコロナウイルス（SARS－CoV）」に近縁なウイルスであるが、SARS－CoVが進化して生まれたものではない。

ヒト以外の動物に感染するコロナウイルスの中で、SARS－CoV－2とよく似たゲノム配列をもつものが、中国雲南省で2013年にキクガシラコウモリ属の野生コウモリから採取されている。

キクガシラコウモリ属の仲間、ナカキクガシラコウモリから得られたウイルス株「RaTG13」は、SARS－CoV－2とゲノム配列の96・2%が一致する。さらに2019年には、同じ雲南省のマレーキクガシラコウモリから93・3%一致する別の株「RmYN02」が得られている。２００２年にＳＡＲＳを引き起こしたＳＡＲＳ－ＣｏＶは、ＳＡＲＳ－ＣｏＶ－２とゲノム配列は似ているものの、79・０％しか一致しないので、ＳＡＲＳ－ＣｏＶ－２はＳＡＲＳ－ＣｏＶから直接進化したものではなく、キクガシラコウモリ属を自然宿主とする別のコロナウイルスの系統から独立に進化したと考えられる。

ところが、話はこれで終わりではない。ゲノム全体でくらべると、マレーキクガシラコウモリから得られた別の株RmYN02よりも、ナカキクガシラコウモリのRaTG13のほうがＳＡＲＳ－ＣｏＶ－２との相同性（塩基の一致率）が少し高い。しかし一方で、スパイクたんぱく質遺伝子だけでくらべると、ＳＡＲＳ－ＣｏＶ－２に対する相同性は、RmYN02が71・９％、RaTG13が92・９％と、それぞれで大きく違っている。この極端な違いは、RmYN02が進化の過程でもっと遠い関係にあるコロナウイルスとのあいだで組み換えを起こして、スパイクたんぱく質遺伝子（あるいはその一部）を取り込んだ結果と考えられる。

このように組み換えを起こしたと考えられる領域を除いて、残りのゲノム領域だけで系統樹を描くと、図６－４のようになる。スパイクたんぱく質遺伝子

図6-3　キクガシラコウモリ

GX_P1E
(マレーセンザンコウ)
GD410721
(マレーセンザンコウ)
RaTG13
(ナカキクガシラコウモリ)
RmYN02
(マレーキクガシラコウモリ)
SARS-CoV-2

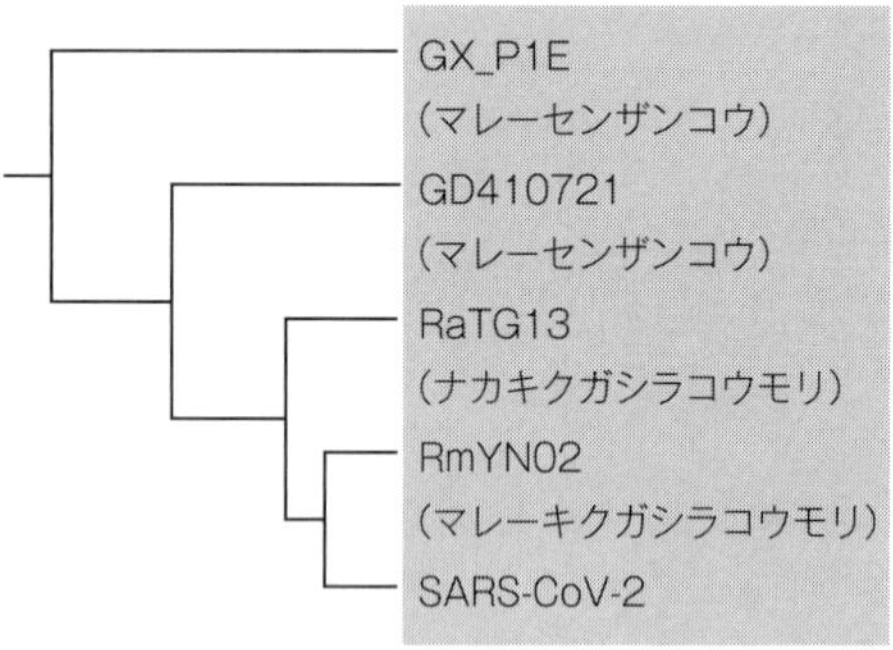

図6-4　SARS-CoV-2と近縁なコロナウイルス
(スパイクたんぱく質遺伝子を除く) **系統樹**

を除くと、SARS－CoV－2にいちばん近縁なウイルスは、マレーキクガシラコウモリから採取されたRmYM02になる。ここでは、SARS－CoV－2の起源に関係する可能性のある2つの別のコロナウイルスも加えられている。中国広州と広西チワン族自治区でマレーセンザンコウから採取された株で、それぞれ「GD410721」と「GX_P1E」というコロナウイルスである。

センザンコウ由来のウイルス

野生で中国に分布するセンザンコウはミミセンザンコウ（図6－5）という種であり、マレーセンザンコウは分布しない。そのため、「GD410721」と「GX_P1E」という2種類のコロナウイルスは、外国から違法に持ち込まれた動物に感染していたものである。広州のマレーセンザンコウは税関で押収されたもので、その時点で重い呼吸器症状を示していた。センザンコウは、食用以外にもその鱗が漢方薬に使われるなど中国では需要が多い。SARS－CoV－2の起源を探る研究には、マレーセンザンコウに感染するこれらのコロナウ

図6-5　ミミセンザンコウ

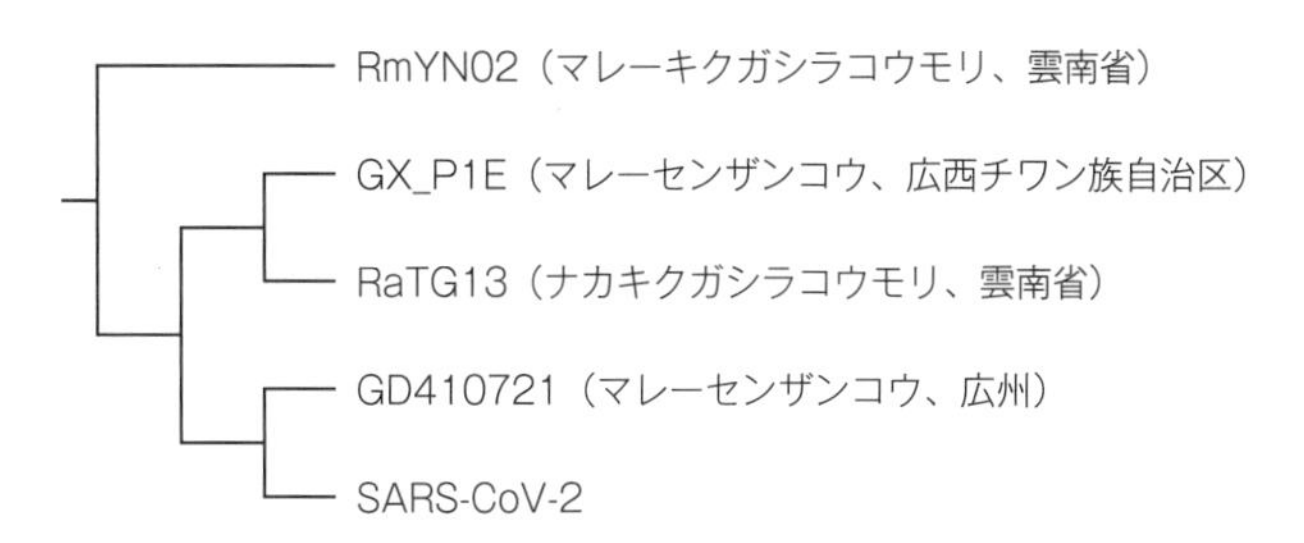

図6-6　SARS-CoV-2-RBD（スパイクたんぱく質の受容体結合領域）系統樹

イルスも登場する。

図6-4で示したように、センザンコウのGD410721とGX_P1Eは、ゲノム全体からスパイクたんぱく質遺伝子を除いた配列で描いた系統樹では、SARS-CoV-2に対して、マレーキクガシラコウモリやナカキクガシラコウモリのコロナウイルスよりも遠い関係になっている。ところが、スパイクたんぱく質の受容体結合領域（51アミノ酸）の配列だけで系統樹を描くと、SARS-CoV-2にいちばん近縁なのがマレーセンザンコウのGD410721になる（図6-6）。

コロナウイルスの表面には突起

があるが、この突起がスパイクたんぱく質である。このたんぱく質はコロナウイルスが宿主細胞に侵入して感染する際に、宿主細胞の受容体とうまく結合できなければならない（図6－7）。

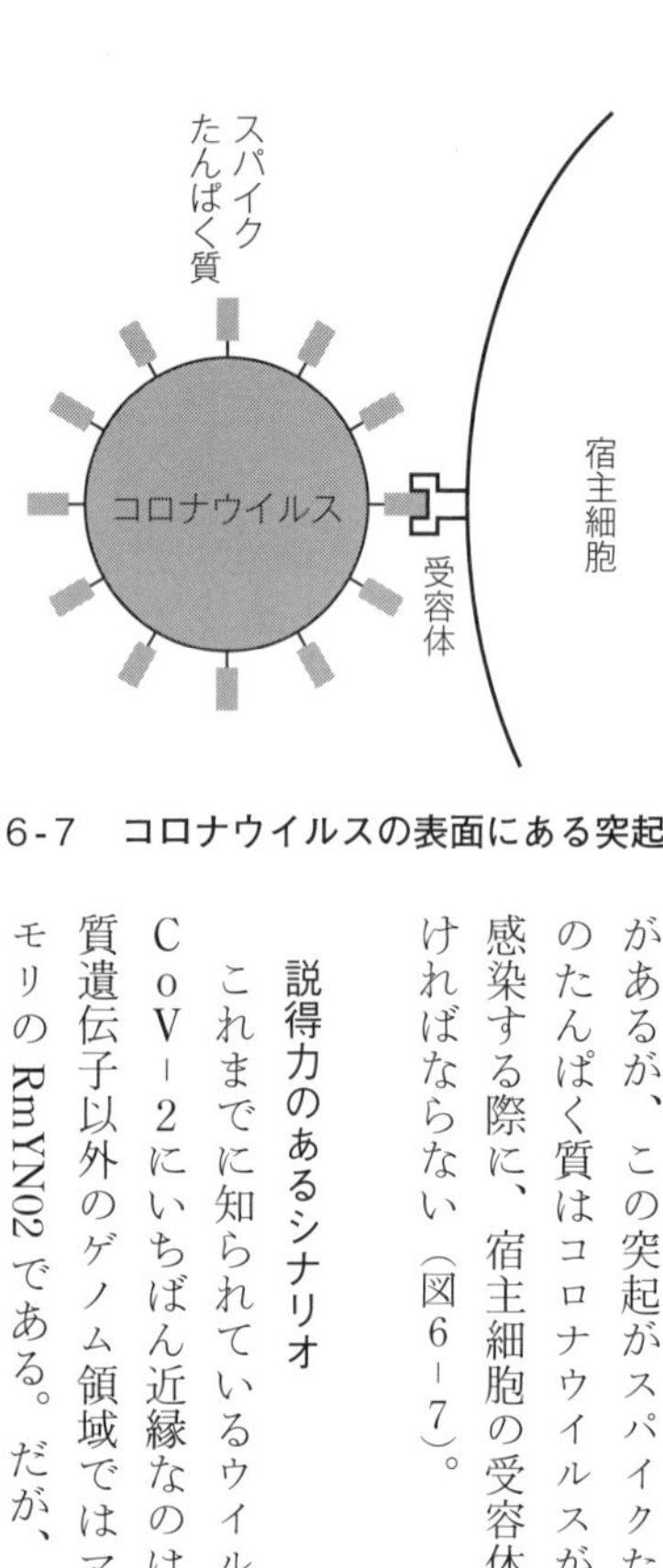

図6-7　コロナウイルスの表面にある突起

説得力のあるシナリオ

これまでに知られているウイルスの中でSARS－CoV－2にいちばん近縁なのは、スパイクたんぱく質遺伝子以外のゲノム領域ではマレーキクガシラコウモリのRmYN02である。だが、図6－6で示したように、RmYN02のスパイクたんぱく質の受容体結合領域は、SARS－CoV－2のものとは系統的にとても離れている。

一方、スパイクたんぱく質の受容体結合領域に関しては、SARS－CoV－2にいちばん近縁なのはマレーセンザンコウのGD410721になる。実際、表6－1の太字で示したように、特に受容体との結合に際して重要と考えられる6か所のアミノ酸座位が2つのウイルス、SARS－CoV－2とGD410721で完全に一致する。その一方で、マレーキクガシラコウモリのウイルスRmYN02では、6つのアミノ酸のうちの5か所がSARS－CoV－2と違って

ウイルス＼アミノ酸座位	455	486	493	494	501	505
SARS-CoV-2	**Leu**	**Phe**	**Gln**	**Ser**	**Asn**	**Tyr**
RmYN02マレーキクガシラコウモリCoV	Ser	-	Ser	Thr	Val	**Tyr**
RaTG13ナカキクガシラコウモリCoV	**Leu**	Leu	Tyr	Arg	Asp	His
GD410721マレーセンザンコウCoV	**Leu**	**Phe**	**Gln**	**Ser**	**Asn**	**Tyr**
GX_P1Eマレーセンザンコウ CoV	**Leu**	Leu	Glu	Arg	Thr	**Tyr**

表6-1　スパイクたんぱく質受容体結合領域のアミノ酸（太字：SARS-CoV-2と同じアミノ酸）

いる。

したがって、マレーキクガシラコウモリのRmYN02に近縁なSARS－CoV－2の祖先が、センザンコウのGD410721に近縁な祖先ウイルスから、スパイクたんぱく質の受容体結合領域の遺伝子を組み換えて取り込んだ可能性が考えられるのである。

COVID－19は、武漢の海鮮市場の関係者のあいだで最初に拡がったと報道されていた。海鮮市場といっても魚介類だけでなく、哺乳類、鳥類、爬虫類など多くの野生動物が生きたまま売られていたので、そこで売られていた可能性のあるセンザンコウを介してヒトに感染したのではないか、と疑われたのである。しかし、いろいろ調べてみると、これからお話しするようにその可能性は低そうである。

ゲノム全体では、SARS－CoV－2に近縁なナカキクガシラコウモリのRaTG13は、すでに2013年に採取されていたウイルスであった。当時、武漢ウイルス学研究所の石正麗（Zheng-Li Shi）らのグループは、SARSを引き起こしたSARS－CoVの起源を探るべく、中国各地の野生コウモリからコロナウイルスを採取していた。RaTG13はそのプロジェクトで採取されたものである。RaTG13とは、「2013年に雲南省のTong-Guan（通関）という町でナカキクガシラコウモリ（*Rhinolophus affinis*）から採取されたウイルス」という意味だ。このウイルスのゲノム配列はSARS－CoVのものとはだいぶ異なるためにあまり注目されなかったが、2020年1月になってSARS－CoV－2の配列が明らかになると、これと近縁であることが分かり、注目されるようになったのである。

SARS－CoV－2のスパイクたんぱく質では、受容体結合領域だけがセンザンコウのGD410721に近縁である。スパイクたんぱく質遺伝子のほかの領域の相同性を見てみると、SARS－CoV－2とGD410721のあいだの相同性が受容体結合領域で特別高いのに対して、SARS－CoV－2のRaTG13との相同性は、受容体結合領域以外ではGD410721との相同性よりも高い。したがって、RaTG13が、もともとSARS－CoV－2に近い受容体結合領域をもっていたが、SARS－CoV－2から進化的に分かれた後で、その部分だけを遠い関係にあるウイルスから組み換えによって取り込んだと考えられる。

そうだとすると、表6－1で示したSARS－CoV－2特有の6か所のアミノ酸座位は、ナカキクガシラコウモリのRaTG13とセンザンコウのGD410721の共通祖先がすでにもっていたものであり、その後RaTG13は組み換えで違ったものに変わってしまったことになる。

以上の推論のベースになる解析では、スパイクたんぱく質を除くとRaTG13よりもさらにSARS－CoV－2と近縁なRmYN02が含められていないなど、不十分な点もある。それでも、ここまでの議論で「RaTG13」を「RmYN02」に読み替えても、ほぼ同様の議論が成り立つ。つまり、RmYN02もSARS－CoV－2に近い受容体結合領域をもっていたが、組み換えで違ったものに変わってしまったと思われるのだ。

この議論のポイントは、SARS－CoV－2とGD410721のあいだで、受容体結合領域で高い相同性が示されたということである。RaTG13とRmYN02では、受容体結合領域だけがSARS－CoV－2と特別違った配列をもっていることから、組み換えで獲得されたものであろうということである。

現段階では、このシナリオがいちばん説得力があるように思われる。センザンコウがSARS－CoV－2の出現に関わったのではなく、マレーキクガシラコウモリのもっていたウイルスが、ヒトに感染するように進化したのである。マレーキクガシラコウモリのウイルスのほうはその後、受容体結合領域の部分が組み換えによって別のものに変わってしまったようだ。コロナウイルスの受容体結合領域付近では、頻繁に組み換えが起こっていると思われる。

闇に包まれた数十年間

先ほどお話ししたシナリオ通り、SARS－CoV－2が、組み換えを起こして変わってしまう前のマレーキクガシラコウモリやナカキクガシラコウモリのウイルスから進化したものだとしても、SARS－CoV－2のゲノムはこれらコウモリのウイルスのものと完全に一致するわけではない。実際の違いを生み出すためには、数十年分の変異の蓄積が必要である。このことをもう少し考えてみよう。

スパイクたんぱく質遺伝子を除いたゲノム配列より、RmYN02とRaTG13からSARS－CoV－2が分かれた年代を推定すると、それぞれ37年前（95％信頼区間：18〜56年前）と52年前（95％信頼区間：28〜75年前）となる。これらの年数から言えることは、パンデミックが起きる前のこの数十年間の状況が依然として闇に包まれているということだ。どうも、ここで扱っているSARS－CoV－2に近縁な4種類のウイルスだけでは、ヒトへのパンデミックを引き起こしたこのウイルスの起源の問題に肉薄するには不十分なようである。野生動物に感染しているコロナウイルスをもっと徹底的に調べ上げなければ、SARS－CoV－2の直接の祖先に迫ることはできないであろう。

SARS－CoV－2の祖先がキクガシラコウモリを宿主とするウイルスだったことは確かだと思われるが、SARS－CoV－2とそっくりなウイルスは野生動物からはまだ見つかっていない。コウモリからヒトに感染するようになるだけでは世界的な大流行である「パンデミック（pandemic）」には至らない。それだけでは世界の限られた地域で時おり見られる風土病に過ぎない。ある地域だけで流行する感染症を「エンデミック（endemic）」という。このウイルスがヒトからヒトへ感染する能力を獲得してはじめてパンデミックになるのである。このようなウイルス進化の途中の過程がどこで、いつ起こったかについては、まったく不明である。

起源に迫る分子時計

ここで、やや専門的になるが、表1－1（20ページ参照）の「遺伝コード表」を改めて見てほしい。おさらいをすると、この表では、mRNAの塩基配列がたんぱく質のアミノ酸配列に翻訳される際の規則で、3つの連なった塩基（三連塩基、あるいは「コドン」という）がひとつのアミノ酸をコードすることを示している。

表1－1を丁寧に見ていこう。たとえば、「1番目（1st）」と「2番目（2nd）」と「3番目（3rd）」がすべて「U」である「UUU」というコドンは、アミノ酸の1種「フェニールアラニン（Phe）」をコードする。このコドンの3番目の「U」が「C」に置き換わっても「Phe」のままである。このようなU→C変異を「同義置換」という。ところが同じ3番目の「U」が「A」に置き換わると「ロイシン（Leu）」という別のアミノ酸に変わってしまう。このようなU→A変異は「非同義置換」という。

共通祖先から進化した2種間でたんぱく質をコードしている遺伝子DNAの塩基配列の違い（距離）は、2通りのやり方で測られる。アミノ酸の違いを生み出さないような塩基の違いで測った「同義距離（dS：同義という意味のSynonymous）」と、アミノ酸の違いを生み出すよ

	GX_P1E	GD 410721	RaTG 13	RmYN 02	SARS-CoV-2
GX_P1E		0.9974	1.0366	1.0333	1.0304
GD410721	0.0348		0.4962	0.5070	0.5095
RaTG13	0.0357	0.0138		0.1522	0.1462
RmYN02	0.0361	0.0152	0.0079		0.1117
SARS-CoV-2	0.0349	0.0135	0.0060	0.0062	

表6-2　コロナウイルス同義距離（dS/右上）、**非同義距離**（dN/左下）**表**

うな塩基の違いで測った「非同義距離（dN：非同義という意味のNon-synonymousで、アミノ酸距離ともいう）」である。コドンの3番目の塩基が変わって同義置換が起こった場合は、たんぱく質としては変わりがないので、そのような塩基置換はほぼ中立的だと考えられる。

表6－2の右側に、SARS－CoV－2および動物を宿主とする近縁なコロナウイルスゲノム（スパイクたんぱく質を除く）間の塩基の違いで測った同義距離と非同義距離を示した（左の系統樹は図6－4と同じもの）。

表6－2で顕著なことは、特に右上の同義距離では系統による違いがほとんど見られないことである。たとえば、系統樹上でいちばん近縁のRmYN02とSARS－CoV－2に対しては、外側に位置するRaTG13からの同義距離はそれぞれ「0.1522」「0.1462」とほとんど違わない。このことは、RmYN02とSARS－CoV－2の共通祖先からそれぞれ伸びた2つの枝で進化速度（同義的な塩基置換の速度）が違わないことを意味する。

このようにして進化速度の一定性を確かめる方法を「相対速度テスト」という。相対速度テストに合格することは、必ずしも進化速度が時間に沿って一定であることを保証するものではないが、2つの系統のあいだで進化速度に違いがないことを示すものである。

分子進化速度が時間的に一定であることを「分子時計」という。分子時計を用いて系統樹上での分岐がいつごろ起きたかを推定することができる。実際にはさまざまな理由で進化速度は変動するが、共通祖先からキクガシラコウモリのRmYN02とヒトのSARS-CoV-2へ至る系統で同義置換速度に違いがないということは注目に値する。

塩基置換はウイルスのゲノムが宿主細胞内で複製される際の複製ミスとして起こるが、その起こり方に違いがないということは、2つの系統で同じように複製が繰り返されてきたことを意味する。コウモリとヒトという異なる環境では、ウイルスの突然変異率に違いが見られてもおかしくないのに、それがないということである。

一方、アミノ酸置換をともなう非同義距離は同義距離よりも1桁以上値が小さくなっている。ゲノムの複製ミスは同義置換も非同義置換も同じように起こっていると考えられるが、アミノ酸を変えるような変異は、ウイルスにとって有害なことが多いので、自然選択によって取り除かれるために（これを「負の自然選択」という）、非同義距離は同義距離よりも小さくなっているのである。したがって、膨大な数の変異が取り除かれていることになる。そのため、負の自然選択を「純化選択」ともいう。

現在感染が進行しているウイルスについては、リアルタイムで進化を捉えることができ、それが分子時計にしたがって進行していることが分かる。このような分子時計の考えをSARS-CoV-2の祖先の系列に外挿することによって、このウイルスの起源についての手がかりが得られるはずである。

3 ヒト・コロナウイルスの進化

SARSコロナウイルスの起源

次に、新型コロナウイルス「SARS-CoV-2」の親戚である「SARSコロナウイルス（SARS-CoV）」の話に移ろう。2002年に中国広東省から世界中に拡まった「SARS（重症急性呼吸器症候群）」を引き起こしたウイルスである。これに近縁なウイルスが、広州の市場で食用動物として売られていたジャコウネコ科のハクビシン（図6-9）から採取されたために、最初SARSはもともとハクビシンがもっていたウイルスがヒトに感染するようになったものと考えられた。

ところが、本章の前半に登場した武漢ウイルス学研究所の石正麗らのグループは、キクガシラコウモリを宿主とする多様なコロナウイルスの存在を明らかにした。その結果、SARSはキクガシラコウモリを自然宿主とするコロナウイルスの中から、ハクビシンを中間宿主とするものが現れ、それがヒトに感染するようになったと考えられた。

しかし、当初見つかったキクガシラコウモリの「ＳＡＲＳ関連コロナウイルス」は、ヒトやハクビシンのＳＡＲＳコロナウイルス「ＳＡＲＳ－ＣｏＶ」とはかなり違ったゲノム配列のものであり、ＳＡＲＳ－ＣｏＶを生み出すもとになったコウモリのウイルスはなかなか見つからなかった。

図6-8　広州の市場

図6-9　ハクビシン

石正麗らのグループは、２０１１～２０１５年の５年間にわたって中国雲南省昆明近くのあるひとつの洞窟で野生コウモリからのコロナウイルスの採取を行った。２００２年のＳＡＲＳの流行は広東省から始まったが、広東省に生息するコウモリからはＳＡＲＳ－ＣｏＶの起源にすぐに結びつくほど近縁なウイルスは得られなかったので、いろいろな地域を調査して最終的にこの洞窟にたどり着いたのである。

雲南省のこの洞窟には、キクガシラコウモリ科のチュウゴクキクガシラコウモリ（*Rhinolophus sinicus*）、キクガシラコウモリ（*Rhinolophus ferrumequinum*）、ナカキクガシラコウモリ（*Rhinolophus affinis*）、それにカグラコウモリ科のストリクズカミツバカグラコウモリ（*Aselliscus stoliczkanus*）などさまざまな種類のコウモリが集まって生息している。石らは、これらのコウモリから15種類にも及ぶSARS関連コロナウイルスを採取することに成功した。そして、これらのウイルスのゲノム配列から思いがけないことが明らかになった。15種類のSARS関連コロナウイルスのゲノム間の塩基配列の相同性（共通祖先に由来する類似性）は92・0～99・9%だが、これらの配列とヒトやハクビシンのSARS-CoVとのあいだの相同性は、それまで知られていたコウモリのSARS関連コロナウイルスの相同性よりも高かったのである。これは、SARS-CoVの起源に迫る上での大きな前進であった。

雲南省の洞窟にいるコウモリから採取されたSARS関連コロナウイルスと、SARS-CoVとのあいだのもっとも顕著な違いは、スパイクたんぱく質遺伝子にあった。このたんぱく質はこれまでにもたびたび出てきたが、コロナウイルスが宿主細胞に感染する際に重要な働きをする。

スパイクたんぱく質の受容体結合領域では、15種類のコウモリSARS関連コロナウイルスとSARS-CoVとのあいだの相同性がアミノ酸で78・2～97・2%と大きく変動する。し

アミノ酸座位 / ウイルス	442	472	479	480	487	491
SARS-CoV	**Tyr**	**Leu**	**Asn**	**Asp**	**Thr**	**Tyr**
SZ3ハクビシンCoV	**Tyr**	**Leu**	Lys	**Asp**	Ser	**Tyr**
Rs4874チュウゴクキクガシラコウモリCoV	Ser	Phe	**Asn**	**Asp**	Asn	**Tyr**

表6-3　スパイクたんぱく質受容体結合領域のアミノ酸（太字：SARS-CoVと同じアミノ酸）

かも、コウモリ1個体に2種類のSARS関連コロナウイルスが感染していることもあり、組み換えによって受容体結合領域の遺伝子がしばしば取り換えられているのである。

雲南省の洞窟で採取されたコウモリSARS関連コロナウイルスの中で、SARS-CoVと、スパイクたんぱく質の受容体結合領域の相同性がいちばん高いのは、チュウゴクキクガシラコウモリを宿主とするウイルス「Rs4874」であった。しかし、この領域でコロナウイルスが感染して細胞に侵入する際に特に重要な働きをする6か所のアミノ酸座位だけに注目すると、かなり違っていることが分かる（表6-3）。これらのアミノ酸座位は、SARS-CoV-2関連ウイルスを探っていくときに登場した表6-1で示した座位（455, 486, 493, 494, 501, 505）に対応するものである。

表6-3を見ると、ウイルス「Rs4874」はヒトのSARS-CoVとは6か所のアミノ酸のうちの3つが違っている。またハクビシンのウイルス「SZ3」でも、6か所のアミノ酸のうちの2つは違っている。ここから、ハクビシンに感染したウイルスの中

で、さらに2つのアミノ酸変異を引き起こしたウイルスが、ヒトへの感染力を高めたものと考えられる。

さらに興味深いことに、15種類のSARS関連コロナウイルスの中でSARS－CoVにいちばん相同性が高いのは、比較する遺伝子によって違っている。このことは、この洞窟のコウモリの集団では多様なSARS関連コロナウイルスに感染しており、これらのあいだで組み換えを繰り返していて、たまたまハクビシンやヒトに感染しやすい能力をもった遺伝子の組み合わせが実現して、パンデミックにつながったことを示唆する。

図6-10　ヒトコブラクダ

MERSコロナウイルスの起源

「MERS（中東呼吸器症候群）」は、2012年にサウジアラビアから拡まった「中東呼吸器症候群コロナウイルス（MERS－CoV）」による感染症である。このウイルスは、もともとはアフリカに生息するケープクビワコウモリ（*Neoromicia capensis*）を自然宿主とするものが、家畜のヒトコブラクダ（図6－10）を中間宿主とするようになり、それがヒトに感染するようになったと考えられる。

ウイルスが感染しても、自然宿主のコウモリは目立った症状を呈さないが、ヒトコブラクダは風邪のような症状を示すという。ところがヒトに感染すると、10%もの致死率の重篤な症状を引き起こす。

ヒトコブラクダのウイルス「ＣｏＶ」はＭＥＲＳ－ＣｏＶとゲノムの配列はあまり違わない。ケープクビワコウモリＣｏＶがＭＥＲＳ－ＣｏＶにいちばん近い親戚だとすると、ケープクビワコウモリからヒトコブラクダに感染したウイルスが、２０１２年になってヒトコブラクダからヒトに感染するようになったものと考えられる。これに先立つ20年前には、アフリカでヒトコブラクダから採取された血清に、このウイルスが感染していた証拠が見られるという。

ＳＡＲＳ－ＣｏＶ－２の場合には、ヒトに感染したウイルスはすべて最初に武漢で採取されたウイルスの子孫であった。対して、ＭＥＲＳ－ＣｏＶの場合は、ヒトコブラクダから繰り返しヒトに感染している。

コロナウイルスの多様な起源

ヒトに感染するコロナウイルスとしては、21世紀に入ってからパンデミックを引き起こしたＳＡＲＳ－ＣｏＶ、ＳＡＲＳ－ＣｏＶ－２、ＭＥＲＳ－ＣｏＶ以外に、風邪のコロナウイルスが４種類知られている。図６－11に、これら７種類の「ヒト・コロナウイルス（Human CoronaVirus; ＨＣｏＶ）」とそれと近縁なウイルスを合わせた系統樹を示す。ただし、コロナウイルスの進化では組み換えがしばしば起きるので、必ずしもすべての遺伝子がこの系統樹にし

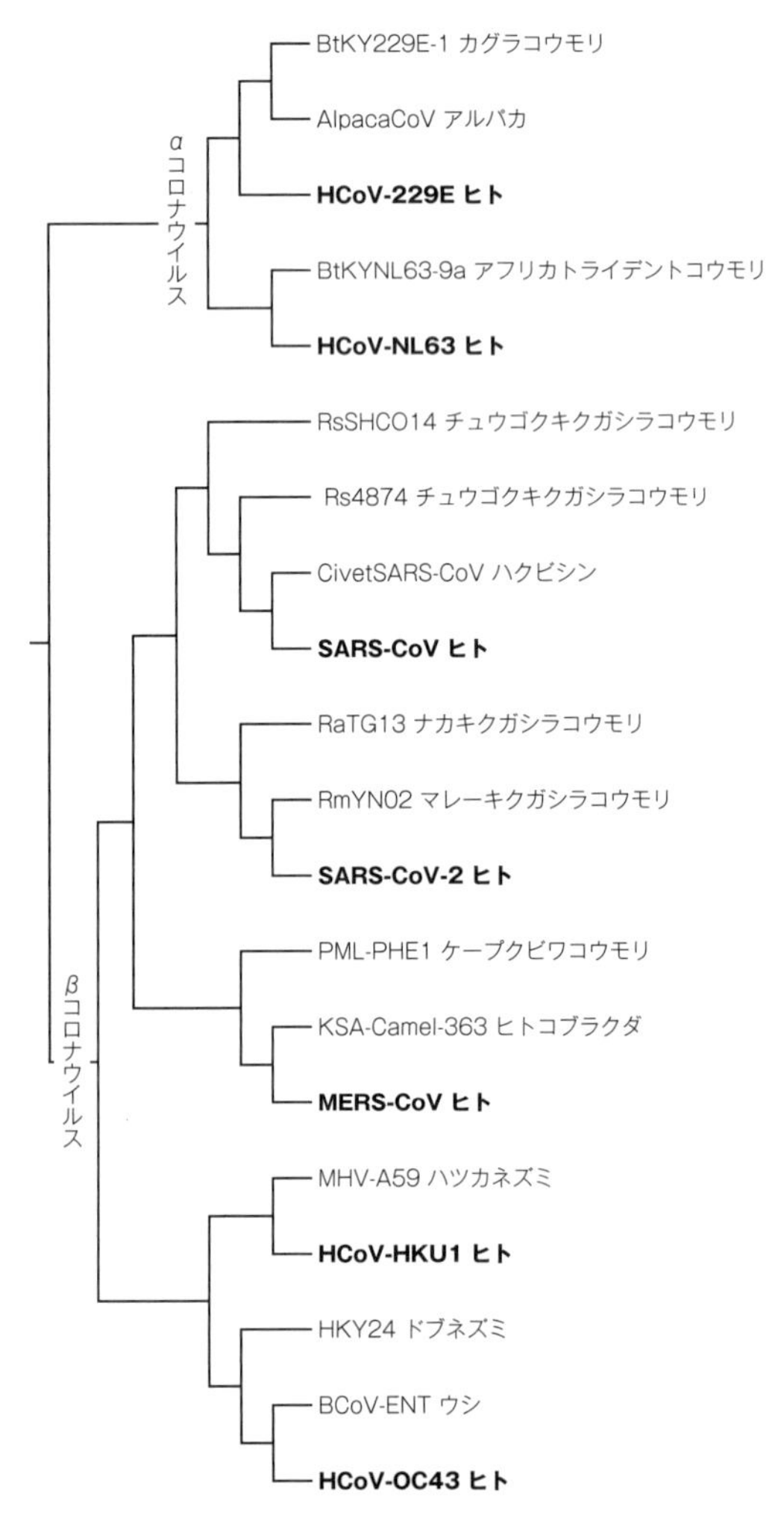

図6-11　ヒト・コロナウイルスとそれと近縁なウイルスの系統樹

たがうわけではない。

ここで注目すべきことは、7種類のＨＣｏＶ（太字）のうち、5種類がもともとコウモリを自然宿主としていたと考えられるものがヒトに感染するようになったものだということである。大きく分けて、中間宿主（ＳＡＲＳ－ＣｏＶはハクビシン、ＭＥＲＳ－ＣｏＶはヒトコブラクダなど）を介するパターンと、介さないパターン（中間宿主が知られていないだけの可能性もある）が存在する。残りの2種類の風邪のウイルス（「HCoV-HKU1」と「HCoV-OC43」）は、げっ歯類を自然宿主としていたものが、ヒトに感染するようになったものである。

ＳＡＲＳ－ＣｏＶ、ＳＡＲＳ－ＣｏＶ－2、それにＭＥＲＳ－ＣｏＶは「新興感染症コロナウイルス」と呼ばれるが、そのほかのヒト・コロナウイルスが4種類の「風邪ウイルス」である。風邪の病原体は２００種類以上あり、その90％はウイルスである。中でもいちばん多いのが「ライノウイルス」だが、コロナウイルスが原因の風邪もある。

新興感染症コロナウイルスはすべてヒトに対して重篤な症状を引き起こすが、風邪のウイルスが引き起こす症状はそれらにくらべるとはるかに軽い。これら風邪のウイルスが最初にヒトに感染するようになったころの状況は不明であるが、最初は新興感染症コロナウイルスのように重篤な病気を引き起こしていたのかもしれない。

これら風邪のコロナウイルスの中で、いちばん最近になってヒトに感染するようになったと考えられるのが、「HCoV-OC43」である。普通の風邪のおよそ10％がこのウイルスによるものだという。HCoV-OC43の自然宿主はドブネズミであるが、ゲノム配列からは中間宿主と考えられるウシのウイルスと分かれたのが、1890年ごろだったと推定される。

　1889〜1890年に流行したインフルエンザに似た感染症は、インフルエンザウイルスによるものだったと考えられているが、もしかしてこれがHCoV-OC43のヒトへの最初の感染だったのかもしれない。同じころ、感染力と致死率の高いウシの呼吸器系疾患もあったという。当時、ウイルスを解析する技術はなかったので、これらの感染症の実体は不明だが、現在では軽い風邪のウイルスになっているHCoV-OC43が、最初にヒトに感染するようになったころはもっと重篤なものであったことを示しているのかもしれない。

4　コロナウイルス科の進化

コロナウイルスの命名者

　1960年代、イギリスの風邪研究所のデビッド・ティレルは、風邪ウイルスの分離を試みていた。彼が聖トーマス病院のアンソニー・ウォーターソンに相談したところ、当時採用されて間もないジューン・アルメイダ（1930〜2007）という電子顕微鏡技師が、ティレルの持ち込んだ気管培養組織のサンプルを調べることになった。

彼女が電子顕微鏡でそのサンプルを観察したところ、ウイルスのまわりが王冠のような輪で取り囲まれていることに気がついた。彼女は以前に、ニワトリの気管支炎とマウスの肝炎で似たようなウイルスを観察していた。アルメイダらは風邪のウイルスも含めて、これらのウイルスをラテン語の「王冠」を意味する「コロナウイルス」と命名し、それを伝える短報がネイチャー誌に掲載された。

この短報では、「太陽のコロナ」を彷彿させる、と述べられている。アルメイダが観察した風邪のコロナウイルスは、先ほど普通の風邪の原因として紹介した「HCoV-OC43」と、「HCoV-229E」と呼ばれているものである。

アルメイダは家庭の事情で大学に進学できず、病院の技師として働きながらキャリアを重ねていた。彼女は、電子顕微鏡によるウイルスの画像化に現在でも使われている「ネガティブ染色」という画期的な方法を導入して、「太陽のコロナ」のようなウイルスを世界ではじめて目にしたのだ。

進化の時間スケール

コロナウイルス（ＣｏＶ）科は４つの属に分けられる。アルファコロナウイルス属（α－ＣｏＶ）、ベータコロナウイルス属（β－ＣｏＶ）、ガンマコロナウイルス属（γ－ＣｏＶ）、デルタコロナウイルス属（δ－ＣｏＶ）である。このうち、α－ＣｏＶとβ－ＣｏＶは主に哺乳類、

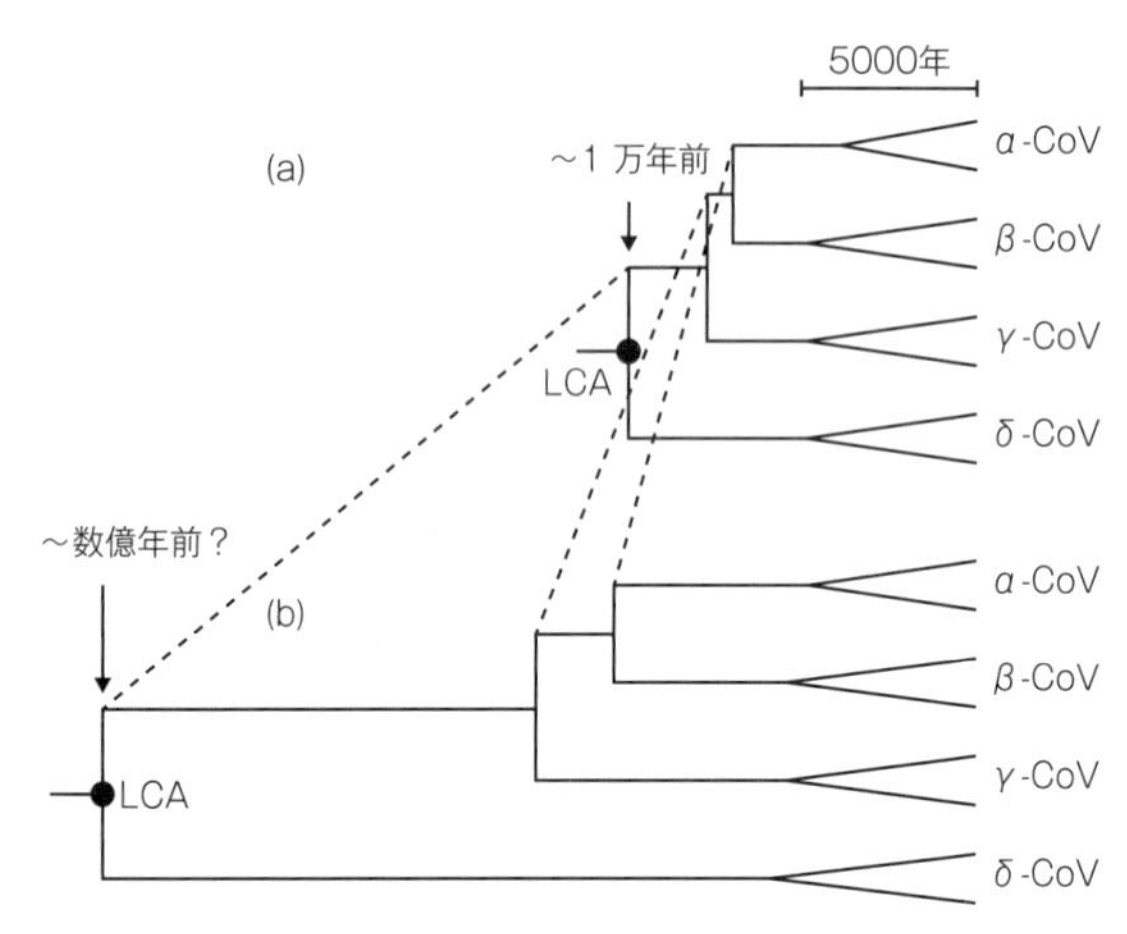

図6-12　コロナウイルスのゲノム配列による系統樹

γ－ＣｏＶとδ－ＣｏＶは主に鳥類を宿主としている。

これらさまざまな動物を宿主とするコロナウイルスのゲノム配列を使って系統樹を描くと、図６－12中の(a)のようになる。系統樹上の「分岐年代」の推定には、分子進化速度が時間的に一定である「分子時計」を使う。ＲＮＡを鋳型としてＲＮＡを合成する酵素である「ＲＮＡポリメラーゼ遺伝子」の進化速度（塩基置換速度）――およそ〈1.3 × 10^{-4}／塩基座位／年〉――を基準とする分子時計を用いて、分岐年代を推定するのだ。

そうすると、あらゆるコロナウイルスの「最後の共通祖先」（図６－12中の「ＬＣＡ：Last Common Ancestor」）の年代が、およそ1万年前となる。１万年前に、まずδ－ＣｏＶがほかのグループから分かれ、その後、７９００年前に

γ－ＣｏＶが分かれ、７２００年前にα－ＣｏＶとβ－ＣｏＶが分かれたことになる。それぞれの属の中で、さまざまな宿主特異的なＣｏＶが生まれた。

コロナウイルス進化のこの時間スケールは、宿主である哺乳類や鳥類が進化してきた時間にくらべると非常に短いものであるが、コロナウイルスが宿主の種の壁を超えて感染することもあるので、一応は可能なシナリオのように思われる。

コロナウイルスのゲノムの進化速度は、動物にくらべて速いので、確かに数千年から1万年という通常の生物進化の時間スケールから見ると短い期間に、多様な進化が起こったように見えるのである。

しかし、α－ＣｏＶとβ－ＣｏＶはコウモリをはじめとした哺乳類、γ－ＣｏＶとδ－ＣｏＶは鳥類を主な自然宿主としていることを考えると、多様なコロナウイルスは、宿主である哺乳類や鳥類の進化にあわせて一緒に進化してきた可能性も考えられる。

宿主の種分化にあわせて共生体が一緒に種分化することを「共進化」というが、そのようなシナリオが本当だとすると、数千万年から数億年という進化の時間スケールを考えなければならなくなる。時間スケールが単純な方法による推定値と4桁ほども違っているこのようなシナリオは、コロナウイルスのゲノム配列データと両立し得るのだろうか。あるいは、そのような可能性はコロナウイルスのゲノム配列データからは完全に否定されるのだろうか。実はそのような可能性もありそうなのである。

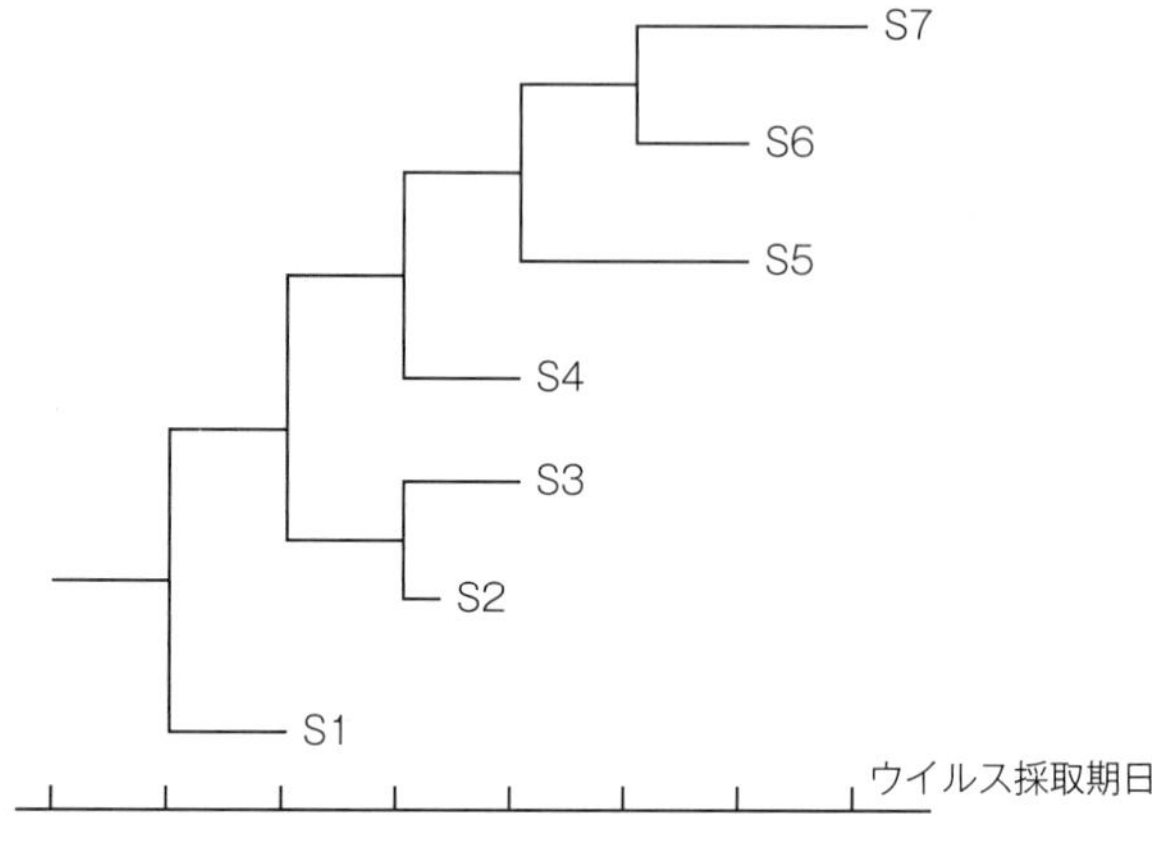

図6-13　進化速度の推定

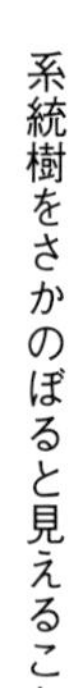

系統樹をさかのぼると見えること

図6－13は、感染期のさまざまな期日で採取されたウイルスの遺伝子配列をもとにして描いた系統樹だ。図6－12中の(a)の時間スケールは、コロナウイルス遺伝子の進化速度が〈1.3×10^{-4}/塩基座位/年〉であるとして推定されたものである。この進化速度は、図6－13で示したようにして推定される。

S1のように初期に採取されたウイルスの枝にくらべて、S7のように後期に採取されたウイルスの枝は突出している。S1にくらべてS7は長い時間進化したので、それだけ多くの変異が蓄積しているからである。このような進化時間の違いと変異量の違いから、進化速度、つまり時間当たりの「塩基置換速度」を推定できるのである。

図6－12中の(a)は、このように最近になって採

取されたウイルスの遺伝子配列から推定された進化速度が、コロナウイルス科全体で成立していると仮定したものであり、その結果、最後の共通祖先LCAがいたのがおよそ1万年前とされた。しかし、分子時計の仮定が正しいとしても、必ずしもこの結論が正しいとは限らない。

最大の問題は、遺伝子の塩基座位によって進化速度は大きく異なることである。たんぱく質をコードする遺伝子では、コドンの3番目（表1－1：3rd）の座位が変わってもアミノ酸は変わらないことが多いので中立的な変異として受け入れられやすい。

ところが、コドンの1番目（表1－1：1st）あるいは2番目（表1－1：2nd）の座位が変わるとたいていアミノ酸が変わってしまう。そのような変異がウイルスの適応度（感染率や増殖効率など）を高めることも稀にはあるが、たいていの場合は、たんぱく質の変化によってそれまでの機能を果たせなくなってしまう。

この場合、負の自然選択によってそのような変異ウイルスは取り除かれる。つまり塩基の置換速度は座位ごとに非常に違っていて、負の自然選択があまり働かないコドンの3番目など限られた座位に集中的に変異が蓄積しているのである。

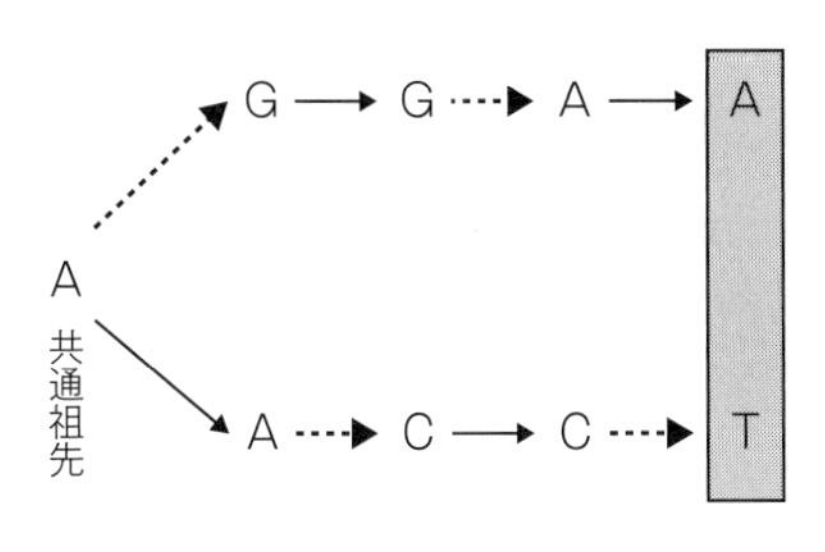

図6-14　多重置換

このように、集中的に変異が蓄積している座位を、同種のウイルス間で比較する場合にはあまり問題にならないが、違う属間など系統的に離れたものを比較する場合には、ひとつの座位に何回も置換を繰り返した結果しか見えないことになる。図6－14で示した例では、共通祖先である塩基座位がAだったとする。2つの系統に分岐した後で、それぞれの系統で独立に塩基置換が起こる。実際には合計4回の塩基置換（点線矢印で示す）が起こったが、途中経過は観測できないので、四角で囲った最終段階のAとTの違いしか直接は観測できないのだ。このようにひとつの座位に繰り返し置換が起こることを「多重置換」という。

図6－12中の(a)では枝の長さが塩基置換数に比例するように描かれているが、多重置換が多くなるとそれを正しく評価するのが次第に難しくなってくる。このような状況を、「多重置換が飽和している」という。

なるべく現実に近い塩基置換モデルを使って多重置換の効果を評価することが行われるが、実際に起こっているウイルス進化の過程は複雑であり、どうしても多重置換の効果が過小にしか評価されない傾向が生じてしまう。

このような過小評価の程度は、古い分岐ほど深刻になる。実際、図6－12中の(b)で模式的に示したように、古い分岐ほど比例関係で推定される以上に実際には古くなっている可能性があるのだ。

共通祖先は数億年前に存在したか

もうひとつの問題は、コロナウイルス科の系統樹を古い時代にさかのぼったところにまで、ひとつの感染期に採取されたウイルスから推定された置換速度を当てはめることである。先に「同義置換」と「非同義置換」の話をした。筆者は以前、霊長類のミトコンドリアDNAの解析をしていたときに奇妙なことに気がついた。非同義置換距離（dN）と同義置換距離（dS）の比（dN／dS）がヒトとチンパンジーのあいだなど異種間で測った場合にくらべて、同種間で測ると5〜10倍くらいになるのである。ここでも多重置換の飽和が影響していることも確かだが、それだけでは説明がつかない。

アミノ酸を変化させる非同義置換はたいていの場合に有害になるが、この違いは、短い時間スケールで見ると集団内では少しだけ有害な（弱有害という）変異が蓄積しているためだと解釈できる。弱有害な変異は長い進化の時間スケールでは負の自然選択によって次第に取り除かれるので、種間の比較ではdN／dS比が小さくなるが、種内の比較では最終的に落ち着いた状態ではなく、過渡期を見ているために大きくなると考えられるのだ。

同じようなことは、コロナウイルスの進化でも起こっていると思われる。ひとつの感染期に採取されたウイルスの中には弱有害（あくまでもウイルスが増殖する上で少し不利だという意味）の変異も含まれているはずであり、系統樹をもっとさかのぼるとそのような変異の多くは負の自然選択で取り除かれていると考えられる。

ＳＡＲＳの流行中に感染者16人から採取されたＳＡＲＳ－ＣｏＶゲノムの系統樹を描き、置換速度を推定した研究がある。それによると同義置換速度は〈1.67～4.67×10^{-3}/座位/年〉、非同義置換速度は〈1.16～3.30×10^{-3}/座位/年〉となる。非同義置換速度は同義置換速度よりも少し遅くはなっているが、通常の分子進化ではもっと抑えられていると考えられる。致命的な欠陥でない限りそのような変異でも短期間は存続できているようなのだ。

ＳＡＲＳ－ＣｏＶ－２に関しては、もっと大規模な研究がなされている。ＣＯＶＩＤ－19の流行中に数か月間の感染者1万人余りから採取されたＳＡＲＳ－ＣｏＶ－２のゲノムの系統樹から同義置換数と非同義置換数を比較したものである。この研究では、１９６５回の同義置換が観測されているのに対して、アミノ酸を変える非同義置換は２９６９回であった。このような置換数の比較だけからは、非同義置換が同義置換にくらべてどの程度抑えられているかは分からない。完全にランダムに変異が起こった場合にくらべて、非同義置換数／同義置換数の比がどうなっているかを見なければならない。少し専門的になるので詳細は省略するが、ランダムに変異が起こるとすれば、自然選択の影響を考えないと非同義置換は同義置換にくらべて3・34倍起こりやすい。

コドンの3番目の置換以外はたいてい非同義置換であるし、コドンの3番目の置換でも非同義置換のこともあるので、（ＳＡＲＳ－ＣｏＶ－２では）非同義置換のほうが同義置換よりも3・34倍起こりやすいということになる。実際にはＣＯＶＩＤ－19の流行中に数か月間で観測

ウイルス	進化速度(/座位/年)	95%信頼区間	時間スケール
SARS-CoV	0.00169	0.00131～0.00205	1年
MERS-CoV	0.00078	0.00063～0.00092	4年
HCoV-OC43	0.00024	0.00019～0.00029	50年

表6-4　測定時間の長さによる進化速度の違い

された非同義置換数と同義置換数の比は、〈2969/1965＝1.51〉であるから、非同義置換はランダムな場合にくらべて、〈1.51/3.34＝0.45〉の割合で抑えられているように見える。自然選択の影響でこれだけ抑えられているのだ。

通常の分子進化ではどうであろうか。583個の遺伝子についてヒトとネズミのあいだで比較すると、非同義置換速度と同義置換速度の比は、0・14になる。これにくらべると、数か月間のSARS－CoV－2のデータから得られた0・45という値は、3倍以上も大きい。

非同義置換速度はそれぞれの遺伝子に働く機能的な制約の強さによって大きく変わるので、一概には言えないが、このことはコロナウイルスの短い流行期に見られる変異には、弱有害なアミノ酸置換を含むものが多く含まれるが、長い年月にわたる進化でみると弱有害な変異は取り除かれる可能性を示唆する。この推測が正しければ、短期間で測られた進化速度にくらべて、長期間で測られた進化速度は遅くなることが予想される。

実際のコロナウイルスのデータで、このことを支持する結果が得られている（表6－4）。1年程度の時間で測られたSARS－CoV

の進化速度、4年程度のMERS－CoV、50年程度のHCoV-OC43がそれぞれ〈0.00169/塩基座位/年〉〈0.00078/塩基座位/年〉〈「0.00024/塩基座位/年〉となり、長期間で測定されたものほど速度が遅くなっている。

　このように、短い時間スケールで推定された置換速度は、もっと長い時間の置換速度よりも速くなっているようである。このように考えると、コロナウイルス科のLCAはさらに古くなり、数億年前という可能性もあり得るかもしれない。

コラム2　COVID－19とネアンデルタール人の遺伝子

ネアンデルタール人由来の遺伝子との関係

　2022年度のノーベル医学生理学賞を受賞したスヴァンテ・ペーボのチームは、COVID－19の重症化リスクを高めるとされる変異の由来を調べたところ、思いがけないことを発見した。ペーボはおよそ4万年前に絶滅したネアンデルタール人のゲノムを解析したプロジェクトのリーダーとして有名である。ペーボらは、COVID－19の重症化リスクを高めるという第3染色体の変異が、5万年前に南ヨーロッパにいたネアンデルタール人のゲノムに存在することを発見した。

チャールズ・ダーウィンが『種の起原』を出版する3年前の1856年に、ドイツ・デュッセルドルフの10キロメートルほど東にあるネアンデル渓谷の採石場で、ネアンデルタール人の化石が発見された。「旧人」と呼ばれるネアンデルタール人は、「新人」とも呼ばれるわれわれ現生人類 *Homo sapiens* よりもがっしりとした体つきで、脳も大きく、われわれとは別種の *Homo neanderthalensis* と命名された。現生人類はアフリカで進化し、10万年ほど前にユーラシアに進出したが、そのころにはまだネアンデルタール人がヨーロッパや中東にいたのである。しかし、その後およそ4万年前に絶滅した。彼らがなぜ絶滅したかはよく分からない。

図6-15　スヴァンテ・ペーボ（右）と筆者

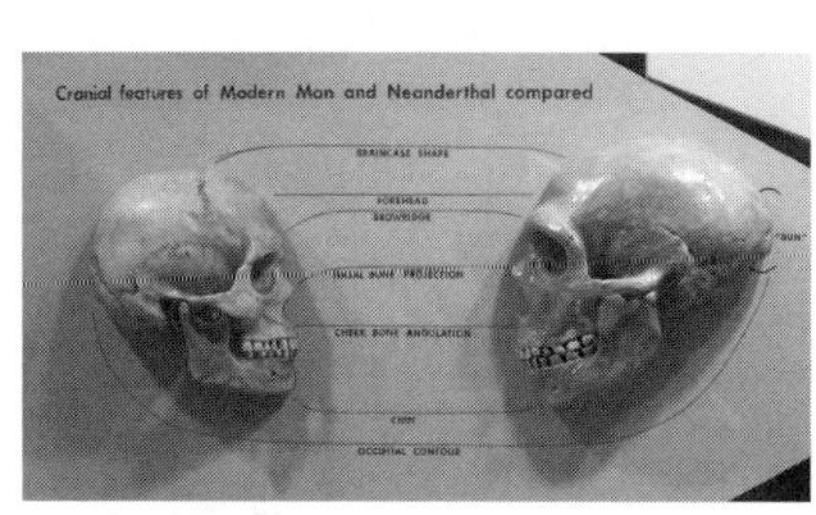

図6-16　現生人類（左）とネアンデルタール人の頭骨

　ペーボたちの研究は、およそ4万年前に南ヨーロッ

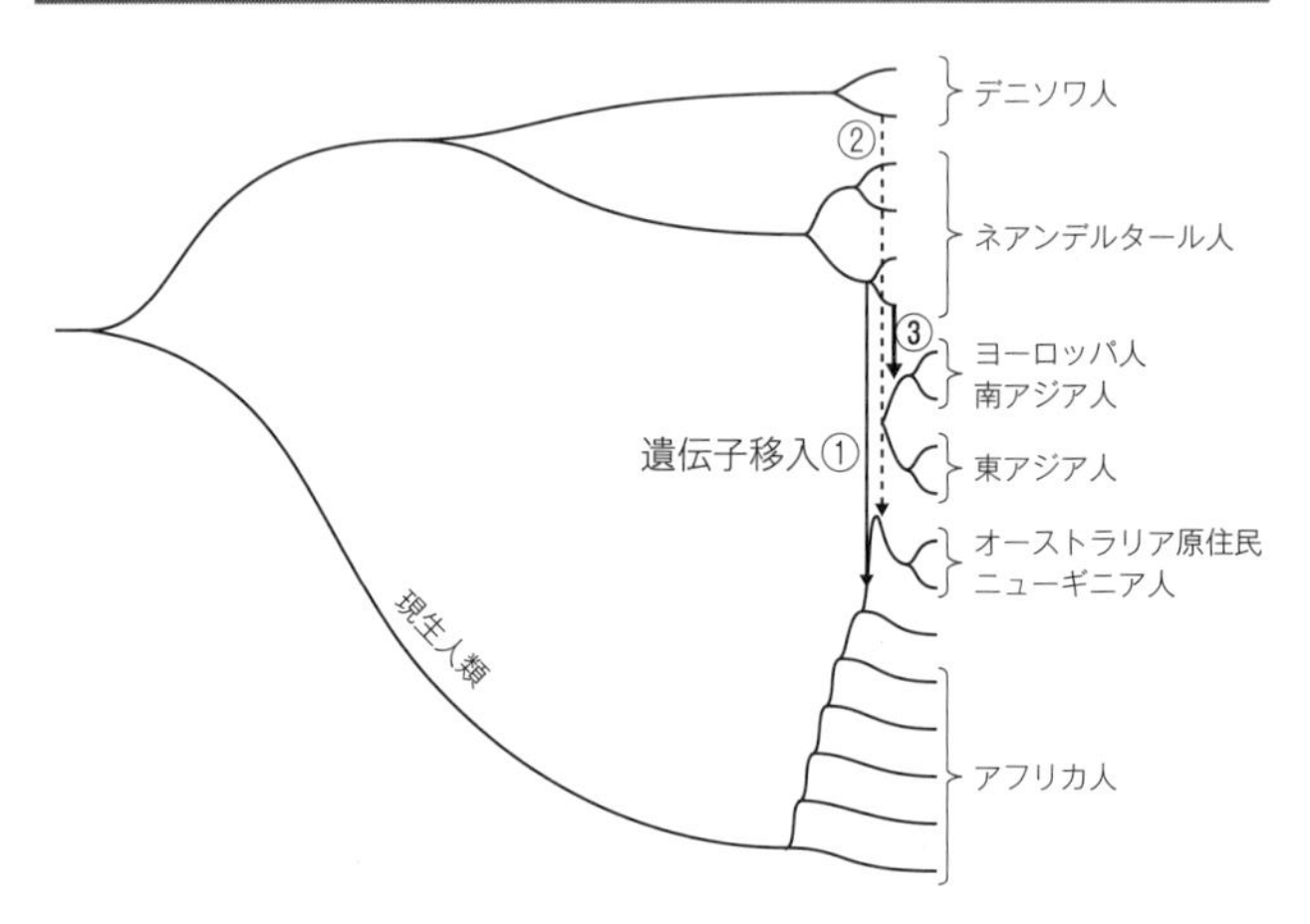

図6-17　古代DNAの系統樹

パにいたネアンデルタール人が絶滅してしまう直前に、現生人類とのあいだで交雑が起こり、ネアンデルタール人の遺伝子の一部が現生人類に移入されたことを示唆する。図6－17で、遺伝子移入③と記された矢印がそのことを表している（図の中のほかの矢印については後に解説）。この遺伝子変異がなぜCOVID－19の重症化をもたらすのか詳しい理由は不明であるが、ネアンデルタール人から受け継いだ遺伝的遺産がパンデミックにおいて悲劇的な結果をもたらしている可能性があるのだ。

古代DNA研究と人類進化

絶滅した生物のDNAを研究する分野を古代DNA研究という。ペーボは、この分野の開拓者としてノーベル賞を受賞することとなった。彼のグループは最初、ネアンデルタール人のミトコンドリアDNAを解析した。その結果、図6－17のような系統樹が得られた（デニソワ人と①〜③の遺伝子移入の矢印については後述）。つまり、現在地球上に生きているおよそ80億人の現生人類は、系統樹上でひとつのグループにまとまり、絶滅したネアンデルタール人は現生人類がさまざまな人種に分かれるはるか以前の50万年以上前にわれわれから分かれて独自の進化を遂げた人類であることが明らかになったのである。現生人類の系統樹における初期の枝分かれはすべてアフリカ人のあいだで見られ、アフリカ以外の枝分かれはすべて後の時代になってからのものである。このことは、現生人類はアフリカで誕生し、その後およそ10万年前以降になってユーラシア大陸に進出し、世界に拡がったことを示している。

以前の人類学には、ヨーロッパ人はネアンデルタール人から進化し、東アジア人は北京原人、オーストラリア原住民はジャワ原人から進化したという「多地域進化説」という考えがあったが、ペーボらの研究はそれを否定するものであった。分子系統学から新しく示された考えは、「アフリカ単一起源説」と呼ばれる。

現在ではアフリカ単一起源説が正しいとされているが、ペーボらはさらに研究を進めた。ミトコンドリアDNAは母親を通じてしか遺伝しないものなので、それだけでは人類進化のひとつの側面しか捉えることができない。母親の系統しか分からないのである。

現代人のミトコンドリアDNAの系統樹をさかのぼると、およそ20万年前にアフリカにいたひとりの女性にたどり着く。彼女は現在地球上で生きているおよそ80億人の共通の母であり、すべての現代人に自分のミトコンドリアを遺したので「ミトコンドリアイブ」と呼ばれる。ところが、核ゲノム中には、父親からしか遺伝しないY染色体を除くと、32万年前以降に現代人すべてが共有する遺伝子はない。ミトコンドリアＤＮＡは組み換えを起こさないで丸ごとそのまま遺伝するが、核の常染色体は毎世代、母親と父親から来たものが交差によって組み換えられるのだ。したがって、染色体が丸ごとそのまま遺伝することはなく、われわれのゲノムは領域によってさまざまな異なる祖先に由来するもので構成されているのである。

ペーボらの次の研究のターゲットは、ネアンデルタール人の核ゲノム解析であった。ミトコンドリアゲノムはおよそ1万6000塩基対の小さなものであるのに対して、核ゲノムは30億塩基対と非常に大きい。しかもミトコンドリアはひとつの細胞内にたくさん存在するのに対して、核ゲノムはわずか2つ（父親と母親からひとつずつ）しかない。ＤＮＡの数が少ないと、古代ＤＮＡの解析は難しくなるのだ。21世紀に入って現生人類の核ゲノム解析は急速に進んだが、およそ4万年前に絶滅したネアンデルタール人の核ゲノム解析は困難を極めた。ＤＮＡは時間とともにどんどん壊れていくのである。このような困難にもかかわらず、ペーボらはこのプロジェクトを最終的に成功させた。その結果、ネアンデルタール人のいくつかの個体のゲノムが解読され、人類進化について多くのことが解明された。

現生人類がおよそ10万年前にアフリカからユーラシアに進出したころに、そこにはすでに先住民であるネアンデルタール人がいた。それ以降、現生人類とネアンデルタール人の出会いはたくさんあったと思われるが、現代人にその痕跡を残した出会いが少なくとも2回あった。最初の出会いは現生人類がはじめてユーラシアに進出したころで、そのときに起こった交雑で非アフリカ人のほとんどがネアンデルタール人由来の遺伝子をもつようになった（図6－17の①）。非アフリカ人のもつネアンデルタール人由来のDNAは、ゲノム全体の1・5～2・1％くらいである。

4万5000年前のシベリアで生きていた現生人類のゲノムを調べてみると、ネアンデルタール人由来のDNAが現代の非アフリカ人のものよりも7倍も長いという。つまり、この個体が生きていたのはネアンデルタール人との交雑から間もないころであり、現代の非アフリカ人ではその後組み換えが度重なったために、ネアンデルタール人由来のDNAが短くなったものと考えられる。非アフリカ人のすべてがネアンデルタール人由来のDNAをもっているわけではなく、遺伝子移入①が起こる前に分かれた系統もあるので、それとの交雑でネアンデルタール人由来のDNAは次第に薄まったのである。

現生人類がユーラシアに進出したころ、そこにはネアンデルタール人とは別の人類もいたことが明らかになった。デニソワ人である。2008年にロシアの考古学者がシベリア南部アルタイ山脈のデニソワ洞窟で古い子供の指骨を見つけた。ペーボらのグループがその試料から最初ミトコンドリアDNAを取り出して解析したところ、ネアンデルタール人が現生人類と分かれる以前のおよそ80万年前に、これらから分岐した系統であることが示唆された。しかし、いくつかのデニソワ人個体の核ゲノムも調べたところ、デニソワ人はネアンデルタール人に比較的近い系統で、両者が分かれたのはおよそ50万年前と推定された。しかし、デニソワ人、ネアンデルタール人、現生人類のあいだではしばしば交雑による遺伝子移入が起こったのだ。

ニューギニア人やオーストラリア原住民にはデニソワ人ゲノムの痕跡が見られる。ニューギニア人ゲノムの3〜6％がデニソワ人由来だという。東アジア人や東南アジア人にも少し見られるが、ヨーロッパ人やアフリカ人にはほとんど見られない。この遺伝子移入は、図6－17の②で示したものである。この図をその通りに解釈すると東アジア人にはデニソワ人の遺伝子は見られないはずだが、系統間の交雑があるので少し混じってくるのである。

また、チベット高原の北東端に位置する中国甘粛省の標高3280メートルのバイシヤ・カルスト洞窟で見つかったおよそ16万年前のヒトの下顎骨が、デニソワ人のものであるという報告もある。この研究では古代DNA解析はうまくいかなかったが、骨に含まれるたんぱく質の解析によりデニソワ人であることが明らかになったのである。デニソワ人の遺伝子の一部は標高の高い環境に適応しているチベット人のゲノム中にも見出されており、彼らの高地適応にデニソワ人由来の遺伝子が関係している可能性がある。

本章の話題の中心であったCOVID－19の重症化リスクを高めるとされる第3染色体の遺伝子は、以上とは別の交雑でネアンデルタール人から現生人類にもたらされた（図6－17の③）。この交雑は最後のネアンデルタール人が残っていた南ヨーロッパで起こったと考えられる。ただし、ネアンデルタール人からの最初の遺伝子移入①は現生人類がユーラシアにやってきた直後であったので、非アフリカ人の大部分でその痕跡が見られるが、③のほうは後の時代であったために、ヨーロッパやそこから移住した南アジアなど限定された地域の人々にしか見られないのである。

　ネアンデルタール人由来のCOVID-19の重症化リスクを高めるとされる遺伝子がそのような働きをする機構は不明である。ペーボらは、ほかの感染症に対処する上で有効であったためにネアンデルタール人で進化したのかもしれないという。そのような遺伝子が、新しく出現したCOVID-19に対しては、逆効果になった可能性がある。

　長いあいだアフリカで進化し、ユーラシアの感染症にはあまり適応していなかった現生人類にとって、先住民からの遺伝子移入は適応的な働きをした可能性がある。しかし、COVID-19は存在していなかったので、そのころのネアンデルタール人はまだそれに対する備えがなかったのだ。

第7章 ヒトとともに進化するウイルス

1 私たちのゲノムに潜むウイルス

内在化するレトロウイルス

ここまでもたびたび話題にしてきたが、近年のゲノム解析により、細菌から動物・植物に至るあらゆる生物のゲノムに、さまざまなウイルスの配列が入り込んでいることが明らかになってきた。そのような配列は、「内在性ウイルス様配列（Endogenous viral element：EVE）」と呼ばれる。この中には、レトロウイルスのRNAゲノムが逆転写されて入り込んでいるものがある。

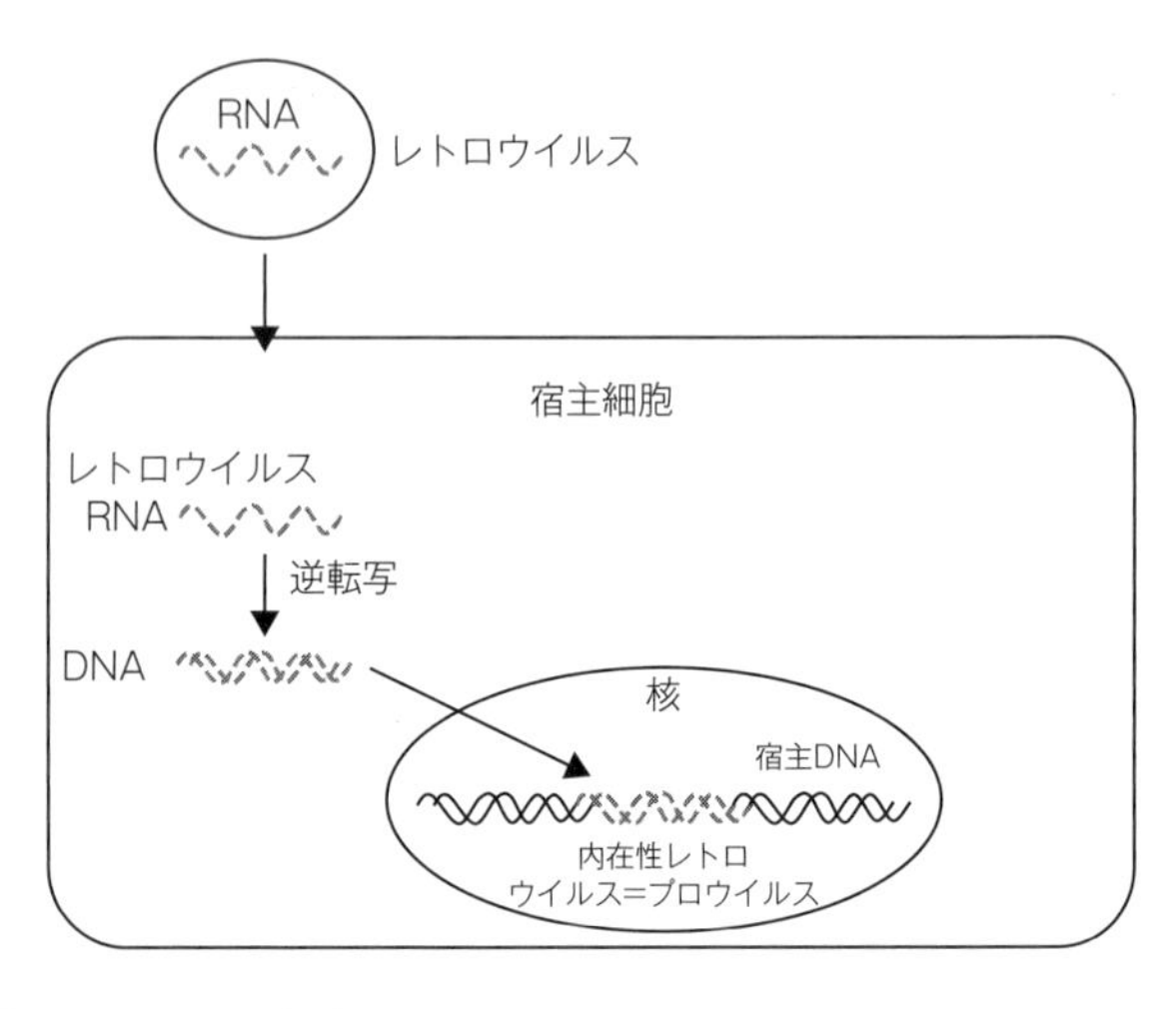

図7-1　レトロウイルス

図7－1のように、レトロウイルスはプラス鎖の一本鎖RNAゲノムをもつが、これがウイルスのもつ逆転写酵素で二本鎖DNAに転写される。このようなウイルスが発見される以前は、遺伝情報は「DNA→mRNA→たんぱく質」という方向にしか流れないと考えられていた。これを「セントラル・ドグマ」という。しかし、レトロウイルスの存在により、「RNA→DNA」という逆方向の流れもあることが明らかになった。「DNA→RNA」は「転写」というので、「RNA→DNA」は「逆転写」と呼ばれる（図7－2）。このような逆転写でコピーされたレトロウイルスのゲノムが宿主のゲノムに組み込まれているのである。

宿主のゲノムに組み込まれた状態のレトロウイルスは、「プロウイルス」と呼ばれる。

プロウイルスから遺伝情報が発現され、ウイルスＲＮＡやｍＲＮＡが合成される。ｍＲＮＡからウイルスたんぱく質が合成され、それと新たに合成されたウイルスＲＮＡからつくられる新しいウイルスが宿主細胞から出ていくのである。このように、宿主細胞のゲノム中には、さまざまなウイルスのゲノムに由来する配列が組み込まれている。そのようなことが生殖細胞で起これば、親から子供に代々伝えられていくことになる。

　何千万年も前のわれわれの祖先にもウイルスは感染した。それらの中には重篤な病気を引き起こしたものもあったかもしれない。そのようなウイルスの一部が、ＥＶＥとしてわれわれのゲノム中に残っているのである。まさに「ウイルスの化石」である。

　このようなウイルスの化石にはさまざまなものがあるが、レトロウイルスに由来するものが多い。レトロウイルスの生活環の中にプロウイルスとして自らのゲノムを宿主のゲノムに組み込むということがあるので、このことは当然であろう。

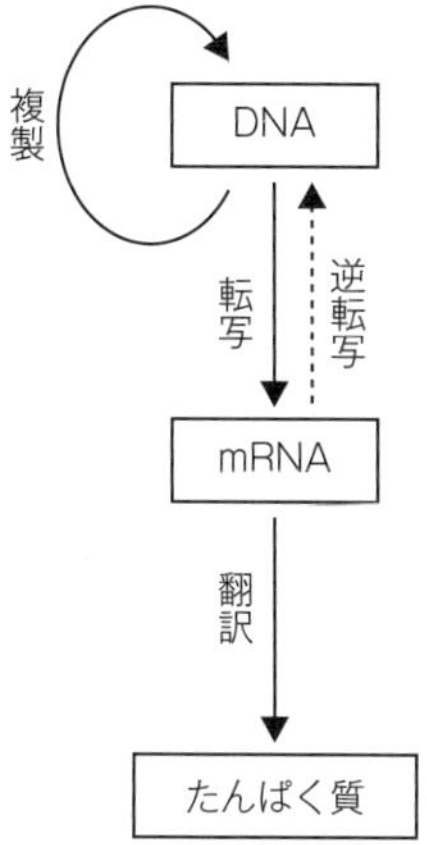

　レトロウイルス科には、ヒトＴ細胞白血病ウイルスやヒトにエイズを発症させるヒト免疫不全ウイルス（ＨＩＶ）などが含まれる。ＨＩＶは20世紀に入ってから野生の霊長類か

複製
DNA
転写
逆転写
mRNA
翻訳
たんぱく質

図7-2　セントラル・ドグマと逆転写

らヒトに感染するようになったウイルスと考えられ、２０１６年までに世界中でＨＩＶのために亡くなったひとは３５００万人以上になると推定されている。

ジャンクＤＮＡはウイルス起源か

２００１年に最初のヒトゲノムが解読されると、30億塩基対の全ゲノムのうちの98％がたんぱく質をコードしない「非コードＤＮＡ領域」であることが分かった。それまでは、たんぱく質こそ生命活動の源と考えられたので、たんぱく質をコードしないＤＮＡ領域の大半は、役立たずの「ジャンクＤＮＡ」と考えられた。

この中でもっとも多かったのが「レトロトランスポゾン」というＤＮＡである。なんと、ゲノム全体のおよそ42％を占めていた。レトロトランスポゾンは、「ＤＮＡ↓ＲＮＡ↓ＤＮＡ」と転写と逆転写を繰り返してゲノム中で転移・増殖をする。このような転移は遺伝的な変異であり、有害な影響を及ぼすこともある。大きく分けて、レトロトランスポゾンには、末端に長い反復配列をもつ「ＬＴＲ（long terminal repeat）型レトロトランスポゾン」と、それをもたない「非ＬＴＲ型レトロトランスポゾン」の2種類がある。ＬＴＲとは、同じ配列を数百から数千回繰り返すＤＮＡ配列である。ＬＴＲ型レトロトランスポゾンはレトロウイルスのプロウイルスそっくりだが、レトロウイルスとして活性をもつために必須のエンベロープたんぱく質「env 遺伝子」を失っている。env 遺伝子の働きを失い、ほかの細胞へ感染できなくなったプ

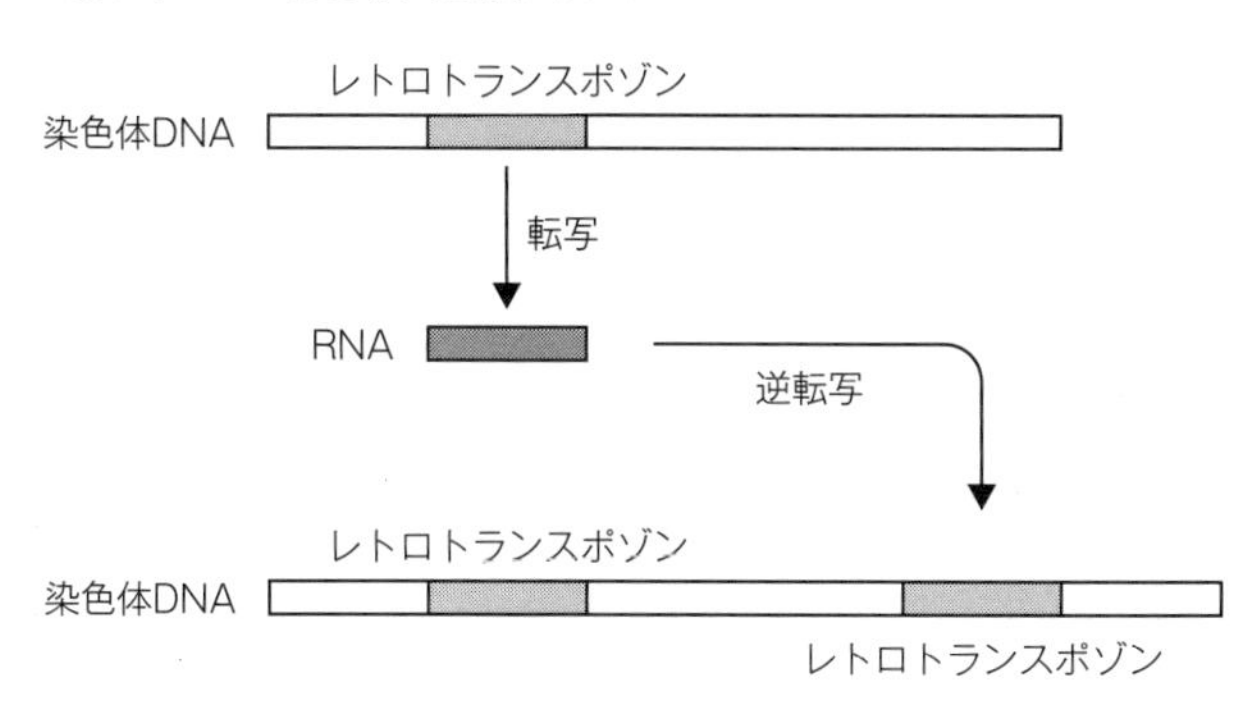

図7-3　レトロトランスポゾン

ロウイルスが生殖細胞に残ったものが、ＬＴＲ型レトロトランスポゾンになったようにも見える。

レトロトランスポゾンの働き

ヒトのレトロトランスポゾンをもう少し詳しく見ると、非ＬＴＲ型レトロトランスポゾンには2種類ある。「SINE（short interspersed nuclear elements：短い散在性反復配列）」と「LINE（long interspersed nuclear elements：長い散在性反復配列）」である。これらのレトロトランスポゾンも、レトロウイルスと同じ逆転写酵素を使って増殖する（図7－3）。

ＬＴＲ型レトロトランスポゾンは、進化的にレトロウイルスに関係すると考えられる。対して、非ＬＴＲ型レトロトランスポゾンはウイルスとは異なるものである。それでもゲノムに寄生する配列であり、転写と逆転写を介して増殖するなどの振る舞いはレトロウイルスに似ている。

先ほどお話しした通り、これらのレトロトランスポゾンは合計でヒトゲノムの42%を占め、ジャンクDNAと考えられていた。転写されたRNAが逆転写でDNAコピーをつくって増えてゲノムに組み込まれたりするため、「利己的遺伝子」などと呼ばれたりもした。宿主にとっては役に立たないものだと考えられていたが、近年の研究で、意外な効用をもっている可能性が浮上してきた。

2006年ごろから、東京工業大学の岡田典弘らのグループは、ヒトゲノムの13・5%を占めるSINEが何かしらの機能をもっている可能性を調べてきた。ゲノム中にはたくさんのSINEのコピーが存在するが、進化的な時間のあいだに次第に変異が蓄積していく。岡田らが着目したのは、進化のあいだにあまり変わらないSINEがあることだった。

機能をもたない配列であれば、系統的に離れた動物のゲノムを比較すると、異なっている部分が存在することが予想される。ところが、たとえば「Amn SINE1」というSINEは、哺乳類のあいだでは配列が非常によく保存されている(AmnはAmniota〔羊膜類〕の略)。

動物のゲノムに組み込まれたSINEは、ゲノムがコピーされる際にはほかの遺伝子と同じように突然変異を被ることになる。機能をもたないジャンクDNAであれば、変異があっても動物が生きて増殖する上で差し障りがないので、変異はどんどん蓄積していくであろう。ところが、Amn SINE1では変異が抑えられているのである。ゲノムの中のその領域だけ特別に突然変異が起こりにくくなっているということは考えにくい。実際には、ゲノムのほかの領域と同じように突然変異は起こっているが、そのような変異をもった個体の適応度が下がる(子孫を残す上で不利になる）ために、負の自然選択で取り除かれてきたと考えられる。変異を起こすと不利になるような配列だということは、そのような配列が何らかの機能をもっている可能性を強く示唆する。

よく保存されている124個のAmn SINE1座位を調べてみると、そのひとつは「SATB2」という哺乳類の脳の形成に関わっている遺伝子の上流にあり、発現量を上昇させていることが分かった。このような、遺伝子の発現量を上昇させる働きをする配列を「エンハンサー」という。Amn SINE1は、脳の形成に関わる遺伝子のエンハンサーとして働いていることが実験的に証明された。したがって、ゲノムへのSINEの挿入が哺乳類の脳の進化に重要な働きをしてきたと考えられるのだ。

進化における予想外の使われ方

鳥の羽は最初から飛ぶために進化したものではないことは、現在では広く知られている。もともとは、保温のために進化した羽毛が、飛ぶための羽に進化したというのが定説だ。このように、ある形質が、最初に進化したときに果たしていた役割とは別の役割で使われるようになることを「外適応（exaptation）」という。

この言葉は、古生物学者のスティーヴン・グールドとエリザベス・ヴルバがつくった。自然選択による「適応（adaptation）」は、その形質がその時点で果たしている機能に対して働くが、生物進化にはそれだけでは説明できないことがたくさんあるという。保温のために進化したと思われる羽毛が、後で思いがけない使われ方をするようになったことが、その典型例である。

ただし、鳥の羽の場合は、保温のためのふわふわの羽毛から、飛ぶための羽が進化するのは簡単ではない。鳥類学者のリチャード・プラムは、中間段階として、羽毛からオスがメスに対してアピールするための平板状の羽がまず進化したという。オスのクジャクの羽のように、メスにアピールするような模様を描くには、羽毛ではなくしっかりした平板状の羽が必要である。チャールズ・ダーウィンは生物進化の要因として、自然選択以外に、配偶者を獲得するための形質に対する「性選択」も重要だと考えた。プラムもまた、鳥の羽毛が、まず配偶者を獲得するために派手な模様を描くためのキャンパスとして進化したものが、その後に飛翔のための翼に進化したというのである。

進化は遠い将来を見据えて進んでいくものではなく、常にあり合わせのものでやりくりしながら、差し当たりの問題に対処しながら進んでいる。したがって、ある形質が当初の目的とはまったく違った使われ方をするという外適応は進化の過程でしばしば見られる。先ほどお話しした、機能をもった非LTR型レトロトランスポゾン「SINE」も、最初ゲノムに挿入された時点では特別な機能をもたなかったものがたまたま重要な機能を果たすようになったもので、外適応のひとつだと思われる。

2　動物進化に関わるウイルス

胎盤の進化

哺乳類は、卵を産むカモノハシ、ハリモグラなどの「単孔類」、未熟な状態で産んだ子供を袋の中で育てるカンガルー、オポッサムなどの「有袋類」、それ以外の哺乳類すべてを含む「真獣類（有胎盤類ともいう）」からなる。このうち、有袋類と真獣類のメスは胎盤をもつ。胎盤は子宮の中で育つ胎児と母親がへその緒でつながっているところであり、母体と胎児のあいだの物質交換の場でもある。

このような器官の進化とウイルスとは何の関係もなさそうに思われるが、これから見ていくように、最近の研究で胎盤の進化にウイルスが深く関わっていたことが明らかになってきた。

単孔類以外の哺乳類、つまり有袋類と真獣類をあわせて「獣類」という。獣類の特徴として、単孔類のように卵ではなく、子供を産むという「胎生」を思い浮かべるひとも多いであろう。しかし、胎生という出産方法は、脊椎動物だけでもおよそ150の系統で独立に進化したといわれている。その多くは、子供が母体の中で育つものの、母親が卵に詰め込んでおいた資源に頼る方式である。母親が資源を供給し続ける「母体依存型」の胎生は33回、さらに胎盤が進化したのは20回に過ぎない。

このように胎盤を進化させたのは獣類だけではないものの、これが獣類の重要な特徴であることは確かである。一方、単孔類は卵生ではあるものの、母体依存型に近い特徴を進化させているという。カモノハシのメスが排卵するのは幅4ミリの卵であるが、受精して17日後に産む卵は縦16ミリ、横14ミリになっている。つまり、カモノハシの受精卵は母親から栄養をもらって大きく成長する。単孔類と獣類の共通祖先は、胎生よりも先に母体依存型を進化させたとも考えられ、未熟な状態で卵から生まれる子供を母乳で育てられる仕組みが構築されていくことになった。

父親由来の遺伝子の働き

「ゲノム刷り込み（ゲノムインプリンティング）」という現象がある。哺乳類は父親と母親からゲノムをそれぞれ一揃いずつ受け継ぐが、いくつかの遺伝子は片方の親から受け継いだほうだけが発現する。このようにどちらの親から由来した遺伝子なのかが記録されていることをゲノム刷り込みという。ゲノム刷り込みは、胎盤の形成や子供の成長に関与する遺伝子でよく見られる。

哺乳類の胎盤で発現するゲノム刷り込みを受けている遺伝子15個のうち、父親由来のものは10個だという。これはウマとロバの雑種を使って分かった。胎児と母親をつなぐ器官である胎盤が、父方の遺伝子の影響を強く受けているということは、何を意味するのであろうか。

このような現象は、父親由来の遺伝子と母親由来の遺伝子のあいだの利害の対立から生じたと考えられる。メスが胎児に振り向けることのできる資源には限りがある。メスは別の機会に複数のオスを受け入れる可能性があるので、食べ物が乏しいなど条件の悪い年に身籠もった胎児に回す栄養は、抑制的になる傾向がある。将来に余力を残しておくほうが、生涯のあいだに残せる子供の数が多くなるのだ。

一方、胎児は自分自身が生き残るためになるべく多くの栄養を獲得しようとする。これは「母子の対立」だが、見方を変えると「父母の対立」でもある。母子の対立は、父親由来の遺伝子を介して対立している。父親由来の遺伝子にとっては、母親に多少過剰な負担をかけてもなるべく多くの栄養を獲得しようとすることが、自身のコピーを残す可能性を高め、適応的になる。このため、胎児の成長因子は父親由来のものが発現し、成長を抑制する因子は母親由来のものが発現するような選択圧がかかっていると考えられる。哺乳類の胎盤で発現するゲノム刷り込み遺伝子の多くが父親由来であるのには、このことが関わっているらしい。

レトロウイルス由来の遺伝子

実は、ゲノム刷り込みを受ける遺伝子の中で、胎盤で発現する「Peg10」という遺伝子は、もともとレトロウイルスの遺伝子に由来しているという。Peg10という遺伝子の名前は、父親

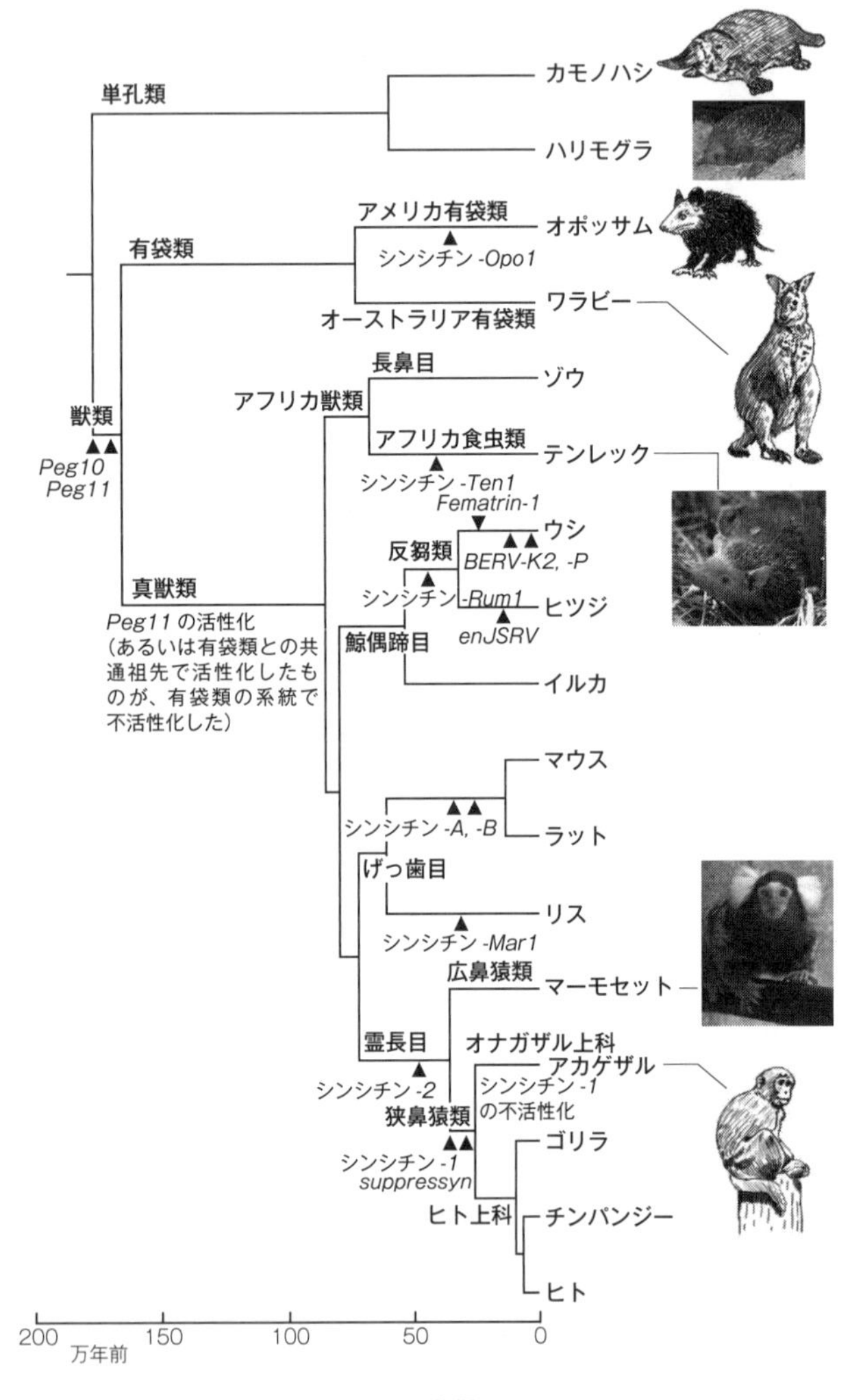

図7-4　内在性レトロウイルスの獲得

由来の遺伝子が発現するという意味の英名「paternally expressed gene 10」からきている。

この遺伝子の配列は真獣類と有袋類のゲノム上で保存されており、その周辺の遺伝子も保存されていることから、単孔類と分かれた後の真獣類と有袋類の共通祖先のゲノムに挿入されたものである（図7－4）。遺伝子操作でこの遺伝子を無効化させたマウス（ノックアウトマウス）では、胎盤形成ができず、初期胚は死んでしまう。これとは別の「Peg11」という、やはり胎盤で発現する遺伝子もレトロウイルス由来だが、真獣類でしか保存されていない。Peg11の挿入も、Peg10と同様に真獣類と有袋類の共通祖先で起こったが、真獣類でのみゲノム刷り込みを受ける遺伝子として進化し、有袋類では遺伝子としては使われず、残骸が残っているだけである。Peg11をノックアウトしたマウスでは、母親と胎児が栄養やガスのやり取りをする胎盤の胎児毛細血管に目詰まりが生じて、胎児が死んでしまう。

胎児を守るシンシチン

このように、胎盤形成に関わる遺伝子にレトロウイルス由来のものが使われている例は多いが、ここではもうひとつ、重要なたんぱく質「シンシチン」を紹介しよう。

胎盤の機能として重要なのが、母親と胎児のあいだの栄養やガス交換の場としての役割だけではなく、子宮の中の胎児を母親の免疫機構による攻撃から守る役割も果たしていることである。われわれの体内には、病原体から自分を守るために、自分以外の異物、つまり「非自己」

を攻撃して排除する免疫機構がある。胎児は母親の遺伝子だけでなく、父親の遺伝子からもつくられているので、母親にとっては異物である。したがって、子宮の中の胎児を母親の免疫機構による攻撃から守る仕組みが必要となる。

胎盤には、絨毛(じゅうもう)を取り囲む「合胞体性栄養膜」という膜がある。この膜は胎児に必要な酸素や栄養は通過させるが、非自己を攻撃するリンパ球などは通さず、胎児を母親の免疫機構による攻撃から守る。合胞体性栄養膜は細胞が融合してたくさんの核をもった巨大な細胞であり、細胞間の隙間がないために母親の免疫細胞が胎児側に侵入することを防いでいる。

実は、この合胞体性栄養膜の形成に重要な役割を果たすシンシチンというたんぱく質は、ウイルスに由来する遺伝子からつくられていることが分かった。シンシチンは、レトロウイルスがもつ「env」というエンベロープたんぱく質に由来する。ウイルスの外側を包む脂質二重膜であるエンベロープは、ウイルスが感染した細胞から飛び出すときに宿主の細胞膜などを剝ぎ取ってつくる。ウイルス自身の遺伝子の産物であるenvたんぱく質は、このエンベロープに突き刺さるように配置されていて、コロナウイルスのスパイクたんぱく質も、これに相当する。

ウイルスが感染する際には、envたんぱく質が感染する細胞の表面にある受容体と結合する。その後ウイルスの膜と宿主の細胞膜が融合して、ウイルスは細胞内に侵入する。ウイルスのエンベロープが宿主の細胞膜と同じ脂質二重膜なのでスムーズに侵入できるが、envたんぱく質が2つの膜を融合させる橋渡しをしていることも重要である。

このような働きをするレトロウイルスのenvたんぱく質遺伝子が、われわれの祖先のゲノムに取り込まれ、胎盤で発現し、シンシチンをつくるようになった。シンシチンは細胞融合を起こして、合胞体性栄養膜をつくり、胎児を母親の免疫機構による攻撃から守っている。こうしたことが可能になったのは、その起源となったレトロウイルスのenvたんぱく質がもともと細胞膜融合能をもっていたからなのだ。

レトロウイルスの役割

ヒトのシンシチンには2種類ある。「シンシチン1」と「シンシチン2」である。前者は「ヒト内在性レトロウイルスW（HERV－W）」、後者は「ヒト内在性レトロウイルスFRD（HERV－FRD）」、それぞれのenvに由来するたんぱく質である。これらの内在性レトロウイルスはヒトゲノム中に9万8000個も存在し、ゲノム全体のおよそ8％を占める。

シンシチン2は、広鼻猿類（こうびえん）とヒトを含む狭鼻猿類（きょうびえん）で保存されており、いずれも細胞膜融合能を保持している。したがって、この遺伝子は狭鼻猿類と広鼻猿類の共通祖先で獲得され、今日まで胎盤形成に重要な役割を果たしてきたと考えられる（図7－4）。一方、シンシチン1は広鼻猿類と分かれた後の狭鼻猿類の共通祖先で獲得されたと考えられる。

シンシチンがヒトの祖先で重要な働きをするようになったのは、真獣類の進化の歴史の中でも比較的最近のことで、狭鼻猿類の段階になってからである。このことは、Peg10が真獣類と有袋類の共通祖先の段階から一貫した役割を果たし続けてきたことと対照的である。

ところが、シンシチンが生まれたのは霊長類の系統だけではなく、マウスとラットの共通祖先、オポッサムの祖先などそのほかにも獣類のさまざまな系統のゲノムでも、レトロウイルスの env 遺伝子が独立に挿入され、胎盤で働くようになっている（図7－4）。哺乳類の胎盤は非常に多様であり、近縁な種が必ずしも似た胎盤をもっているとは限らない。env 遺伝子がゲノムのさまざまな場所に独立に挿入されたことが、この多様性を生み出した原因になった可能性がある。

シンシチン遺伝子は、真獣類の進化の過程でさまざまな内在性レトロウイルスから繰り返しゲノムに取り込まれて胎盤で使われるようになった。また、不活性になって使われなくなるということもしばしば起こった。このことは、さまざまなウイルスの内在化が継続的に起きることによって、ゲノム中に似た遺伝子配列が複数個共存することを意味する。このような状況では、機能している遺伝子が偶然置き換わってしまうといった進化も起こると考えられる。このような考えは「バトンパス仮説」と呼ばれている。

このようにレトロウイルスの遺伝子がわれわれの祖先のゲノムに挿入され利用されることがなかったら、安全な母親の胎内で十分に成長してから生まれるという現在のヒトは存在しなかったはずである。

3　内在化する意外なウイルス

ボルナウイルスの活用例

1813年、ドイツ・ザクセン州のボルナでウマやヒツジなどの家畜が奇妙な病気で死んでいった。動作がこわばり、その多くが髄膜脳炎で死んだ。土地の名前で「ボルナ病」と呼ばれるようになったこの病気の原因が解明されるには、その後150年近くかかった。結局、この病気はウイルスによるものであり、そのウイルスは「ボルナ病ウイルス（Borna disease virus）」あるいは単に「ボルナウイルス」と呼ばれるようになった。

ボルナウイルスは、もともとヨーロッパのシロハラジネズミ（*Crocidura leucodon*）という真無盲腸目トガリネズミ科の動物を自然宿主としていたものだ。それが、ウマやヒツジなどの家畜に感染するようになって重篤な病気を引き起こすことになった。

ボルナウイルスを実験的に動物の脳に接種すると、極めて広範囲にわたる動物種に感染し、マウス、ラット、ハムスター、モルモット、ウサギ、ツパイ、アカゲザル、ダチョウなどが発症した。種によって病気の症状には大きな違いが見られたが、ラットの場合は攻撃的になり、半数のものは正常の体重の倍以上になるほど過食した。アカゲザルではヒトの躁うつ病に似た状態になったという。

　ボルナウイルスがいろいろな動物に奇妙な行動を引き起こしていることから、研究者はこのウイルスがヒトの行動にも影響を与えるかもしれないと考えるようになった。１９８５年にサイエンス誌に発表された研究では、躁うつ病患者９７９人と対照群２００人の血清が分析された。そのうち、躁うつ病患者16人の血清からボルナウイルスに対する抗体が検出されたのに対して、対照群からはひとりも検出されなかったという。しかし、このことはボルナウイルスが躁うつ病の原因になることを証明するわけではなく、現在のところ、このウイルスのヒトの精神疾患発症への関与については懐疑的な意見が多い。

　ボルナウイルスはマイナス鎖一本鎖ＲＮＡゲノムをもつ。脳細胞の核内に侵入し、そこで何年間も棲みついて転写・複製し増殖する。これを「持続感染」というが、持続感染した神経細胞にはほとんど変化が見られないという。

　ボルナウイルスが宿主に与える脳炎などのダメージは、ウイルス自身が細胞に害を与えるためではなく、からだの防御反応によって起きる炎症によるものである。ボルナウイルスのようにＲＮＡウイルスが細胞核内で増殖するのは珍しい。

　脳は「血液脳関門」というバリアでからだのほかの部分から隔てられていて、血液と脳の組織液とのあいだの物質交換が制限されている。そのためにある種の神経伝達物質の欠乏から起きる脳の病気を治療する際に、血液脳関門は薬として届けたい神経伝達物質を届けようとする際の障壁になる。そのために、ボルナウイルスから感染性をもたらす遺伝子を取り除いて脳細胞に入り込める能力だけを残したウイルスをつくり、これを「ベクター（運び屋）」として神経伝達物質の遺伝子を脳内に届けて治療に役立てようという研究が進んでいる。

内在化するボルナウイルス

ここまで、内在性レトロウイルスがさまざまな生物のゲノムに組み込まれていることを見てきた。内在性レトロウイルスが哺乳類の胎盤を進化させる上で重要な働きをしたことも紹介した。一方で、レトロウイルス以外のウイルスでも宿主ゲノムに内在化することが知られるようになってきた。

当時、大阪大学微生物病研究所の堀江真行と朝長啓造らのグループは、マイナス鎖一本鎖RNAウイルスであるボルナウイルスの遺伝子の一部が、ヒトなど多くの哺乳類のゲノムに内在化していることを発見した。

レトロウイルスには生活環の中で宿主のゲノムに組み込まれる段階があるので、内在化することは自然に理解できるが、通常の生活環の中でDNAの段階を経ることのないレトロウイルス以外のRNAウイルスでも内在化するという発見は意外であった。増殖に際してDNAを経る必要のないRNAウイルスが、生殖細胞に感染しゲノム中に内在化して子孫に遺伝するようになっているのだ。

ボルナウイルスに感染した細胞内でウイルスのRNAを鋳型とするDNAがつくられていて、それが宿主のゲノムに組み込まれることも確かめられている。真核生物には、本章の序盤で詳しくお話ししたレトロトランスポゾン（図7－3）によってコードされた逆転写酵素があるので、それによってRNAを鋳型とするDNAがつくられている。しかも核内で増殖するので、DNAが宿主のゲノムに組み込まれやすい条件が揃っている。

ボルナウイルスは細胞核で複製を行うが、そのゲノムはおよそ8900塩基のRNAであり、6つの遺伝子をコードしている。そのうちのひとつが「N遺伝子」で、Nたんぱく質というカプシドたんぱく質をコードする。このN遺伝子がヒトのゲノムに組み込まれて内在化しているのである。

図7－5で示すように、そのような内在化はヒト以外のさまざまな哺乳類でも見られ、哺乳類の多くの系統でそれぞれ独立に起こっている。ヒトの内在性ウイルス配列はマーモセットなど新世界ザルでも見られるので、真猿類の共通祖先で内在化が起こったと考えられる。

哺乳類の「内在性ボルナウイルス様配列」の中には、その遺伝子内にたくさんの終止コドンが入ってコード領域が分断されて「偽遺伝子（機能をもったたんぱく質をコードできない遺伝子）」になっているものもある。ところが、ヒトの第10染色体と第3染色体に存在する内在性ボルナウイルス様配列には比較的長いコード領域が保持されている。終止コドンで分断されないたんぱく質コード領域のことを「ORF（Open reading frame）」というが、長いORFを保持していて、たんぱく質として発現しているものもある。

感染を防ぐ効果

内在性ウイルス様配列の中に、長いORFが保持されているものがあるということは、何を意味するのであろうか。機能をもたない配列ならば、突然変異で終止コドンが入ってORFが分断されてもなんら差し支えがないにもかかわらず、ヒトの配列は4000万年以上も前に内在化したのにORFが保存されている。このことは、こうした配列がある種の機能をもっていることを示唆する。

第5章で紹介したヤブカ属（*Aedes*）の蚊が媒介するデングウイルスに対して、ウイルス由来の内在性配列が蚊に耐性を与えているという。内在性配列が転写されてできるRNAがウイルスのRNAに干渉して、ウイルスの増殖を阻害すると考えられる。

ヒトから見ると、高病原性のウイルスもそれを媒介している蚊に対してはなんら病原性を示さないように見える。しかし、それは長い共進化の歴史を通じて達成された宿主・共生体の関係なのである。蚊とウイルスが最初に出会ったころには、重篤な病気を引き起こしていたものが、蚊のほうで内在化させたウイルスDNAを利用してウイルスに対処する方法を進化させたのかもしれない。

ヒトの内在性ボルナウイルス様配列でORFが保存されているということは、ヒトもこれを

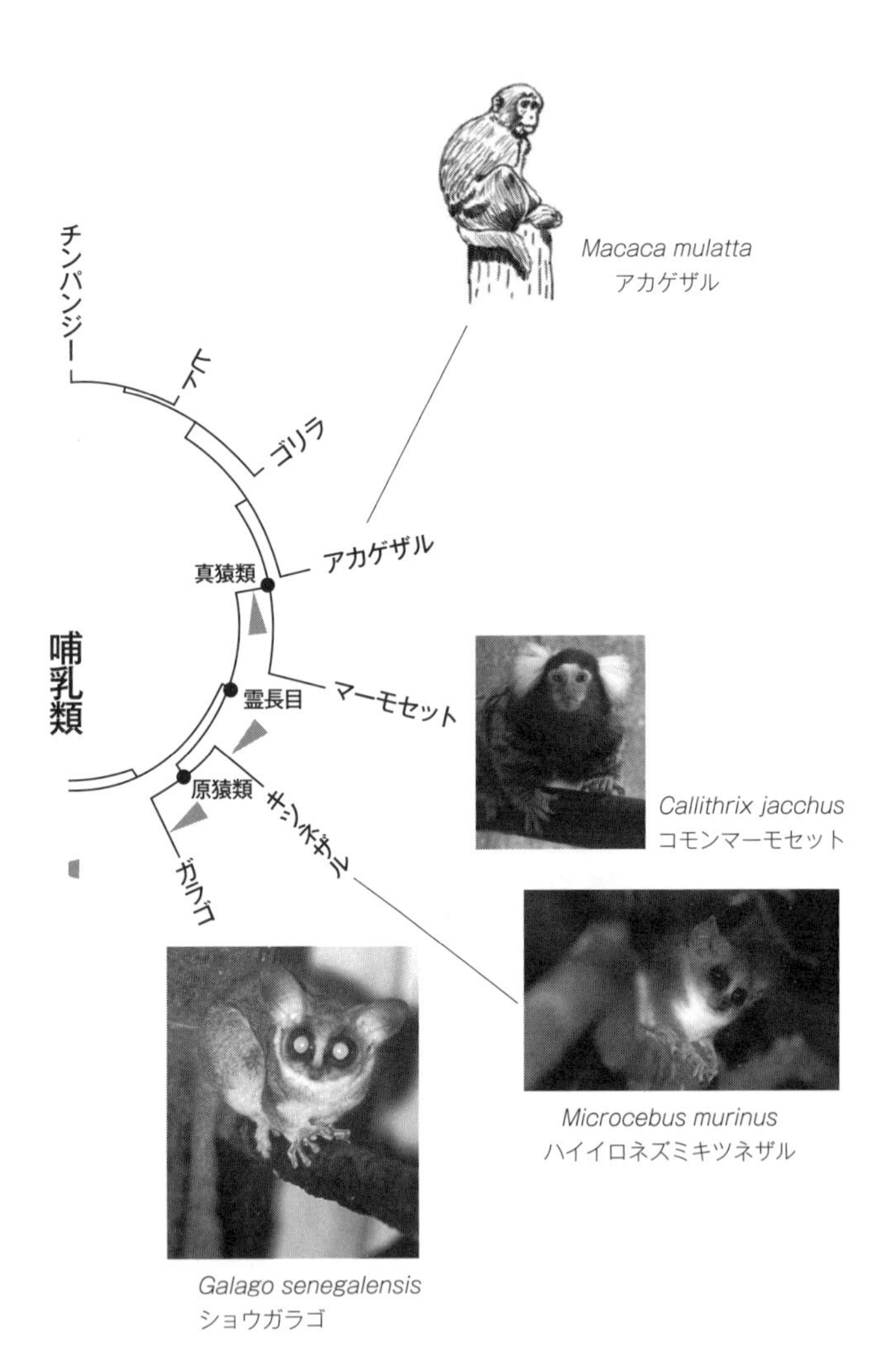
哺乳類
チンパンジー
ヒト
ゴリラ
アカゲザル
真猿類
マーモセット
霊長目
原猿類
キツネザル
ガラゴ
Macaca mulatta
アカゲザル
Callithrix jacchus
コモンマーモセット
Microcebus murinus
ハイイロネズミキツネザル
Galago senegalensis
ショウガラゴ

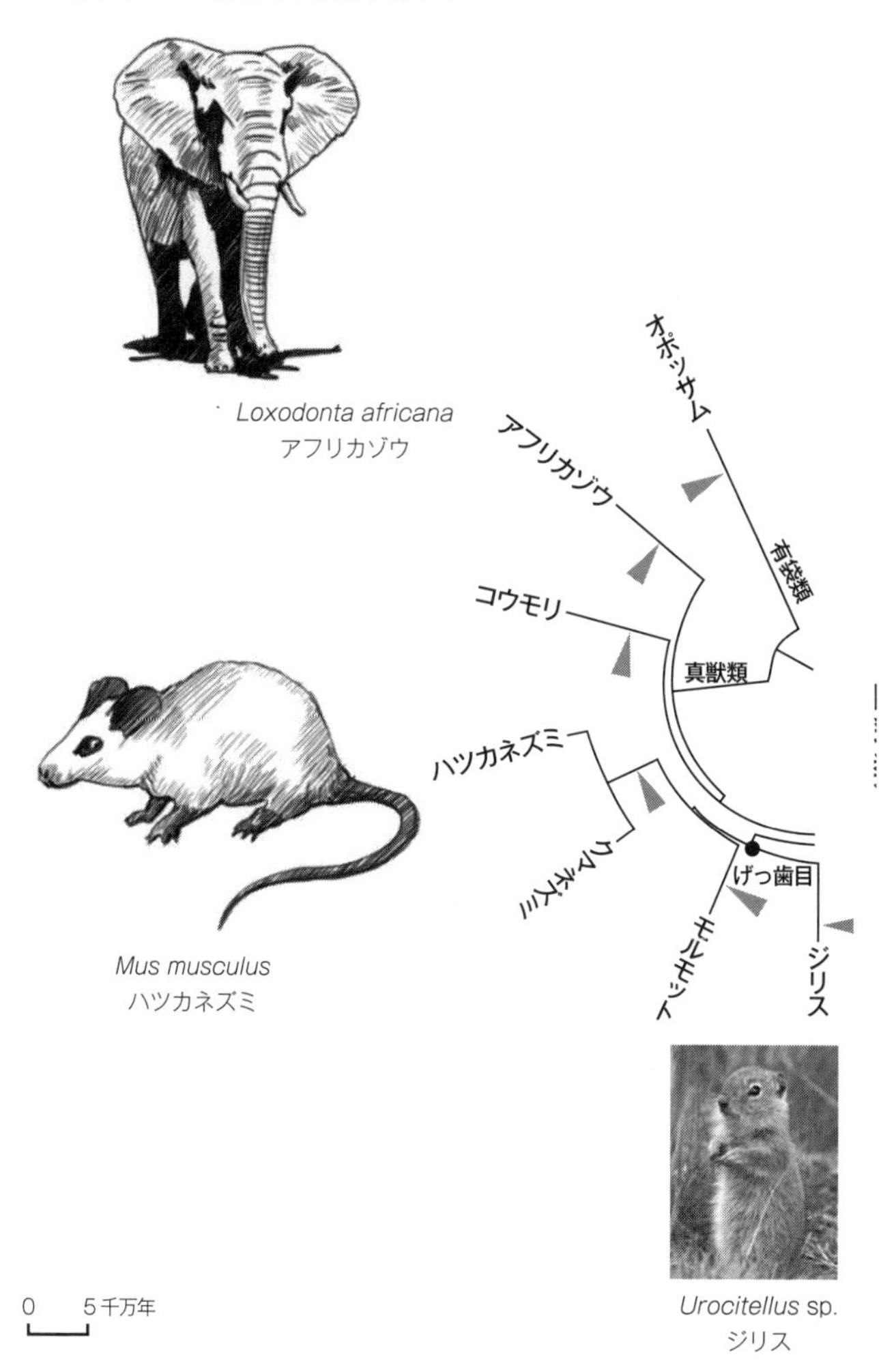

図7-5　ボルナウイルス内在化

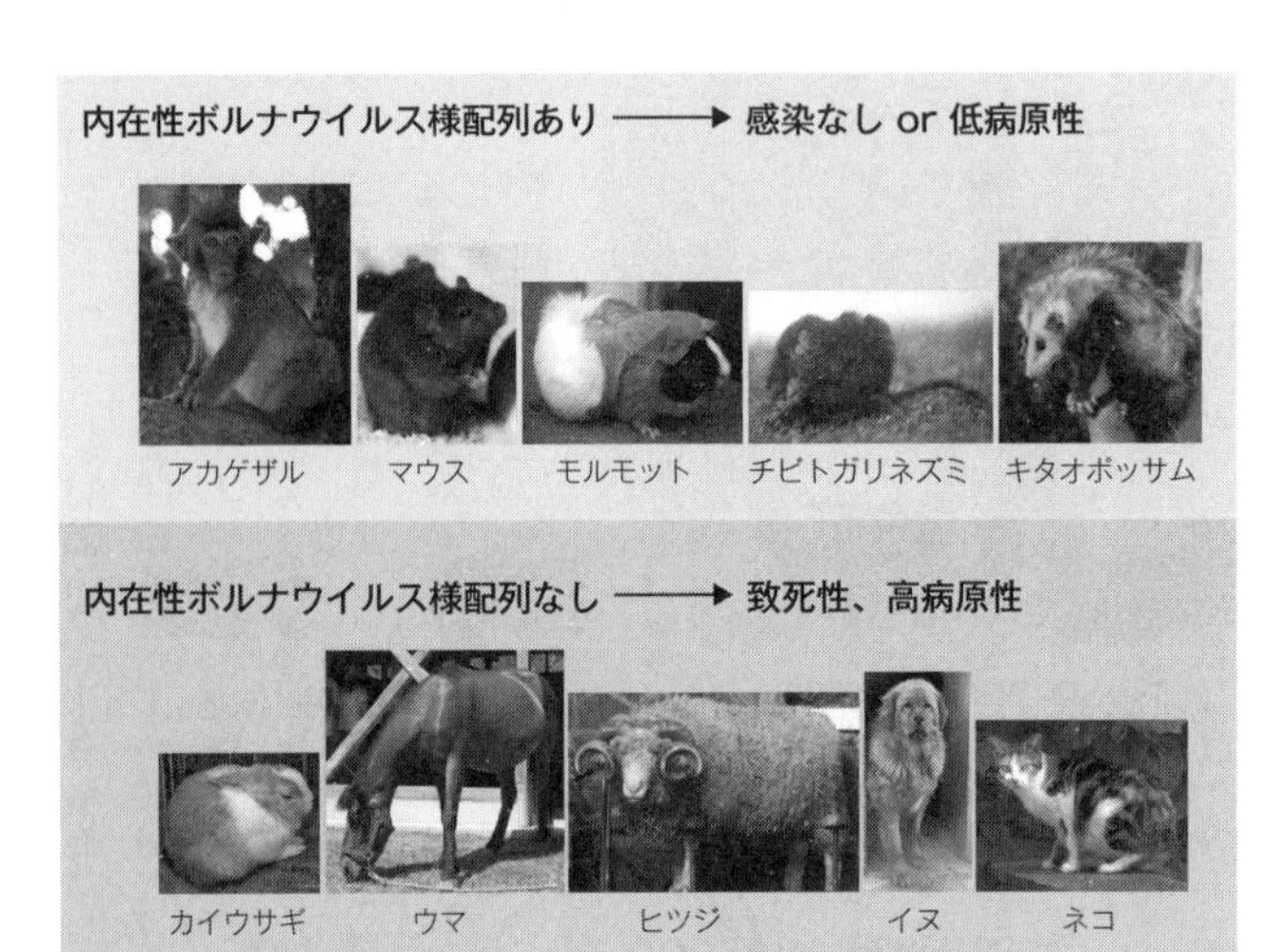

図7-6　内在性ボルナウイルス様配列の有無と病原性

利用してウイルスの感染に対処している可能性がある。図7－5の矢印で、ボルナウイルスN遺伝子の内在化が、哺乳類のさまざまな系統で独立に何回も起こったことを示した。そのことは、哺乳類の中に、内在性ボルナウイルス様配列をもたない系統もあることを意味する。

内在性配列をもつ動物ではボルナウイルスに感染しにくいか、あるいは感染しても軽症で済む。対して、そのような配列をもたない動物では、重篤な症状に陥る傾向があるという（図7－6）。進化の過程で、ボルナウイルスに遭遇した系統ではウイルスに対する対処法が進化したが、最近までそのようなウイルスに出会ったことのなかった系統では進化する機会がなかったということかもしれない。

本章の序盤で、レトロウイルスが内在化し

たと考えられるLTR型レトロトランスポゾンを紹介した。このような配列はヒトのゲノムの8％を占める。その中で、数百万年も前に内在化したにもかかわらず、ORFが保存されているものがあるということは、強調に値する。マウスやニワトリでは、内在性レトロウイルス様配列から発現するエンベロープたんぱく質が、細胞表面の受容体とマウス白血病ウイルスや鳥白血病ウイルスなどのレトロウイルスとの相互作用を阻害して、ウイルスの感染を防ぐという。

もうひとつの役割

内在性ウイルス様配列はウイルスの感染を防ぐ機能をもっているだけでなく、ウイルスの進化について研究する際の手がかりを与えてくれる「化石」のような役割も果たしている。一般にウイルスゲノムの進化速度は宿主のゲノムにくらべてはるかに速いので、第5章で紹介したように、SARS－CoV－2の進化をほとんどリアルタイムで追跡することができる。そのことは逆に、系統樹を地質学的に古い時代までさかのぼることを困難にしている。ひとつの塩基座位に繰り返し置換が蓄積する「多重置換」のために、系統樹をさかのぼると次第にはっきりしなくなるのである。ところが、内在性ウイルス様配列ならば宿主ゲノムと同じ置換率なので、古い時代にまでさかのぼることを可能にしてくれる。

たとえば、図7－5中の真猿類（しんえん）における内在性ボルナウイルス様配列は、あらゆる真猿類がもっているので、その内在化は4000万年以上前にいた真猿類の共通祖先で内在化したと考えられる。しかも、その配列は宿主ゲノムと同じ速度で進化してきたものだから、およそ400万年間の進化の様子を追うことも可能になると言えよう。

4　外来性ウイルスと哺乳類の共進化

泡沫状ウイルスは語る

本章の最後に、内在化していない外来性ウイルスであっても、およそ1億年の進化の歴史をさかのぼるのに使うことができることを示す研究を紹介しよう。

「泡沫状ウイルス（foamy virus）」というウイルスがある。ヒトT細胞白血病ウイルスやヒト免疫不全ウイルス（HIV）と同じく、レトロウイルス科に属する。ほかのレトロウイルスとは違い、独自のスプマウイルス亜科（Spumavirinae）に分類される。感染した細胞を培養すると泡状に細胞変成することからつけられた名前である。「spuma」とはラテン語で「泡」を意味する。ちなみに、泡沫状ウイルス以外のレトロウイルスは、「オルトレトロウイルス亜科（Orthoretrovirinae）」に分類される。ここで「オルト（ortho）」とは、ギリシャ語で「正しい」あるいは「真正」という意味であり、泡沫状ウイルスがレトロウイルスとしては変わっていることを示している。

泡沫状ウイルスはさまざまな動物から採取されるが、感染による病理的な症状は知られていないので、最近まであまり注目されないウイルスだった。ところが、進化学的に面白い話題を提供するウイルスとしてその存在感が高まってきている。

泡沫状ウイルスには、宿主ゲノムに組み込まれて遺伝する内在化が知られている例は少ない。哺乳類でも内在性泡沫状ウイルス配列はあまり知られておらず、これまでアイアイとフタツユビナマケモノでしか見つかっていない。外来性ウイルスにもかかわらず進化速度が遅いために、その特性を使って、なんと1億年近い進化の歴史をさかのぼることができる。

泡沫状ウイルスのゲノムには「Pol（ポリメラーゼ）遺伝子」があり、その中に逆転写酵素などいくつかの酵素がコードされている。イギリス・オックスフォード大学のアリス・カツオウラキスらのグループは、図7－7に示したように、逆転写酵素のアミノ酸配列（162アミノ酸）を使ってウイルスの系統樹（破線）と宿主哺乳類の系統樹（実線）を描き、2つの系統樹をくらべた。その結果、ウイルスと宿主の系統樹が驚くほどよく一致していることが分かった。このことは、宿主の種分化にあわせてウイルスも一緒に種分化してきたことを示す。このことを「共進化（coevolution）」あるいは「共種分化（cospeciation）」という。

ただし、以下の3点において、ウイルスと宿主双方の枝分かれの順番に食い違いが見られる。ひとつは広鼻猿類（新世界ザル）の中である。マーモセットとリスザルは、クモザルにくらべてお互いに近縁な関係にあるが、マーモセットのウイルスがリスザルよりもクモザルのものに

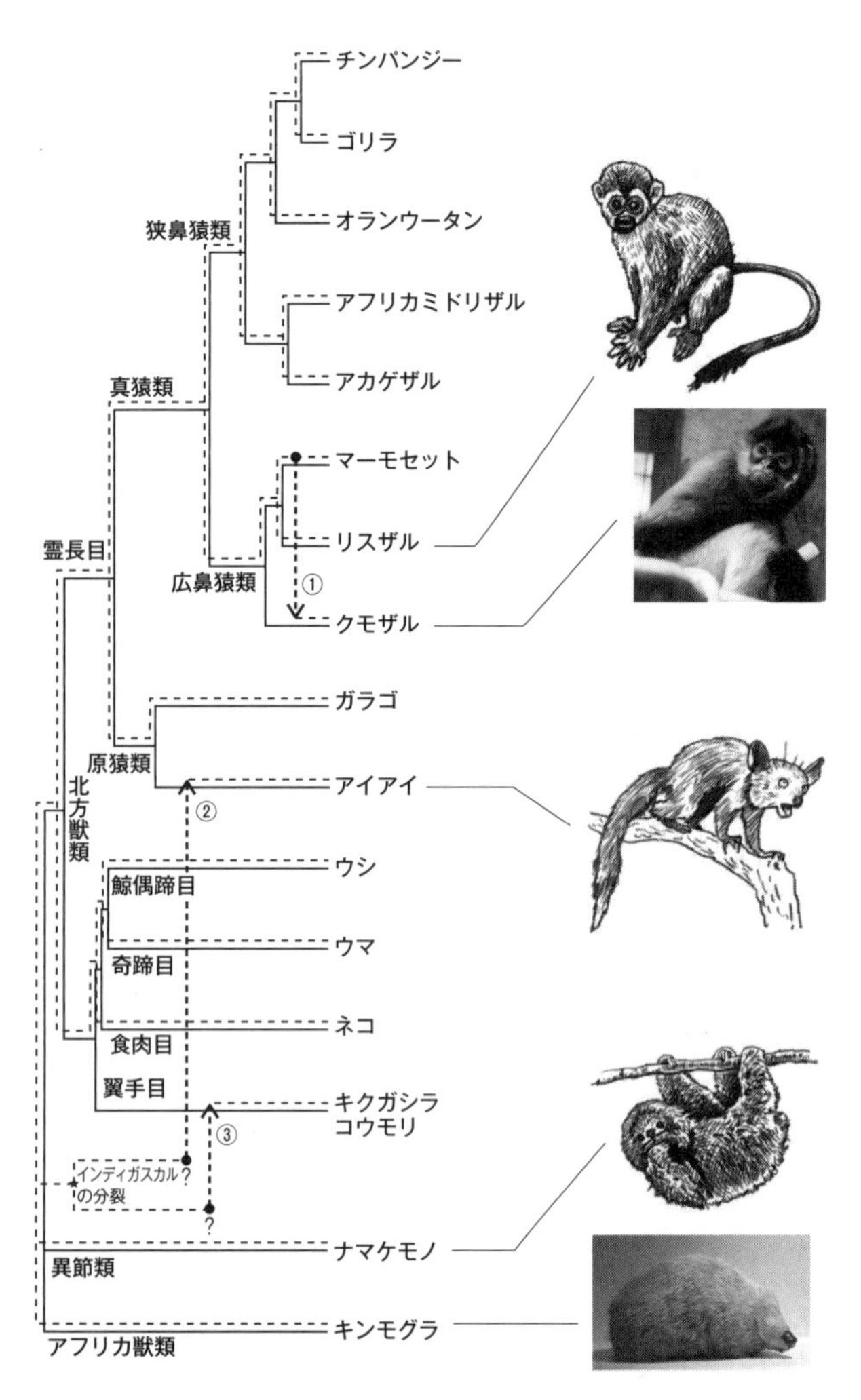

図7-7　泡沫状ウイルス共進化系統樹

近縁なのである。このことは、矢印①で示すように、マーモセットの祖先と共生していた泡沫状ウイルスが、宿主を換えてクモザルの祖先と共生するようになった（あるいはクモザルのウイルスがマーモセットに移った）ことを意味する。真獣類の進化の歴史を通じて、基本的に泡沫状ウイルスは宿主哺乳類と共進化してきたが、稀に宿主を乗り換えることもあったと考えられる。

系統樹間の食い違いは、マダガスカルのアイアイと中国のキクガシラコウモリでも見られる。この2種と共生するウイルスは、系統樹上で宿主が位置する場所ではなく、お互いにひとつのグループとして独自の系統をつくっている。アイアイは霊長目、キクガシラコウモリは翼手目であり、系統的に離れた動物であるにもかかわらず、お互いに近縁なウイルスが共生しているのである。しかも、霊長目と翼手目は真獣類の中で「北方獣類」という大きなグループに属するが、この2種類の動物と共生するウイルスは、ほかの北方獣類と共生するウイルスとは系統的には離れたものである。

図7－7で示した泡沫状ウイルスの系統樹に間違いがないとすると、どのようなシナリオが考えられるだろうか。ウイルスが採取されたアイアイはマダガスカル、キクガシラコウモリは中国に棲息する。この系統的に離れた2種類の動物に近縁なウイルスが共生するためには、祖先が同じ環境で暮らしていたということが必要である。現在は遠く離れたマダガスカルと中国だが、ここでカツオウラキスらは、両者を結びつける大胆な仮説として「大陸移動」が関係し

ているという説を提唱している。

今から1億3000万年以上前、現在のインドを含めた南半球の大陸はゴンドワナ大陸としてひとつにまとまっていた。それが1億3000万年前になると、インドとマダガスカルを合わせた陸塊（「インディガスカル」）がそれまで陸続きだった現在のアフリカ、南極、オーストラリアから分かれた。その後、1億5００万年前にはアフリカと南アメリカが分離し、大西洋が生まれた。インディガスカル陸塊はおよそ8500万年前にインドとマダガスカルとに分離し、その後マダガスカルはほとんどそのままの位置にとどまったが、一方のインドは北上し、およそ4500万年前にユーラシアと陸続きになった。カツオウラキスらは、インディガスカル陸塊に生息していた現在は絶滅した未知の動物に泡沫状ウイルスが共生していて、それがアイアイの祖先とキクガシラコウモリの祖先に宿主替えしたのではないかというのだ。

8500万年前の古地図を用いて、そのことを説明する。インディガスカル陸塊がマダガスカルとインドに分裂したころには、そこにはまだアイアイの祖先もキクガシラコウモリの祖先もいなかった。アイアイつまりキツネザルの祖先は、今からおよそ6000万年前にアフリカから海を渡ってやってきたと考えられているのである。

図7－8が示している仮説によると、インディガスカルが分裂したころにマダガスカルにいた未知の動物を宿主としていた泡沫状ウイルスが、その後やってきたアイアイなどキツネザルの祖先に宿主替えをしたという（図7－7の矢印②）。また泡沫状ウイルスを宿主としていた未

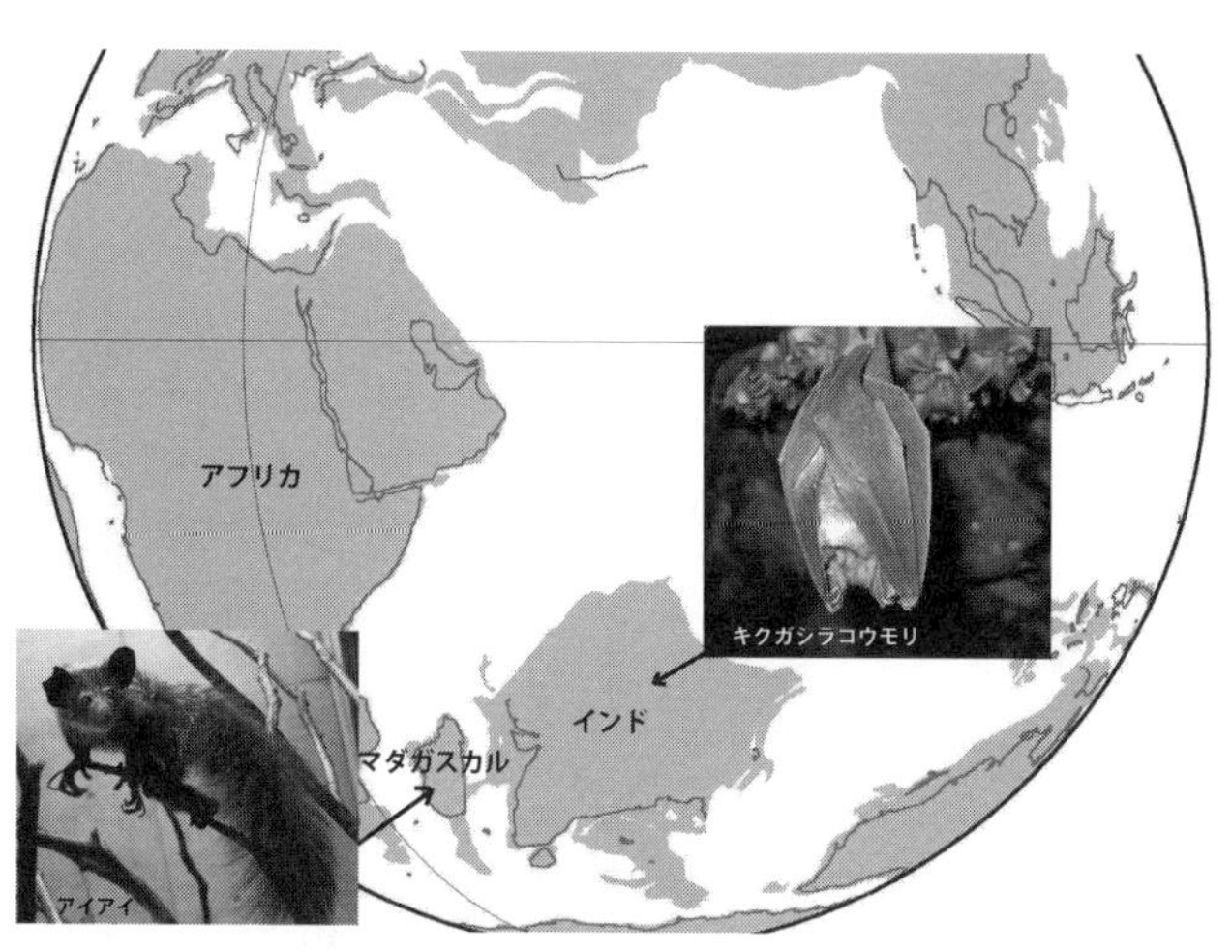

図7-8　インディガスカル陸塊の分裂

知の動物のうちでインドにいたものは、そのままアジアに到達して、そこでキクガシラコウモリの祖先に泡沫状ウイルスを受け渡した（図7－7の矢印③）。これらの未知の動物は、その後絶滅したと考えられる。このように、インディガスカルの分裂が動物の種分化のきっかけになったという例はカエルなどでは知られているが、哺乳類では知られていない。

カツオウラキスらによる仮説は壮大で魅力的なものであるが、分子系統樹推定は必ずしもいつも正しい系統樹を与えるとは限らない。たとえば特定の系統でウイルスがほかとは違った選択圧を受けるなどした場合に、間違った系統樹が得られることがあるからだ。彼女たちの研究で用いられたアイアイの泡沫状ウイルスの配列は内在性のものであり、内在化したことによって外来性ウイルスとは違った選択圧を受け、系統樹推定が間違った可能性がある。この仮説が正しいかどうかを確かめるためには、さらに多くの種、とりわけアジアのさまざまなコウモリや、マダガスカルの多様なキツネザルと共生する泡沫状ウイルスの詳しい解析が望まれる。

本章ではウイルスがヒトのゲノムに内在化し、さまざまな役割を果たしていること、さらに外来性ウイルスを使って1億年の進化の歴史をさかのぼれることを見てきた。いずれのウイルスも最初は恐ろしい病気を引き起こすものだったかもしれないが、長い共生の歴史を通じてこのような関係が築かれたのである。本書冒頭のエピグラフに引用したリン・マーギュリスの言葉にあるように、ウイルスも生物進化のバリエーションの源泉だということを、どうか忘れずに覚えておいてほしい。

あとがき

これを書いている2022年10月現在、COVID-19の感染はまだ気が抜けない状況が続いている。この感染を引き起こしているSARS-CoV-2は、2002年に中国広東省から世界に拡がった重症急性呼吸器症候群SARSの病原ウイルスSARS-CoVに近縁なウイルスであるが、これらはどちらも野生のキクガシラコウモリを自然宿主としていたものがヒトに感染するようになったものである（第6章）。SARSのほうは、発生して1年ほどで消えてしまったが、COVID-19は3年近く経っても未だに終息していない。

SARS-CoVは致死率が高すぎたとともに、ひとに感染させるほどのウイルス量が放出されるよりも前に症状が現れるということがあった。そのため、症状が出て入院した病院のスタッフへの感染は多かったが、一般社会への広がりはそれほどにならずに済んだ。ところが17年後に出現したSARS-CoV-2のほうは、感染者に症状が出る前にウイルスが大量に放出される上に、ひとに感染させておきながら無症状のままで終わるひともいるという具合に、感染の仕方がまったく変わってしまったのである。

もともとコウモリに適応していたウイルスがヒトに感染するようになった当初は、まだ新しい宿主には完全には適応していなかったはずである。それが多くのヒトに感染して拡がるうちに、膨大な数の突然変異とそれに対して働く自然選択を経て、ヒトに適応した共生体になっていった。SARS－CoV－2がヒトに感染するようになってから新しい宿主に適応してきた様子はそのゲノム配列の変化からもうかがえる。しかし、そのウイルスにとって適応した状態が必ずしも宿主にとって平和的なものとは限らない。第4章で紹介したように、20世紀の後半に根絶したとされている天然痘ウイルスは、時おり弱毒性の系統を生み出すことはあったものの、1700年以上にわたって強毒性の系統が主流であり続けたのだ。

確実に弱毒化の方向に向かわせるためには、感染がある程度以下に抑えられた状態が続くことが必要だろう。集団中の感染者の割合が少なければ、感染力を保持したまま弱毒化するしか、ウイルスが生き残る道はないからである。ワクチンや感染対策が有効に機能して、SARS－CoV－2もそのような道をたどることを願わずにはいられない。

COVID－19が終息しても、グローバル化した現代社会において、今までのような環境破壊が続けば、いずれ新たな感染症が出現することは必然であろう。近年の新興感染症の相次ぐ出現は、野生動物の生息域に多くのヒトや家畜が入り込んで住むようになったために起きたものである。森林の伐採が森の中で野生動物のあいだを巡回していたウイルスを人間社会に導き入れているのだ。ヒトによる環境破壊が野生動物の中に潜んでいたウイルスを解き放った。以前であればそのような感染症が出現しても、その地域だけの風土病にとどまっていたものが、交通手段の発達により一気に世界的なパンデミックになる。グローバル化は避けられない傾向であろうが、第4章で述べたように、際限のない経済成長を求め続けなければ成り立たないような現在の社会の仕組みを変えなければならないことは明らかである。

ウイルスには、以上のような病原体としての側面だけではなく、生物進化の最初期からわれわれと共生してきたという側面がある。これが本書の主要テーマであることは、読者にはすでに十分お分かりいただけたことだろう。あらゆる真核生物だけではなく、細菌にもファージと呼ばれるウイルスが共生している。このような共生ウイルスがわれわれの進化に果たしてきた役割に関しては、第7章で紹介したように、哺乳類で胎盤が進化した際にウイルス由来の遺伝子が重要な役割を果たしたということをはじめ、さまざまなことが明らかになっている。とはいえ、これらの研究は21世紀に入ってから始まったばかりであり、まだまだ分からないことが多い。

研究生活から退いて久しいが、この歳になって思い出されるのは、20世紀の進化の総合説を打ち立てるのに貢献したエルンスト・マイヤー（1904〜2005）が2004年に100歳になってサイエンス誌に書いた回想論文である。彼は自らが確立に関わった進化の総合説の黄金時代を生きてきたことに満足した気持ちを表明する一方で、最後に進化生物学のこれからの発展を自分は見届けることができないだろうという寂しい気持ちの表明で文章を終えている。この翌年に彼は亡くなった。

確かに彼は進化学の黄金時代に生きたが、彼の時代の進化学には微生物やウィルスはほとんど登場しなかった。彼の進化学は、目で見える生物だけをもとに構築されていたのだ。ところが彼の死後、進化生物学はまったく新しい局面を迎えている。われわれのからだには自分自身の細胞数を上回る数の微生物が棲みついていて、われわれはこれら共生微生物によって生かされているという新たな認識が生まれている。この共生微生物にウィルスも含まれることも確かであり、このような認識の上に立った新しい進化生物学が生まれつつあるのだ。私自身、今後何年になるかは分からないが、マイヤーが見届けることのできなかった進化生物学の新しい展開を見ていくことを楽しみにしている。このような共生微生物とわれわれの関わりを進化学的に深く理解することは、今後出現する新興感染症に対処するためにも大切なことであろう。

本書は、COVID−19の感染拡大が続いていた2020年10月から翌年の5月まで、キウイラボのウェブマガジン「Web科学バー」で31回にわたって連載したものをまとめ、大幅な加筆修正を施したものである。

本書の執筆にあたって、いろいろなことを教えていただいた西原秀典さんと二階堂雅人さん、写真を提供していただいた上に、コウモリについてもご教示いただいた河合久仁子さん、貴重な写真を提供していただいた細矢剛さんとAndy Shedlockさんに感謝します。また、連載の企画・編集と本書の構成を担当して下さったキウイラボの畠山泰英さん、編集に携わって下さった中公新書編集部の楊木文祥さん、最終原稿を点検して下さった武村政春さんにも心より御礼申し上げます。

2022年10月

長谷川政美

Soares, P. et al. (2009) Correcting for purifying selection: an improved human mitochondrial molecular clock. *Am. J. Hum. Genet*. 84: 740-759.

Suzuki, S. et al. (2007) Retrotransposon silencing by DNA methylation can drive mammalian genomic imprinting. *PLoS Genet.* 3 (4) : e55.

Wang, X. et al. (2013) Paternally expressed genes predominate in the placenta. *Proc. Natl. Acad. Sci.* USA 110: 10705-10710.

Press.
Horie, M.（2019）Interactions among eukaryotes, retrotransposons and riboviruses: endogenous riboviral elements in eukaryotic genomes. *Genes Genet. Syst*. 94: 253-267.
Horie, M. et al.（2010）Endogenous non-retroviral RNA virus elements in mammalian genomes. *Nature* 463: 84-87.
Imakawa, K., Nakagawa, S. and Miyazawa, T.（2015）Baton pass hypothesis: successive incorporation of unconserved endogenous retroviral genes for placentation during mammalian evolution. *Genes Cells* 20: 771-788.
Jern, P. and Coffin, J.M.（2008）Effects of retroviruses on host genome function. *Annu. Rev. Genet*. 42: 709-732.
Katzourakis, A. et al.（2014）Discovery of prosimian and afrotherian foamy viruses and potential cross species transmissions amidst stable and ancient mammalian co-evolution. *Retrovirology.* 11: 61.
Nishihara, H., Smit, A.F.A. and Okada, N.（2006）Functional noncoding sequences derived from SINEs in the mammalian genome. *Genome Res*. 16: 864-874.
Patel, M.R., Emerman, M. and Malik, H.S.（2011）Paleovirology; ghosts and gifts of viruses past. *Curr. Opin. Virol*. 1: 304-309.
Rott, R. et al.（1985）Detection of serum antibodies to Borna disease virus in patients with psychiatric disorders. *Science.* 228: 755-756.
Rubbenstroth, D. et al.（2019）Human bornavirus research: Back on track! . *PLoS Pathog*. 15（８）: e1007873.
Sasaki, T. et al.（2008）Possible involvement of SINEs in mammalian-specific brain formation. *Proc. Natl. Acad. Sci.* USA 105: 4220-4225.
Schweizer, M. et al.（1999）Genetic stability of foamy viruses: long-term study in an African green monkey population. *J. Virol.* 73: 9256-9265.
Sekita, Y. et al.（2008）Role of retrotransposon-derived imprinted gene, *Rtl1,* in the feto-maternal interface of mouse placenta. *Nature Genet*. 40: 243-248.

第7章

朝長啓造（2012）「ボルナウイルス」『ウイルス』62（2）: 209-218.
岡田典弘（2017）『科学者の冒険』クバプロ.
小林武彦（2017）『DNAの98%は謎——生命の鍵を握る「非コードDNA」とは何か』講談社ブルーバックス.
リアム・ドリュー（2019）『わたしは哺乳類です——母乳から知能まで、進化の鍵はなにか』梅田智世訳、インターシフト.
中屋敷均（2016）前掲〔第5章〕
長谷川政美（2020b）前掲〔第5章〕
リチャード・O・プラム（2020）『美の進化』黒沢令子訳、白揚社.
ロビン・マランツ・ヘニッグ（2020）前掲〔第4章〕
堀江真行／朝長啓造（2010）「哺乳動物ゲノムに内在する非レトロウイルス型RNA ウイルスエレメント」『ウイルス』60（2）: 143-154.
本田知之（2015）「ボルナ病ウイルスの神経病原性に関する研究」『ウイルス』65（1）: 145-154.
リン・マーギュリス（2000）『共生生命体の30億年』中村桂子訳、草思社.
Aiewsakun, P. and Katzourakis, A.（2015）Time dependency of foamy virus evolutionary rate estimates. *BMC Evol. Biol.* 15: 119.
Besenbacher, S. et al.（2019）Direct estimation of mutations in great apes reconciles phylogenetic dating. *Nature Ecol. Evol*. 3: 286-292.
Edwards, C.A. et al.（2008）The evolution of the *DLK1-DIO3* imprinted domain in mammals. *PLoS Biol*. 6（6）: e135.
Esnault, C. et al.（2013）Differential evolutionary fate of an ancestral primate endogenous retrovirus envelope gene, the EnvV *Syncytin*, captured for a function in placentation. *PLoS Genet*. 9（3）: e1003400.
Goic, B. et al.（2016）Virus-derived DNA drives mosquito vector tolerance to arboviral infection. *Nature Comm*. 7: 12410.
Gould, S.J., Vrba, E.S.（1982）Exaptation; a missing term in the science of form. *Paleobiology* 8（1）: 4-15.
Haig, D.（2002）*Genomic Imprinting and Kinship*. Rutgers Univ.

their recombination history. *J. Virol*. 91: e01953-16.

Tirado, S.M.C. and Yoon, K.-J.（2003）Antibody-dependent enhancement of virus infection and disease. *Viral Immunol*. 16: 69-86.

Vennema, H. et al.（1990）Early death after feline infectious peritonitis virus challenge due to recombinant vaccinia virus immunization. *J. Virol*. 64: 1407-1409.

Viglione, G.（2020）The true toll of the pandemic. *Nature* 585: 22-24.

Vijgen, L. et al.（2005）Complete genomic sequence of human coronavirus OC43: molecular clock analysis suggests a relatively recent zoonotic coronavirus transmission event. *J. Virol.* 79: 1595-1604.

Wang, H., Pipes, L. and Nielsen, R.（2020）Synonymous mutations and the molecular evolution of SARS-CoV-2 origins. *Virus Evol. 7(1): veaa098.*

Wang, Q. et al.（2016）Immunodominant SARS coronavirus epitopes in humans elicited both enhancing and neutralizing effects on infection in non-human primates. *ACS Infect. Dis*. 2: 361-376.

Wertheim, J.O. et al.（2013）A case for the ancient origin of coronaviruses. *J. Virol.* 87: 7039-7045.

Woo, P.C. Y. et al.（2012）Discovery of seven novel mammalian and avian coronaviruses in the genus deltacoronavirus supports bat coronaviruses as the gene source of alphacoronavirus and betacoronavirus and avian coronaviruses as the gene source of gammacoronavirus and deltacoronavirus. *J. Virol.* 86: 3995-4008.

Young, B.E. et al.（2020）Effects of a major deletion in the SARS-CoV-2 genome on the severity of infection and the inflammatory response: an observational cohort study. *Lancet* 396: 603-611.

Zeberg, H. and Pääbo, S.（2020）The major genetic risk factor for severe COVID-19 is inherited from Neanderthals. *Nature. 587: 610-612.*

Zhao, Z. et al.（2004）Moderate mutation rate in the SARS coronavirus genome and its implications. *BMC Evol. Biol.* 4: 21.

antibody responses in COVID-19. *Nature Rev. Immunol.* 20: 339-341.

Jiang, S. et al.（2020）A distinct name is needed for the new coronavirus. *Lancet* 395: 949.

Korber, B. et al.（2020）Tracking changes in SARS-CoV-2 Spike: evidence that D614G increases infectivity of the COVID-19 virus, *Cell* 182（4）: 812-827.

Koyama, T., Platt, D. and Parida, L.（2020）Variant analysis of SARS-CoV-2 genomes. *Bull. World Health Organ.* 98: 495-504.

Kulkarni, R.（2020）“Antibody-dependent enhancement of viral infections”. In *Dynamics of Immune Activation in Viral Diseases*（ed. Bramhachari, P.V.）, pp. 9-41, Springer.

Long, Q.-X. et al.（2020）Clinical and immunological assessment of asymptomatic SARS-CoV-2 infections. *Nature Med.* 26: 1200-1204.

Mo, H. et al.（2006）Longitudinal profile of antibodies against SARS-coronavirus in SARS patients and their clinical significance. *Respirology* 11: 49-53.

Morel, B. et al.（2021）Phylogenetic analysis of SARS-CoV-2 data is difficult. *Mol Biol Evol* . 38(5): 1777-1791.

Peeples, L.（2020）Avoiding pitfalls in the pursuit of a COVID-19 vaccine. *Proc. Natl. Acad. Sci.* USA 117: 8218-8221.

Pozzer, A. et al.（2020）Regional and global contributions of air pollution to risk of death from COVID-19. *Cardiovasc. Res.* 116（14）: 2247-2253.

Pybus, O. et al.（2020）Preliminary analysis of SARS-CoV-2 importation & establishment of UK transmission lineages. *Virological*.

Shaman, J. and Galanti, M.（2020）Will SARS-CoV-2 become endemic?. *Science*. 370（6516）: 527-529.

Sikkema, R.S. et al.（2020）COVID-19 in health-care workers in three hospitals in the south of the Netherlands: a cross-sectional study. *Lancet Infect. Dis.* 20（11）: 1273-1280.

Tao, Y. et al.（2017）Surveillance of bat coronaviruses in Kenya identifies relatives of human coronaviruses NL63 and 229E and

Corman, V.M. et al.（2014）Rooting the phylogenetic tree of Middle East respiratory syndrome coronavirus by characterization of a conspecific virus from an African bat. *J. Virol.* 88: 11297-11303.

CSG of ICTV（2020）The species *Severe acute respiratory syndrome-related coronavirus*: classifying 2019-nCoV and naming it SARS-CoV-2. *Nature Microbiol*. 5（4）: 536-544.

Cui, J., Li, F. and Shi, Z.-L.（2019）Origin and evolution of pathogenic coronaviruses. *Nature Rev. Microbiol.* 17: 181-192.

Deng, X. et al.（2020）Genomic surveillance reveals multiple introductions of SARS-CoV-2 into Northern California. *Science* 369(6503): 582-587.

van Dorp, L. et al.（2020）Emergence of genomic diversity and recurrent mutations in SARS-CoV-2. *Infect. Genet. Evol*. 83: 104351.

Ellinghaus, D. et al.（2020）Genomewide association study of severe Covid-19 with respiratory failure. *New Engl. J. Med.* 383:1522-1534.

Eroshenko, N. et al.（2020）Implications of antibody-dependent enhancement of infection for SARS-CoV-2 countermeasures. *Nature Biotech*. 38: 789-791.

Forni, D. et al.（2017）Molecular evolution of human coronavirus genomes. *Trends Microbiol.* 25: 35-48.

Hasegawa, M., Cao, Y. and Yang, Z.（1998）Preponderance of slightly deleterious polymorphism in mitochondrial DNA; Nonsynonymous/synonymous rate ratio is much higher within species than between species. *Mol. Biol. Evol.* 15: 1499-1505.

Hou, W.（2020）Characterization of codon usage pattern in SARS-CoV-2. *Virology Journal*. DOI: 10.21203/rs.3.rs-21553/v2.

Hu, B. et al.（2017）Discovery of a rich gene pool of bat SARS-related coronaviruses provides new insights into the origin of SARS coronavirus. *PLoS Pathog*. 13（11）: e1006698.

Isabel, S. et al.（2020）Evolutionary and structural analyses of SARS-CoV-2 D614G spike protein mutation now documented worldwide. *Sci. Rep*. 10: 14031.

Iwasaki, A. and Yang, Y.（2020）The potential danger of suboptimal

Strand, M.R. and Burke, G.R.（2012）Polydnaviruses as symbionts and gene delivery systems. *PLoS Pathog*. 8（7）: e1002757.
Strand, M.R. and Burke, G.R.（2015）Polydnaviruses: from discovery to current insights. *Virology* : 479-480, 393-402.
Teixeira, L., Ferreira, A. and Ashburner, M.（2008）The bacterial symbiont *Wolbachia* induces resistance to RNA viral infections in *Drosophila melanogaster*. *PLoS Biol*. 6（12）: e1000002.
Thézé, J. et al.（2011）Paleozoic origin of insect large dsDNA viruses. *Proc. Natl. Acad. Sci.* USA 108: 15931-15935.
Weldon, S.R. et al.（2013）Phage loss and the breakdown of a defensive symbiosis in aphids. *Proc. Roy. Soc.* B 280: 20122103.
Whitfield, J.B. and O'Connor, J.M.（2012）"Molecular systematics of wasp and polydnavirus genomes and their coevolution". In *Parasitoid Viruses: Symbionts and Pathogens*（eds. Beckage, N.E. and Drezen, J.-M.）, pp. 89-97, Academic Press.
Yen, P.-S. and Failloux, A.-B.（2020）A Review: Wolbachia-based population replacement for mosquito control shares common points with genetically modified control approaches. *Pathogens* 9: 404.

第6章

アブル・アバス／アンドリュー・リクマン／シフ・ピレ（2018）前掲〔第4章〕
宮田隆（2014）『分子からみた生物進化』講談社ブルーバックス.
Almeida, J.D. et al.（1968）Coronaviruses. *Nature* 220: 650.
Boni, M.F. et al.（2020）Evolutionary origins of the SARS-CoV-2 sarbecovirus lineage responsible for the COVID-19 pandemic. *Nature Microbiol.* 5: 1408-1417.
Buchbinder, S.P. et al.（2020）Use of adenovirus type-5 vectored vaccines: a cautionary tale. *Lancet* 396（10260）: e68-e69.
Chen, K. et al.（2020）Air pollution reduction and mortality benefit during the COVID-19 outbreak in China. *Lancet Planet Health* 4（6）: e210-e212.

phylogenetic analysis of West Nile virus strains isolated from the United States, Europe, and the Middle East. *Virology* 298: 96-105.

Leobold, M. et al.（2018）The domestication of a large DNA virus by the wasp *Venturia canescens* involves targeted genome reduction through pseudogenization. *Genome Biol. Evol*. 10（7）: 1745-1764.

Levine, R.S. et al.（2016）Supersuppression: Reservoir competency and timing of mosquito host shifts combine to reduce spillover of West Nile virus. *Am. J. Trop. Med. Hyg.* 95: 1174-1184.

Pierson, T.C., Lazear, H.M. and Diamond, M.S.（2021）"Flaviviruses: dengue, zika, West Nile, yellow fever and other flaviviruses". In *Fields Virology: Vol. 1. Emerging Viruses*（7th ed., eds. Howley, P.M. and Knipe, D.M.）, pp.345-409, Wolters Kluwer.

Roux, M.（2011）*On an invisible microbe antagonistic to dysentery bacilli*. Note by M.F. d'Herelle, presented by M. Roux. Comptes Rendus Academie des *Sciences* 1917; 165:373-5, *Bacteriophage* 1: 3-5.

Schneider, S.E. and Thomas, J.H.（2014）Accidental genetic engineers: horizontal sequence transfer from parasitoid wasps to their lepidopteran hosts. *PLoS ONE* 9（10）: e109446.

Sharanowski, B.J. et al.（2021）Phylogenomics of Ichneumonoidea（Hymenoptera）and implications for evolution of mode of parasitism and viral endogenization. *Mol. Phylogen. Evol*. 156: 107023

Shearer, F.M. et al.（2018）Existing and potential infection risk zones of yellow fever worldwide: a modelling analysis. *Lancet Glob. Health* 6: e270-278.

Simpson, J.E. et al.（2012）Vector host-feeding preferences drive transmission of multi-host pathogens: West Nile virus as a model system. *Proc. Roy. Soc.* 279: 925-933.

Skirmuntt, E.C. et al.（2020）The potential role of endogenous viral elements in the evolution of bats as reservoirs for zoonotic viruses. *Annu. Rev. Virol*. 7: 103-119.

――伝染病の起源・拡大・根絶の歴史』関谷冬華訳、日経ナショナルジオグラフィック社.
山内一也（2020）前掲〔第4章〕
Bézier, A. et al.（2009）Polydnaviruses of braconid wasps derive from an ancestral nudivirus. *Science* 323: 926-930.
Bhatt, S. et al.（2013）The global distribution and burden of dengue. *Nature* 496: 504-507.
Branstetter, M.G. et al.（2017）Phylogenomic insights into the evolution of stinging wasps and the origins of ants and bees. *Curr. Biol*. 27: 1019-1025.
Callaway, E.（2020）The mosquito strategy that could eliminate dengue. *Nature*. DOI: 10.1038/d41586-020-02492-1.
Cheng, R.-L. et al.（2020）Nudivirus remnants in the genomes of arthropods. *Genome Biol. Evol*. 12: 578-588.
Etebari, K. et al.（2020）Transcription profile and genomic variations of oryctes rhinoceros nudivirus in coconut rhinoceros beetles. *J. Virol.* 94: e01097-20.
Flegel, T.W.（2009）Hypothesis for heritable, anti-viral immunity in crustaceans and insects. *Biol. Direct* 4: 32.
Flores, H.A.; O'Neill, S.L.（2018）Controlling vector-borne diseases by releasing modified mosquitoes. *Nature Rev. Microbiol*. 16: 508-518.
Fruciano, D.E., Bourne, S.（2007）Phage as an antimicrobial agent: d'Herelle's heretical theories and their role in the decline of phage prophylaxis in the West. *Can J. Infect. Dis. Med. Microbiol.* 18（1）: 19-26.
Kain, M.P., Bolker, B.M.（2019）Predicting West Nile virus transmission in North American bird communities using phylogenetic mixed effects models and eBird citizen science data. *Parasites Vectors* 12: 395.
Katsuma, S. et al.（2012）The baculovirus uses a captured host phosphatase to induce enhanced locomotory activity in host caterpillars. *PLoS Pathog.* 8（4）: e1002644.
Lanciotti, R.S. et al.（2002）Complete genome sequences and

818-821.
Takeda, M. et al.（2020）Animal morbilliviruses and their cross-species transmission potential. *Curr. Opin. Virol.* 41: 38-45.
Teeling, E.C., Dool, S. and Springer, M.S.（2012）"Phylogenies, fossils and functional genes: the evolution of echolocation in bats". In *Evolutionary History of Bats*（eds. Gunnell, G.F. and Simmons, N.B.）, pp. 1-22. Cambridge Univ. Press.
Wang, L.-F., Walker, P.J. and Poon, L.L.M.（2011）Mass extinctions, biodiversity and mitochondrial function: are bats 'special' as reservoirs for emerging viruses?. *Curr. Opin. Virol.* 1（6）: 649-657.
Wang, L.-F. and Anderson, D.E.（2019）Viruses in bats and potential spillover to animals and humans. *Curr. Opin. Virol.* 34: 79-89.
Wilkinson, G.S. and South, J.M.（2002）Life history, ecology and longevity in bats. *Aging Cell* 1: 124-131.

第5章

伊藤嘉昭（1980）『虫を放して虫を滅ぼす――沖縄・ウリミバエ根絶作戦私記』中公新書.
勝間進（2018）「バキュロウイルスの宿主制御遺伝子」『ウイルス』68（2）: 147-155.
加藤茂孝（2013）前掲〔第4章〕
高崎智彦（2007）「ウエストナイル熱・脳炎」『ウイルス』57（2）: 199-206.
中屋敷均（2016）『ウイルスは生きている』講談社現代新書.
成田聡子（2017）『したたかな寄生――脳と体を乗っ取り巧みに操る生物たち』幻冬舎新書.
長谷川政美（2020a）前掲〔第1章〕
長谷川政美（2020b）『進化38億年の偶然と必然』国書刊行会.
早川洋一（1998）「寄生バチとポリドナウイルスの関係」『ウイルス』48（1）: 67-72.
サンドラ・ヘンペル（2020）『ビジュアルパンデミック・マップ

USA 104: 15787-15792.
Luis, A.D. et al. (2013) A comparison of bats and rodents as reservoirs of zoonotic viruses: are bats special? *Proc. R. Soc*. B280: 20122753.
Luis, A.D. et al. (2015) Network analysis of host–virus communities in bats and rodents reveals determinants of cross-species transmission. *Ecol. Lett.* 18(11): 1153-1162.
Malmlov, A. et al. (2017) Serological evidence of arenavirus circulation among fruit bats in Trinidad. *PLoS ONE* 12 (9) : e0185308.
Mandl, J.N. et al. (2018) Going to bat(s) for studies of disease tolerance. *Front. Immunol.* 9: 2112.
Meers, P. (1985) Smallpox still entombed?. *Lancet* 325 (8437) : 1103.
Meyen, F. (2003) Haematophagous bats in Brazil, their role in rabies transmission, impact on public health, livestock industry and alternatives to an indiscriminate reduction of bat population. *J. Vet. Med.* B 50: 469-472.
Mühlemann, B. et al. (2020) Diverse variola virus (smallpox) strains were widespread in northern Europe in the Viking Age. *Science* 369: aaw8977.
Munshi-South, J. and Wilkinson, G.S. (2010) Bats and birds: Exceptional longevity despite high metabolic rates. *Ageing Res. Rev*. 9: 12-19.
Nikaido, M. et al. (2020) Comparative genomic analyses illuminate the distinct evolution of megabats within Chiroptera. *DNA Res*. 27 (4) : dsaa021.
dos Reis, M. et al. (2012) Phylogenomic datasets provide both precision and accuracy in estimating the timescale of placental mammal phylogeny. *Proc. Roy. Soc. London* B. 279: 3491-3500.
Saéz, A.M. et al. (2015) Investigating the zoonotic origin of the West African Ebola epidemic. *EMBO Mol. Med*. 7: 17-23.
Simmons, N.B. et al. (2008) Primitive Early Eocene bat from Wyoming and the evolution of flight and echolocation. *Nature* 451:

Infect. Dis. 20: 1761-1764.

Atanasov, A.T.（2007）The linear allometric relationship between total metabolic energy per life span and body mass of mammals. *BioSystems* 90: 224-233.

Babkin, I.V. and Babkina, I.N.（2015）The origin of the variola virus. *Viruses* 7: 1100-1112.

Bennett, A.J. et al.（2020）Relatives of rubella virus in diverse mammals. *Nature* 586: 424-428.

Bricker, D. and Ibbitson, J.（2019）*Empty Planet: The Shock of Global Population Decline.* Robinson.

Drexler, J.F. et al.（2012）Bats host major mammalian paramyxoviruses. *Nature Commun*. 3: 796.

Duggan, A.T. et al.（2016）17th century variola virus reveals the recent history of smallpox. *Curr. Biol.* 26: 3407-3412.

Düx, A. et al.（2020）Measles virus and rinderpest virus divergence dated to the sixth century BCE. *Science* 368: 1367-1370.

Gibb, R. et al.（2020）Zoonotic host diversity increases in human-dominated ecosystems. *Nature* 584: 398-402.

Gire, S.K. et al.（2014）Genomic surveillance elucidates Ebola virus origin and transmission during the 2014 outbreak. *Science* 345: 1369-1372.

Jebb, D. et al.（2020）Six reference-quality genomes reveal evolution of bat adaptations. *Nature* 583: 578-584.

Kawai, K.（2009）"*Myotis gracilis* Ognev, 1927" In *The Wild Mammals of Japan*（eds. Ohdachi, S.D. et al.）, pp. 96-97. Shoukadoh.

Keeling, M.J. and Grenfell, B.T.（1997）Disease extinction and community size: modeling the persistence of measles. *Science* 275: 65-67.

Leroy, E.M. et al.（2005）Fruit bats as reservoirs of Ebola virus. *Nature* 438: 575-576.

Li, K. et al.（2019）Emergence and adaptive evolution of Nipah virus. *Transbound Emerg. Dis*. 67: 121-132.

Li, Y. et al.（2007）On the origin of smallpox: Correlating variola phylogenics with historical smallpox records. *Proc. Natl. Acad. Sci.*

村澄子監訳、八坂書房.
加藤茂孝（2013）『人類と感染症の歴史——未知なる恐怖を超えて』丸善出版.
エリザベス・コルバート（2015）『6度目の大絶滅』鍛原多惠子訳、NHK出版.
斎藤幸平（2020）『人新世の「資本論」』集英社新書.
坂田真史／森嘉生（2014）「風疹ウイルスの生活環」『ウイルス』64（2）: 137-146.
ジャレド・ダイアモンド（2012）『銃・病原菌・鉄』倉骨彰訳、草思社文庫.
ダーシー・トムソン（1973）『生物のかたち』柳田友道ほか訳、東京大学出版会.
ロビン・マランツ・ヘニッグ（2020）『ウイルスの反乱』（新装版）長野敬／赤松眞紀訳、青土社.
ジョン・ホイットフィールド（2009）『生物たちは3/4が好き——多様な生物界を支配する単純な法則』野中香方子訳、化学同人.
クリストフ・ボヌイユ／ジャン＝バティスト・フレソズ（2018）『人新世とは何か』野坂しおり訳、青土社.
アマンダ・ケイ・マクヴェティ（2020）『牛疫——兵器化され、根絶されたウイルス』山内一也訳、みすず書房.
アン・マクブライド（1998）『ウサギの不思議な生活』斎藤慎一郎訳、晶文社.
村上陽一郎（1983）『ペスト大流行——ヨーロッパ中世の崩壊』岩波新書.
山内一也（2009）『史上最大の伝染病　牛疫——根絶までの4000年』岩波書店.
山内一也（2020）『ウイルスの世紀——なぜ繰り返し出現するのか』みすず書房.
Amman, B.R. et al.（2012）Seasonal pulses of Marburg virus circulation in juvenile *Rousettus aegyptiacus* bats coincide with periods of increased risk of human infection. *PLoS Pathog*. 8（10）: e1002877.
Amman, B.R. et al.（2014）Marburgvirus resurgence in Kitaka Mine bat population after extermination attempts, Uganda. *Emerg.*

Giribet, G. and Edgecombe, G.D.（2019）The phylogeny and evolutionary history of arthropods. *Curr. Biol.* 29: R592-R602.

Kandeil, A. et al.（2019）Isolation and characterization of a distinct influenza A virus from Egyptian bats. *J. Virol.* 93: e01059-18.

Kobasa, D. et al.（2007）Aberrant innate immune response in lethal infection of macaques with the 1918 influenza virus. *Nature* 445: 319-323.

Li, C.-X. et al.（2015）Unprecedented genomic diversity of RNA viruses in arthropods reveals the ancestry of negative-sense RNA viruses. *eLife* 4: e05378.

Misof, B. et al.（2014）Phylogenomics resolves the timing and pattern of insect evolution. *Science* 346: 763-767.

Neumann, G., Noda, T. and Kawaoka, Y.（2009）Emergence and pandemic potential of swine-origin H1N1 influenza virus. *Nature* 459: 931-939.

Shi, M. et al.（2016）前掲〔第１章〕

Shi, M. et al.（2018）The evolutionary history of vertebrate RNA viruses. *Nature* 556: 197-202.

Taubenberger, J. K. et al.（1997）Initial genetic characterization of the 1918 "Spanish" influenza virus. *Science* 275: 1793-1796.

Tong, S. et al.（2013）New World bats harbor diverse influenza A viruses. *PLoS Pathog.* 9（10）: e1003657.

Wille, M. and Holmes, E.C.（2020）The ecology and evolution of influenza viruses. *Cold Spring Harb. Perspect. Med.* 1;10(7): a038489.

Williams, S.H. et al.（2019）Discovery of two highly divergent negative-sense RNA viruses associated with the parasitic nematode, *Capillaria hepatica*, in wild *Mus musculus* from New York City. *J. Gener. Virol*. 100: 1350-1362.

第４章

アブル・アバス／アンドリュー・リクマン／シフ・ピレ（2018）『分子細胞免疫学』中尾篤人監訳、エルゼビア・ジャパン.

J.D. オルトリンガム（1998）『コウモリ——進化・生態・行動』松

Osawa, S.（1995）*Evolution of the Genetic Code*, Oxford Univ. Press.
Shackelton, L.A. and Holmes, E.C.（2008）The role of alternative genetic codes in viral evolution and emergence. *J. Theor. Biol*. 254: 128-134.
Simmonds, P.（2020）Pervasive RNA secondary structure in the genomes of SARS-CoV-2 and other coronaviruses. *mBio* 11（６）: e01661-20.
Simmonds, P. et al.（2020）Impact of virus subtype and host IFNL4 genotype on large-scale RNA structure formation in the genome of hepatitis C virus. *RNA* 26: 1541-1556.
Toh, H., Hayashida, H., and Miyata, T.（1983）Sequence homology between retroviral reverse transcriptase and putative polymerases of hepatitis B virus and cauliflower mosaic virus. *Nature* 305, 827-829.
Weinheimer, A. and Aylward, F.O.（2020）A distinct lineage of Caudovirales that encodes a deeply branching multi-subunit RNA polymerase. *Nature Commun*. 11: 4506.
Wolf, Y.I. et al.（2018）Origins and evolution of the global RNA virome. *mBio* 9: e02329-18.
Wolf, Y.I. et al.（2020）Doubling of the known set of RNA viruses by metagenomic analysis of an aquatic virome. *Nature Microbiol* 5: 1262-1270.

第３章

ロバート・ウェブスター（2019）『インフルエンザ・ハンター』田代眞人／河岡義裕訳、岩波書店.
河岡義裕／堀本研子（2009）『インフルエンザパンデミック』講談社ブルーバックス.
アンドリュー・ブラウン（2006）『はじめに線虫ありき――そして、ゲノム研究が始まった』長野敬／野村尚子訳、青土社.
山内一也（2017）『ウイルス・ルネッサンス』東京化学同人.
Bacharach, E. et al.（2016）Characterization of a novel orthomyxo-like virus causing mass die-offs of tilapia. *mBio* 7（２）: e00431-16.

第2章

大野乾（1977）『遺伝子重複による進化』山岸秀夫／梁永弘訳、岩波書店.

武村政春（2015）『巨大ウイルスと第4のドメイン』講談社ブルーバックス.

三原知子／五斗進／緒方博之（2015）「海洋巨大ウイルス――ゲノムから見えてきた多様性と生態」『生物の科学 遺伝』69（4）: 318-325.

Anderson, S. et al.（1981）Sequence and organization of the human mitochondrial genome. *Nature* 290: 457-465.

Da Cunha, V. et al.（2018）Asgard archaea do not close the debate about the universal tree of life topology. *PLoS Genet*. 14: e1007215.

Guglielmini, J. et al.（2019）Diversification of giant and large eukaryotic dsDNA viruses predated the origin of modern eukaryotes. *Proc. Natl. Acad. Sci.* USA 116: 19585-19592.

Hasegawa, M., Yasunaga, T. and Miyata, T.（1979）Secondary structure of MS2 phage RNA and bias in code word usage. *Nucl. Acids Res*. 7: 2073-2079.

Iwabe, N. et al.（1989）Evolutionary relationship of archaebacteria, eubacteria, and eukaryotes inferred from phylogenetic trees of duplicated genes. *Proc. Natl. Acad. Sci.* USA 86: 9355-9359.

King, A.M. et al.（2018）Changes to taxonomy and the International Code of Virus Classification and Nomenclature ratified by the International Committee on Taxonomy of Viruses（2018）. *Arch. Virol*. 163（9）: 2601-2631.

Lostroh, P.（2019）*Molecular and Cellular Biology of Viruses.* CRC Press.

Nibert, M.L. et al.（2019）Mitovirus and mitochondrial coding sequences from basal fungus Entomophthora muscae. *Viruses* 11（4）: 351.

O’Malley, M.A., Wideman, J.G. and Ruiz-Trillo, I.（2016）Losing complexity: the role of simplification in macroevolution. *Trends Ecol. Evol.* 31: 608-621.

参考文献

第１章

長谷川政美（2020a）『共生微生物からみた新しい進化学』海鳴社 .

Ahlquist, P.（2006）Parallels among positive-strand RNA viruses, reverse- transcribing viruses and double-stranded RNA viruses. *Nature Rev. Microbiology*. 4: 371-382.

Bawden, F. C. et al.（1936）Liquid crystalline substances from virus-infected plants. *Nature* 138: 1051-1052.

Bolduc, B. et al.（2012）Identification of novel positive-strand RNA viruses by metagenomics analysis of Archaea-dominated Yellowstone hot springs. *J. Virol.* 86: 5562-5573.

Editorials（2011）Microbiology by numbers. *Nature Rev. Microbiol*. 9: 628.

Haldane, J.B.S.（1949）Disease and evolution. *Supplement to La Ricerca Scientifica* 19: 68-76.

ICTV（2020）Virus Metadata Resource: https://talk.ictvonline.org/taxonomy/vmr/m/vmr-file-repository/10312

Mora, C. et al.（2011）How many species are there on Earth and in the ocean? *PLoS Biol*. 9（８）: e1001127.

Shi, M. et al.（2016）Redefining the invertebrate RNA virosphere. *Nature* 540: 539-543.

Stanley, W.M.（1935）Isolation of a crystalline protein possessing the properties of tabacco-mosaic virus. *Science* 81: 644-645.

Suttle, C.A.（2005）Viruses in the sea. *Nature* 437: 356-361.

Toh, H., Hayashida, H. and Miyata, T.（1983）Sequence homology between retroviral reverse transcriptase and putative polymerases of hepatitis B virus and cauliflower mosaic virus. *Nature* 305: 827-829.

ＤＴＰ・図版作成　朝日メディアインターナショナル
構成　畠山泰英

長谷川政美（はせがわ・まさみ）

1944年（昭和19年）新潟県生まれ．進化生物学者．理学博士（東京大学）．統計数理研究所教授，復旦大学教授，国立遺伝学研究所客員教授などを歴任．統計数理研究所名誉教授，総合研究大学院大学名誉教授．日本科学読物賞（1993年），日本遺伝学会木原賞（1999年），日本統計学会賞（2003年），日本進化学会賞・木村資生記念学術賞（2005年）など受賞歴多数．

著書『DNAに刻まれたヒトの歴史』（岩波書店，1991）
『系統樹をさかのぼって見えてくる進化の歴史』（ベレ出版，2014）
『共生微生物からみた新しい進化学』（海鳴社，2020）
『進化38億年の偶然と必然』（国書刊行会，2020）
ほか

ウイルスとは何か
中公新書 2736

2023年1月25日発行

著　者　長谷川政美
発行者　安部順一

本文印刷　暁印刷
カバー印刷　大熊整美堂
製　本　小泉製本

発行所　中央公論新社
〒100-8152
東京都千代田区大手町1-7-1
電話　販売 03-5299-1730
　　　編集 03-5299-1830
URL https://www.chuko.co.jp/

Published by CHUOKORON-SHINSHA, INC.
Printed in Japan　ISBN978-4-12-102736-8 C1245

中公新書刊行のことば

一九六二年一一月

いまからちょうど五世紀まえ、グーテンベルクが近代印刷術を発明したとき、書物の大量生産は潜在的可能性を獲得し、いまからちょうど一世紀まえ、世界のおもな文明国で義務教育制度が採用されたとき、書物の大量需要の潜在性が形成された。この二つの潜在性がはげしく現実化したのが現代である。

いまや、書物によって視野を拡大し、変りゆく世界に豊かに対応しようとする強い要求を私たちは抑えることができない。この要求にこたえる義務を、今日の書物は背負っている。だが、その義務は、たんに専門的知識の通俗化をはかることによって果たされるものでもなく、通俗的好奇心にうったえて、いたずらに発行部数の巨大さを誇ることによって果たされるものでもない。現代を真摯に生きようとする読者に、真に知るに価いする知識だけを選びだして提供すること、これが中公新書の最大の目標である。

私たちは、知識として錯覚しているものによってしばしば動かされ、裏切られる。私たちは、作為によってあたえられた知識のうえに生きることがあまりに多く、ゆるぎない事実を通して思索することがあまりにすくない。中公新書が、その一貫した特色として自らに課すものは、この事実のみの持つ無条件の説得力を発揮させることである。現代にあらたな意味を投げかけるべく待機している過去の歴史的事実もまた、中公新書によって数多く発掘されるであろう。

中公新書は、現代を自らの眼で見つめようとする、逞しい知的な読者の活力となることを欲している。

中公新書

心理・精神医学

c1

481 無意識の構造（改版） 河合隼雄
557 対象喪失 小此木啓吾
2061 認知症 池田学
2521 老いと記憶 増本康平
515 少年期の心 山中康裕
2432 ストレスのはなし 福間詳
1324 サブリミナル・マインド 下條信輔
2460 脳の意識 機械の意識 渡辺正峰
2603 性格とは何か 小塩真司
2202 言語の社会心理学 岡本真一郎
666 犯罪心理学入門 福島章
565 死刑囚の記録 加賀乙彦
1169 色彩心理学入門 大山正
318 知的好奇心 波多野誼余夫 稲垣佳世子
599 無気力の心理学（改版） 波多野誼余夫 稲垣佳世子
2680 モチベーションの心理学 鹿毛雅治
2692 後悔を活かす心理学 上市秀雄
907 人はいかに学ぶか 稲垣佳世子 波多野誼余夫
2238 人はなぜ集団になると怠けるのか 釘原直樹
1345 考えることの科学 市川伸一
757 問題解決の心理学 安西祐一郎
2386 悪意の心理学 岡本真一郎
2544 なぜ人は騙されるのか 岡本真一郎

知的戦略・情報

410 取材学 加藤秀俊
136 発想法（改版） 川喜田二郎
210 続・発想法 川喜田二郎
1159 「超」整理法 野口悠紀雄
1222 続「超」整理法・時間編 野口悠紀雄
1662 「超」文章法 野口悠紀雄
2056 日本語作文術 野内良三
624 理科系の作文技術 木下是雄
1216 理科系のための英文作法 杉原厚吉
2480 理科系の読書術 鎌田浩毅
2109 知的文章とプレゼンテーション 黒木登志夫
807 コミュニケーション技術 篠田義明
1636 オーラル・ヒストリー 御厨貴
2263 うわさとは何か 松田美佐
1712 ケータイを持ったサル 正高信男
2706 マスメディアとは何か 稲増一憲

中公新書

科学・技術

p1

2547 科学技術の現代史　佐藤靖
1843 科学者という仕事　酒井邦嘉
2375 科学という考え方　酒井邦嘉
2373 研究不正　黒木登志夫
2007 物語　数学の歴史　加藤文元
1912 数学する精神（増補版）　加藤文元
1690 科学史年表（増補版）　小山慶太
2476 〈どんでん返し〉の科学史　小山慶太
2685 ブラックホール　二間瀬敏史
2676 地球外生命　小林憲正
2507 宇宙はどこまで行けるか　小泉宏之
2352 宇宙飛行士という仕事　柳川孝二
2089 カラー版 小惑星探査機はやぶさ　川口淳一郎
2560 月はすごい　佐伯和人
1566 月をめざした二人の科学者　的川泰宣
2398 2399 2400 地球の歴史（上中下）　鎌田浩毅
2520 気象予報と防災—予報官の道　永澤義嗣
2588 日本の航空産業　渋武容
1948 電車の運転　宇田賢吉
2384 ビッグデータと人工知能　西垣通
2564 統計分布を知れば世界が分かる　松下貢

自然・生物

s1

- 2305 生物多様性　本川達雄
- 2414 入門！進化生物学　小原嘉明
- 2433 すごい進化　鈴木紀之
- 1647 言語の脳科学　酒井邦嘉
- 2731 物語 遺伝学の歴史　平野博之
- 2656 本能—遺伝子に刻まれた驚異の知恵　小原嘉明
- 1709 親指はなぜ太いのか　島　泰三
- 1087 ゾウの時間 ネズミの時間　本川達雄
- 2419 ウニはすごい バッタもすごい　本川達雄
- 2677 エビはすごい カニもすごい　矢野　勲
- 877 カラスはどれほど賢いか　唐沢孝一
- 2485 カラー版 目からウロコの自然観察　唐沢孝一
- 1860 昆虫—驚異の微小脳　水波　誠
- 2693 カラー版 クモの世界—糸をあやつる8本脚の狩人　浅間　茂
- 2539 カラー版 虫や鳥が見ている世界—紫外線写真が明かす生存戦略　浅間　茂
- 2259 カラー版 スキマの植物図鑑　塚谷裕一
- 1706 ふしぎの植物学　田中　修
- 1890 雑草のはなし　田中　修
- 2174 植物はすごい　田中　修
- 2328 植物はすごい 七不思議篇　田中　修
- 2491 植物のひみつ　田中　修
- 2644 植物のいのち　田中　修
- 2732 森林に何が起きているのか　吉川　賢
- 2589 新種の発見　岡西政典
- 2572 日本の品種はすごい　竹下大学
- 1769 苔の話　秋山弘之
- 939 発酵　小泉武夫
- 2408 醤油・味噌・酢はすごい　小泉武夫
- 348 水と緑と土（改版）　富山和子
- 2672 南極の氷に何が起きているか　杉山　慎
- 1922 地震の日本史（増補版）　寒川　旭
- 2735 沖縄のいきもの　盛口　満
- 2736 ウイルスとは何か　長谷川政美